机器学习理论与实践

主　编　刘海军

副主编　单维锋　袁　静　李晓丽

李　忠　李良超

清华大学出版社

北京交通大学出版社

·北京·

内 容 简 介

本书用通俗易懂的语言介绍了浅层机器学习、深度学习的主要模型原理及实现程序，以及编写机器学习程序所需要的编程语言背景与数据处理方法等。主要内容包括浅层监督学习模型，如线性模型、决策树模型、贝叶斯模型、支持向量机模型、*k*-近邻模型、人工神经网络模型、集成学习模型；浅层无监督学习模型，如 *k* 均值聚类方法、DBSCAN 聚类方法；深度学习模型，如自动编码器、卷积神经网络；编程语言基础，包括 Python 基本语法，numpy 库、pandas 库、matplotlib 库、os 模块等；数据预处理方法，如图像处理方法（线性增强、空间域滤波、频率域滤波）、数据规范化方法（min-max 数据规范化方法、z-score 数据规范化方法）、类别编码方法（one-hot 编码）、数据降维方法（主成分分析）；机器视觉领域常见的特征提取方法等。

本书可作为高等院校相关专业学生的教材，还可作为对机器学习感兴趣读者的参考书。

图书在版编目（CIP）数据

机器学习理论与实践 / 刘海军主编. —北京：北京交通大学出版社：清华大学出版社，2022.5

ISBN 978-7-5121-4646-4

Ⅰ. ① 机… Ⅱ. ① 刘… Ⅲ. ① 机器学习 Ⅳ. ①TP181

中国版本图书馆 CIP 数据核字（2022）第 002151 号

机器学习理论与实践
JIQI XUEXI LILUN YU SHIJIAN

责任编辑：韩素华
出版发行：清 华 大 学 出 版 社　　邮编：100084　　电话：010-62776969
　　　　　北京交通大学出版社　　邮编：100044　　电话：010-51686414
印 刷 者：北京鑫海金澳胶印有限公司
经　　销：全国新华书店
开　　本：185 mm×260 mm　　印张：17.25　　字数：438 千字
版 印 次：2022 年 5 月第 1 版　　2022 年 5 月第 1 次印刷
印　　数：1～2 000 册　　定价：59.00 元

本书如有质量问题，请向北京交通大学出版社质监组反映。对您的意见和批评，我们表示欢迎和感谢。
投诉电话：010-51686043，51686008；传真：010-62225406；E-mail：press@bjtu.edu.cn。

前　言

编写本书的缘起，是为给本科生开设的机器学习课程。开课时最大的问题就是教材的选择。市面上的机器学习类图书不多，即便有的几本也普遍偏重理论推导。这些书的作者都是大师级的人物，他们的著作比较适合学霸们看，但是对于二本院校的学生，尤其是数学基础不太好、恐惧公式的学生们来说，理论推导真是太难了。在现有的机器学习图书中，只讲了机器学习，没有图像处理基础、没有特征提取基础、没有编程语言基础，即使学习了各种机器学习模型后，也不知道如何应用模型解决问题。于是，编写一本数学基础不是很好的学生也能看得懂的机器学习书，是编写本书的初衷。

为了方便阅读，本书弱化了公式推导与复杂的算法、原理，更着重介绍算法的应用，为每一个模型均配备了编程实例，以便读者能掌握运用理论解决实际问题的方法。

本书在撰写过程中，我的研究生李良超同学做了大量的代码编写和校正工作，在此，深表感谢。谨以此书献给热爱机器学习、想学习机器学习，却又数学基础不好，编程能力也不强的人。书中为每一种模型都配备了实验代码，也方便读者学完理论后能直接将理论模型落实到解决问题上。

编　者

2022 年 4 月

目　录

第1篇　Python语言基础知识

第2篇 机器学习

第 1 篇　Python 语言基础知识

1 机器学习编程语言基础

工欲善其事，必先利其器。

“学习机器学习为了啥？”

“当然是为了用啊，使用它可以解决很多问题。”

“可是我不会编程啊-^_^-。”

“学啊！”

“学啥，C++可以不？Java 可以不？MATLAB 可以不？”

“C++，Java 不可以！！(因为没库！！学霸不需要库的例外)。MATLAB 勉强可以（但是库不够多，不够新，且盗版违法)。最适合编写机器学习程序的语言是 Python。人生苦短，我用 Python！(因为 Python 库多，且免费，适合编程不好又没钱买正版的人……)”

“推荐本 Python 教材呗……”

“好吧，其实也没有一本 Python 教材，适合学了之后就会用来编写机器学习程序的。”

……

其实，要想编写机器学习程序，你需要的编程知识包括但不限于以下各项：

- Python 基础语法（数据类型、分支结构、循环结构、函数）；
- 文件批量处理（os)；
- 矩阵计算（numpy、pandas)；
- 图像处理、特征提取（OpenCV)；
- 绘图（matplotlib)；
- 机器学习（scikit-learn，以前称为 scikits.learn，也称为 sklearn)。

“好多知识呀，好难的样子。”

“没有啦，你不需要把每个库都学得特别精，只需要会简单使用，然后需要什么去查就好啦。”

下面让我们开始吧。本书不是 Python 的教材，并不会十分详细地展开知识点。本书假设你掌握了任何一门编程语言基础。本书中所讲授的语言背景，只够让你能阅读或独立编写机器学习程序，如果想更深入、更全面地学习这些知识，你需要根据本书的框架去找对应的模块看。(敲黑板：不必把以上列的各个库学太全、太精。对于初学者，先搭框架！知道用啥，然后需要的时候去查即可)

1.1 Python 开发环境简介

写 Python 程序，得先找个地方（又称 Python 开发工具）写程序，运行程序。能写 Python 程序的工具那么多，我该选啥呢？初学者当然是 Anaconda 啊。因为编写机器学习程序，要用很多第三方库（或称为包），如 numpy，sklearn，OpenCV，matplotlib，等等。这些库得自己下载并安装。

可是，我该下载啥？从哪儿下载？怎么安装？这也太麻烦了！

Anaconda 都帮你搞定了。Anaconda 包含了一个版本的 Python，以及 180 多个科学包及其依赖项。换句话说，你需要的常见的第三方库，Anaconda 都给你打包在一起了。对于初学者来说，只需要下载 Anaconda 并安装，那么你编写机器学习程序所需要的库，基本上都齐全了。

Anaconda 的下载网址为：https://mirrors.tuna.tsinghua.edu.cn/anaconda/archive/。点击进去后，用户可以根据自己计算机的配置，选择合适的版本下载。注意，尽量下载 2020 年以后的版本。如 Anaconda3-2020.02-Windows-x86_64.exe 版本，适合在 64 位的 Windows 操作系统下使用。下载完安装包后，运行安装包程序，一直单击“下一步”按钮，即可在计算机上安装 Anaconda。安装成功后，单击计算机左下角的“开始”菜单，在程序列表中能找到 Anaconda 3，单击 Spyder 即可，如图 1-1 所示。

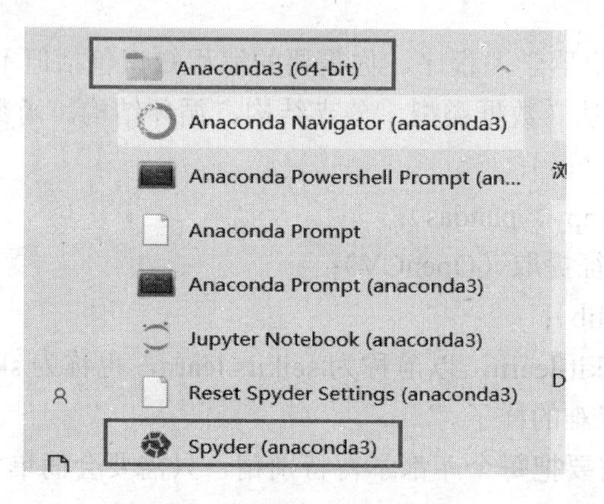

图 1-1　安装 Anaconda 3

打开 spyder 后，就可以在 spyder 中编写 Python 程序了。在编写程序过程中，经常会不小心关闭一些窗口，这时候要想恢复到默认的窗口布局，只需要在菜单中找到 View | Windows layout | Spyder default 命令，就可以恢复到默认的窗口布局。

1.2 Python 编程基础

在介绍 Python 基础知识之前，读者要注意，网上能找到的 Python 代码有的是 Python 2 的，有的是 Python 3 的。本书所有程序都是基于 Python 3 的，且 Python 2 和 Python 3

并不兼容，所以读者网上找代码的时候注意版本。关于 Python 2 和 Python 3 的区别，读者如果感兴趣，需要自行查阅文献了解。

1. 标识符

在 Python 中，标识符由数字、字母、下划线、汉字组成，不能以数字开头，且区分大小写。Python 可以同一行显示多条语句，方法是用分号（;）分开，例如：

```
print('this is an example') ; print('hello,world'); print('this is my first program!')
```

上面语句的输出结果为：

```
this is an example
hello,world
this is my first program!
```

2. Python 保留字符

下面的列表中列出了 Python 中的保留字。这些保留字不能用作标识符来使用。

and	elif	import	raise	global	as	else
in	return	nonlocal	assert	except	is	try
True	False	None	break	finally	lambda	while
class	for	not	with	continue	from	or
yield	def	if	pass	del		

3. 行和缩进

Python 语言要求同一个代码块内的语句必须严格对齐。以下语句会报错，IndentationError: unindent does not match any outer indentation level。原因是 else 分支中的两条语句没有对齐。Python 语言对齐要求十分严格，因此在编写 Python 程序的时候，注意每个缩进层次使用 tab 键。

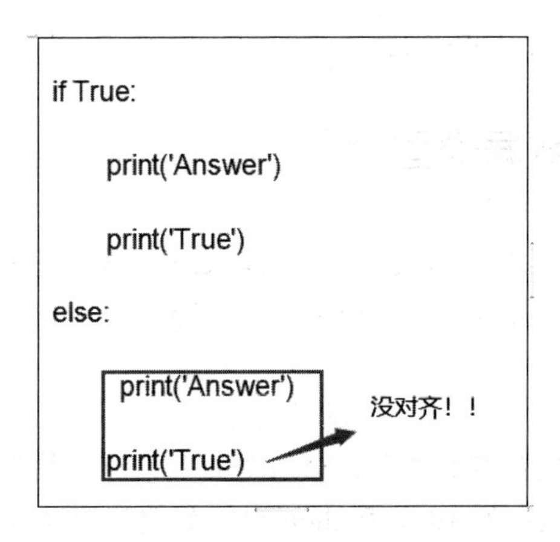

4. 注释

Python 中的注释以#开头。多行注释：选中要注释的行，然后同时按住 Ctrl 键和数字 1，即可把选中的多行同时注释。对于已经注释的行，选中后，再按一次 Ctrl 键和数字 1，则取消多行注释。

```
# 第一个注释
print('hello, world')   # 第二个注释
```

5. 输入

在 Python 中的输入，采用 input 函数。例如：

```
a=input('请输入数据')
b=eval(input('请输入一个整数'))
```

采用 input 输入数据的时候，得到的数据是字符串类型，如果想要得到数值类型（如整数或实数），需要使用 eval 函数配合 input 函数一起使用。在上面的代码中，如果用户从键盘输入 28 和 19，则 a 中得到的是“28”，是字符串类型，而 b 中得到的是 19，是整数，因为有 eval 函数。该函数的功能是去掉字符串最外层的一对单引号（或双引号）。注意，只去掉一对。

6. 输出

输出函数是 print()，该函数自带换行功能，如果不需要换行的时候，需要指定 end 参数的值。例如：

```
a=2021
b='hello'
print(b,end='' )
print(a)
```

则上面代码的输出结果为：hello2021

1.3 Python 基本数据类型

Python 中共有 6 种基本数据类型，分别是数值类型、字符串类型、列表类型、元组类型、字典类型和集合类型。下面分别简单介绍。

1.3.1 数值类型

Python 中的数值类型有整数类型、布尔型类型、浮点数类型和复数类型 4 种。

（1）整数（int）类型：如 109，Python 中的整数类型没有范围限制。

（2）布尔（bool）类型：True 和 False 分别表示“真”和“假”。

（3）浮点数（float）类型：对应数学中的实数。

有两种表示方法：

- 1.23；
- 1.23 E 2，科学计数法，表示 1.23 乘 10 的 2 次方；

（4）复数（complex）类型：如 1+2j。

1.3.2 字符串类型

（1）字符串，是一种序列类型（由很多元素组成，元素有顺序）。序列中的每个值都有对应的位置值，称之为索引，有两种索引方法：

- 第一种，从左往右索引，第一个索引是 0，第二个索引是 1，以此类推。
- 第二种，从右往左索引，第一个索引是–1，第二个索引是–2，以此类推。

（2）字符串的表示方法：一对单引号或双引号括起来的有序字符序列（单引号和双引号无区别，但是不能混用）。

（3）字符串支持的运算：

+：表示字符串的连接，如'hello'+','+'world'的结果为'hello,world'。

*：字符串乘整数，表示字符串的复制，'hello'*3 的结果为'hellohellohello'。

（4）字符串是常量类型，其中的元素不能被修改。假设 s='hello'，则 s[0]='e'，会报错，因为常量类型不能被修改。

（5）字符串的索引：字符串中的每个字符都是有位置的，有两种位置表示方法，第一种是从前往后，每个字符的位置编号分别是 0，1，2，…第二种是从后往前，每个字符的位置编号分别是–1，–2，–3，…

字符串的索引，是指根据位置找到某个字符。假设 s='hello'，则：

s[0]表示字符串 s 中位置为 0 的字符，结果是'h'。

s[-1]表示位置为-1 的字符，也就是右侧第一个，即'o'。

（6）字符串的切片：变量名[起始位置：结束位置：步长]，先看步长，步长为正号，表示从左往右选数据，步长为负数，表示从右往左选数据。

假设 s='Hello,world'，则：

- s[1:4]表示选取字符串 s 中起点为 1，结束为 4（不包含 4）的子串，结果为'ell'。（步长没给出，则默认步长为 1）
- s[-4:-1]的结果为：'orl'
- s[1:-1:2]，从位置 1，到位置-1（不包含-1），步长为 2 选子串，结果为'el,ol'。步长为 2 的意思是 2 个里留下 1 个。
- s[:4]，起点省略，默认从头开始。步长省略，默认步长为 1，因此结果为'Hell'
- s[4:]，终点省略，默认一直到串尾。步长省略，默认为 1，因此结果为'o,world'
- s[::2]，起点、终点都省略，表示从头到尾，步长为 2 选数据，结果为'Hlowrd'
- s[::-1]，步长为–1，表示从右往左选，1 个里面选 1 个，起点、终点都省略，表示整个字符串都按从右往左依次选，因此结果是'dlrow,olleH'

- s[1:10:-1]的结果为空串。因为起始位置 1，结束位置 10，这是一个从左向右的区间，步长为负数，表示从右往左选数据。当步长的方向和区间的方向相反的时候，无法切出子串，因此为空。

（7）求字符串的长度用函数 len，如 len('hello')的值为 5。

（8）其他类型，转换为字符串，用函数 str，例如，str(89)的结果为'89'。

（9）内置函数：Python 中的字符串类型具有大量的字符串函数，包含了字符串常见的处理方法。

1.3.3　列表类型

列表也是一种序列类型。列表都可以进行的操作包括索引、切片、加、乘、检查成员。此外，Python 已经内置确定序列的长度及确定最大和最小元素的方法。

1. 列表的创建

列表的数据项可以是任何数据类型，甚至列表中的元素还可以是列表。不同元素之间用逗号分隔，所有元素用一对方括号括起来。例如：

list1=['你好',0,99,[1,-1]]

list2=[199,0.77,-8.89]

2. 列表的索引

列表的索引方式为变量名后面跟着方括号，方括号里是待索引字符的位置。与字符串的索引一样，列表索引从 0 开始，第二个索引是 1，以此类推。也可以从尾部开始，最后一个元素的索引为-1，往前一位为-2，以此类推。

假设：list1 = ['red', 'green', 'blue', 'yellow', 'white', 'black']，则正向索引的示意图如下：

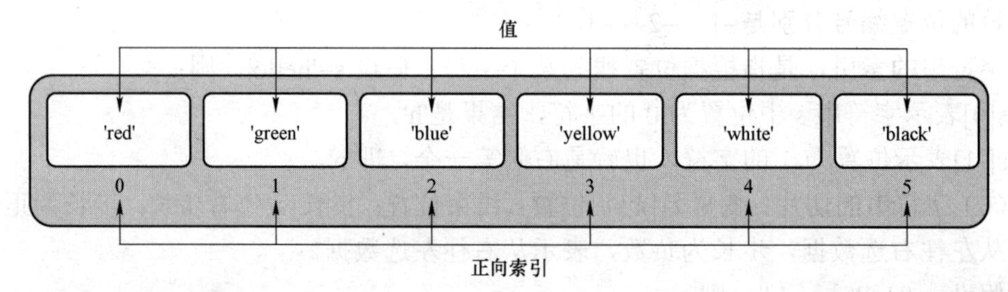

因此，list1[1]的值为'green'，list1[4]的值为'white'。同时，由于 list1[1]的结果'green'是个字符串，可以进一步进行切片，方法是在其后面继续加方括号和位置，如 list1[1][0]的结果为'g'。

列表的反向索引示意图如下：

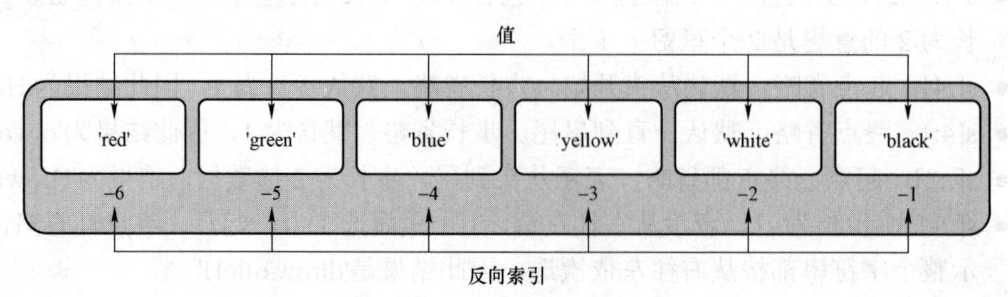

按照反向索引规则，list1[-1]的值为'black'，list1[-5]的值为'green'。list1[-5][-1]的值为'n'。

3. 列表的切片

列表的切片方法是：列表名[起点:终点:步长]。按给定的步长在列表中切出从起点开始，到终点结束（不包含终点）的多个字符，以 num= [10, 20, 30, 40, 50, 60, 70, 80, 90]为例。

- num[1:5:2]的结果为：[20,40]。
- 当省略步长时，则步长默认为 1，用一个冒号，冒号两侧分别为起点和终点，因此，num[1:5]的结果为：[20,30,40,50]。
- 当省略终点时，则终点为末尾，对于正步长来说，末尾是指最右侧的一个字符（包括最右侧字符），对于负步长来说，末尾表示最左侧的字符（包括最左侧字符），因此，num[1::2]的值为[20,40,60,80], num[4::-2]的值为[50,30,10]。
- 当省略起点时，起点是字符串的开始。对于正步长来说，起点是索引为 0 的字符，也就是最左侧的字符；对于负步长来说，起点是指索引为-1 的字符，也就是最右侧的字符。因此，num[:4:2]的值为[10,30]；num[:4:-2]的值为[90,70]。
- 当起点和终点都省略的时候，表示整个字符串，此时冒号不能省略，如 num[::2]的意思是，从头到尾整个字符串，隔一个选一个数据，结果为[10,30,50,70,90]。而 num[::-2]的结果为[90,70,50,30,10]。

注意：切片的时候，先看步长的符号，根据步长的符号决定切片的方向，步长为正数的时候，表示从左往右去切数据。此时，区间必须也得是从左往右的区间才可以取到数据，如果区间的方向与步长的方向相反，则切出来的数据为空。同理，当步长的符号是负数的时候，表示从右往左去切片列表。例如，num[1:5:-2]的结果就是空的列表，因为步长为-2，表示从右往左切片，而切片的区间起始位置 1，结束位置 5，从字符串的位置来看，起始位置 1 在结束位置 5 的左侧，是一个从左往右的区间，对于这样一个从左往右的区间进行从右往左的切片，切片的方向与区间的方向相反，因此切片结果为空。

4. 更新列表

列表的更新包括为列表元素增加值、减少值、修改值。以 num= [10, 20, 30, 40, 50, 60, 70, 80, 90]为例。

- 列表元素更新：执行 num[-1]=999 后，num 中的元素为[10, 20, 30, 40, 50, 60, 70, 80, 999]
- 列表元素增加：num= [10, 20, 30, 40, 50, 60, 70, 80, 90]，则 num.append('hello')的结果为 num= [10, 20, 30, 40, 50, 60, 70, 80, 90,'hello']。append 函数的功能是在列表末尾增加一个元素。
- 删除列表元素：用 del 语句删除列表的元素。num= [10, 20, 30, 40, 50, 60, 70, 80, 90]，则执行 del num[2]之后，将索引为 2 的元素 30 删除掉，结果为[10, 20, 40, 50, 60, 70, 80, 90].

5. 列表的运算

+表示列表的连接，*表示列表的复制。

- [1,2,3]+[4,5,6]的结果为[1,2,3,4,5,6] # 只能列表加列表；
- [1,2,3]*3 的结果为[1,2,3,1,2,3,1,2,3] # 只能列表乘正整数。

6. 列表常见函数

- len，求列表的长度。

```
num= [10, 20, 30, 40, 50, 60, 70, 80, 90]
print(len(num))
```

输出为 9。

- min、max，求列表中元素的最小值、最大值。

```
num= [10, 20, 30, 40, 50, 60, 70, 80, 90]
print(min(num))  # 输出 10
print(max(num))  # 输出 90
```

- list，将其他序列类型强制转换为列表，如 list('hello')的结果为列表['h', 'e', 'l', 'l', 'o']。

1.3.4 元组类型

Python 的元组与列表类似，不同之处在于元组的元素不能修改。元组使用小括号 ( )，列表使用方括号 [ ]。元组创建很简单，只需要在括号中添加元素，并使用逗号隔开即可。

1. 元组的创建

- tup1 = ('武汉', '南京', 2020, (1999,'hello')) # 包含 4 个元素，最后一个元素是元组。
- tup2 = (1, 2, 3, 4, 5)
- tup3 = "a", "b", "c", "d" # 不需要括号也可以
- tup4=() # 创建空元组
- tup5=(1,) # 当创建含有一个元素的元组时，逗号不能省略

2. 元素的索引和切片

元组与字符串、列表类似，下标索引从 0 开始，索引和切片方法相同。如 tup1 = ('武汉', '南京', 2020, (1999,'hello')) ，则：

- tup1[0]的值为'武汉'
- tup1[-1]的值为(1999,'hello')，由于 tup1[-1]的值还是元组，还可以继续索引，则 tup1[-1][0]的值为 1999
- tup1[:2]的值为('武汉', '南京')
- tup1[::-1]的值为((1999, 'hello'), 2020, '南京', '武汉')

3. 元组的更新

元组中的元素不能被修改，所以，tup1=18 这种做法是错误的，不能对元组中的元素进行赋值。del tup1[0]这种做法也是错误的，元组元素不能被修改，当然也不能被删除。但是可以删除整个元组，如 del tup1。

4. 元组的运算

+ 表示列表的连接，*表示列表的复制，in 表示判断成员。

tup1 = ('武汉', '南京')

tup2=(2020, 2021)

tup3=tup1+tup2

tup4=tup1*3

则 tup3 的值为('武汉', '南京', 2020, 2021)，tup4 的值为('武汉', '南京', '武汉', '南京', '武汉', '南京')

'武汉' in tup1 的值为 True

5. 元组的内置函数

- len(tup1)：求元组的长度（元组中元素的数量）。
- max(tup1)、min(tup1): 求元组中元素最大值、最小值。
- tuple(a):将变量 a 强制转换为元组，其中 a 要求是序列类型，如：

tuple('hello')的结果为('h', 'e', 'l', 'l', 'o')

tuple(range(1,5))的结果为(1,2,3,4)

tuple([1,7,-1,0])的结果为(1,7,-1,0)

关于 range 函数的用法，后面会讲到。

1.3.5 字典类型

字典是按“键（key）”“值（value）”成对组织的数据。

（1）字典的创建：字典的 key 和 value 之间用冒号（:）分隔，每个 key-value 对之间用逗号（,）分隔，整个字典包括在花括号 {} 中,格式如下：

score={'姓名':'李雷', '性别': '男', '数学':95, '语文':97, '英语': 98}

score 中有 5 个元素，'姓名':'李雷'是一个元素，其中 key 为'姓名'，值为'李雷'。

注意：在字典中，key 的值必须唯一，且必须是不可变类型（如元组、字符串、数值可以作为 key，但是列表类型不可以作为 key，因为列表中的元素可以被修改），value 可以是任何类型，也不必唯一。

（2）字典元素的访问：

```
score={'姓名':'李雷',  '性别': '男',  '数学':95,  '语文':97,  '英语': 98}
for key in score:
    print(key,':',score[key])
```

以上程序的运行结果为：

```
姓名 : 李雷
性别 : 男
数学 : 95
语文 : 97
英语 : 98
```

（3）字典元素的增加、删除：

```
score={'姓名':'李雷',  '性别': '男',  '数学':95,  '语文':97,  '英语': 98}
print('修改之前：')
for key in score:
    print(key,':',score[key])
score['化学']=89   # 增加元素
score['数学']=99   # 修改元素
del score['语文']   # 删除元素
# 输出字典中的最终元素
print('修改之后：')

for key in score:
    print(key,':',score[key])
```

以上程序的运行结果为：

```
姓名 : 李雷
性别 : 男
数学 : 99
英语 : 98
化学 : 89
```

1.3.6 集合类型

集合是一个无序不重复序列，元素用一对大括号{}括起来。

1. 建立集合

具体如下：

```
basket={'apple', 'orange', 'apple', 'orange', 'banana'}
print(basket)
```

上述代码输出结果为：

```
{'banana', 'apple', 'orange'}   # 自动去掉了重复数据，集合中的数据不能重复。
```

2. 集合中增加数据

s.add(x)：将元素 x 增加到 s 中。

```
basket={'apple', 'orange', 'apple', 'orange', 'banana'}
basket.add('watermelon')
```

```
print(basket)
```

上述代码的运行结果为:

```
{'banana', 'watermelon', 'apple', 'orange'}
```

3. 集合中的元素删除

s.remove(x): 从集合 s 中移除元素 x

```
basket={'apple', 'orange', 'apple', 'orange', 'banana'}
basket.remove('orange')
print(basket)
```

上述代码的运行结果为：

```
{'banana', 'apple'}
```

4. 内置函数

内置函数见表 1-1。

表 1-1 内置函数

函数	释义
s.add()	为集合 s 添加元素
s.clear()	移除集合 s 中的所有元素
s.copy()	复制一个集合
s.difference()	返回多个集合的差集
s.discard()	删除集合中的指定元素
s.intersection()	返回集合的交集
s.remove()	移除指定元素
s.union()	返回两个集合的并集

1.4 赋值

1. 直接赋值

Python 中的赋值非常简单，使用等号（=）即可，可以同时为多个变量赋不同的值，也可以同时为多个变量赋不同的值，具体如下：

```
a=10    # 为一个变量赋值
b=c=20  # 可以同时为多个变量赋相同的值
```

```
d,e=19,-2   # 同时为多个变量赋不同的值
print(a+b+c+d+e)
```

上述代码的结果为 67。

2. 从键盘上输入数据，并赋值给变量

- a,b,c=eval(input("请输入三个数据"))   # 该语句的功能是从键盘上输入三个数据，转换为数值型，分别放入 a,b,c 三个变量中。注意，输入的时候三个数据之间必须采用英文下的逗号分隔，例如，输入 19,29,-98.2，则 a 中得到 19，b 中得到 29，c 中得到-98.2。而如果输入 19　29　-98.2，则会报错。想一想这是为什么呢？
- a,b,c=input("请输入三个数据")   # 该语句的功能是从键盘上输入三个数据，注意当键盘输入 19,29,-98.2 的时候，a 中的值为'19'，b 中的值为'29'，c 中的值为'-98.2'。也就是说，input 得到的数据，实际上是字符串类型。要想变成数值型，必须配合 eval 函数来使用。

3. 算术运算符

算术运算符见表 1-2。

表 1-2　算术运算符

运算符	描述	实例
+	加	10 + 20 = 30
-	减	10 - 20 = -10
*	乘	10 * 20 = 200
/	除	10 / 20 = 0.5
//	取整除	返回除法的整数部分（商） 9 // 2 输出结果 4
%	取余数	返回除法的余数 9 % 2 = 1
**	幂	又称次方、乘方，2 ** 3 = 8

1.5　分支结构

1.5.1　关系运算符和逻辑运算符

Python 中的关系运算符见表 1-3。

表 1-3　Python 中的关系运算符

运算符	描述
==	检查两个操作数的值是否相等，如果是，则条件成立，返回 True
!=	检查两个操作数的值是否不相等，如果是，则条件成立，返回 True
>	检查左操作数的值是否大于右操作数的值，如果是，则条件成立，返回 True
<	检查左操作数的值是否小于右操作数的值，如果是，则条件成立，返回 True
>=	检查左操作数的值是否大于或等于右操作数的值，如果是，则条件成立，返回 True
<=	检查左操作数的值是否小于或等于右操作数的值，如果是，则条件成立，返回 True

Python 中的逻辑运算符见表 1-4。

表 1-4 Python 中的逻辑运算符

运算符	逻辑表达式	描述
and	x and y	只有 x 和 y 的值都为 True，才会返回 True 否则只要 x 或 y 有一个值为 False，就返回 False
or	x or y	只要 x 或 y 有一个值为 True，就返回 True 只有 x 和 y 的值都为 False，才会返回 False
not	not x	如果 x 为 True，返回 False 如果 x 为 False，返回 True

1.5.2 分支结构的类型

1. 单分支

首先给出单分支的求最大数的代码。

```
a,b,c=eval(input('请输入三个数：'))
max_data=a
if b>max_data:    # 注意，冒号(:)不能省略
    max_data=b    # 注意，该行为条件成立的时候执行，一定要和 if 有缩进。当
                  # if 分支中有多条语句的时候，多条语句要对齐，且与 if 有缩进。
if c>max_data:   # 这个 if 和前一个 if 是顺序执行的关系，因此，它们要对齐
    max_data=c
print('输入的数据为{},{},{},最大的数据为{}'.format(a,b,c,max_data))
```

在上述代码中，要注意，if 的条件后面跟着冒号（:），且分支结构的语句块要与 if 之间有缩进。缩进多少个字符没有要求，一般为 4 个空格。在编写 Python 程序的时候一定要注意对齐。因为 Python 语言没有类似于 C 语言中的{}，来把同一个级别的语句块括起来，Python 中的语句块是通过对齐来实现的。

2. 双分支结构

在 Python 中的双分支结构例子如下（注意对齐和冒号）。

```
# 从键盘上输入 a,b,c，构成方程的系数，求解 a x²+b x +c=0 的根。
import math   # 导入数学库，数学库中包含各种数学处理函数。
a,b,c=eval(input("请您输入三个数"))
delt=b**2-4*a*c
if delt>=0:
    x1=(-b+math.sqrt(delt))/2/a
    x2=(-b-math.sqrt(delt))/2/a
```

```
    print('方程{}x**2+{}x+{}=0 有两个根，分别为{:.3f}和{.3f}'.format(a,b,c,x1,x2))
else:
    print('你输入的数据构成的方程{}x**2+{}x+{}=0 没有实数解'.format(a,b,c))
```

在上述例子中，if 分支包含 3 条语句，这 3 条语句必须对齐，且必须与 if 有缩进，而 else 和 if 是同一级别，因此 else 和 if 要对齐。

对于 Python 初学者来说，代码对不齐是最容易犯的错，因此要特别注意。

3. 多分支结构

Python 多分支语法如下：

```
if 条件 1:
    语句块 1
elif 条件 2:
    语句块 2
elif 条件 3:
    语句块 3
        ⋮
elif 条件 n:
    语句块 n
else:
    语句块 n+1
```

其中，elif 相当于 else if。

实例：从键盘上输入月工资，计算并输出税后工资，月工资和纳税的关系如下：

2021 年最新个人所得税税率表

级别	应纳税所得额	税率/%
1	1～5 000 元之间的部分	0
2	5 001～8 000 元之间的部分	3
3	8 001～17 000 元之间的部分	10
4	17 001～30 000 元之间的部分	20
5	30 001～40 000 元之间的部分	25
6	40 001～60 000 元之间的部分	30
7	60 001～85 000 元之间的部分	35
8	超过 85 001 元以上的部分	45

```
salary=eval(input('请输入您的税前工资'))
if salary<=5000:
```

```
    tax=0
elif salary<=8000:
    tax=(salary-5 000)*0.03
elif salary<=17 000:
    tax=(salary-8000)*0.1+(8000-5000)*0.03
elif salary<=30000:
    tax=(salary-17000)*0.2+(17000-8000)*0.1+(8000-5000)*0.03
elif salary<=40000:
    tax=(salary-30000)*0.25+(30000-17000)*0.2+(17000-8000)*0.1+(8000-5000)*0.03
elif salary<=60000:
    tax=(salary-40000)*0.3+(40000-30000)*0.25+(30000-17000)*0.2+(17000-8000)*0.1
+(8000-5000)*0.03
elif salary<=85000:
    tax=(salary-60000)*0.35+(60000-40000)*0.3+(40000-30000)*0.25+(30000-17000)*
0.2+(17000-8000)*0.1+(8000-5000)*0.03
else:
    tax=(salary-85000)*0.45+(85000-60000)*0.35+(60000-40000)*0.3+(40000-30000)*
0.25+(30000-17000)*0.2+(17000-8000)*0.1+(8000-5000)*0.03

print('您的税前工资为{:.2f},税后工资为{:.2f}'.format(salary,salary-tax))
```

1.6 循环结构

Python 中有两种循环，while 循环和 for 循环。

1. while 循环

语法如下：

while 条件：
  语句块

例如，编写程序计算 1+2+3+…+100，代码如下：

```
result=0
i=1
while i<=100:   # 注意条件后面有冒号：
  result=result+i   # 循环体要缩进
  i=i+1             # 循环体要缩进且循环体中所有代码要对齐
```

```
print('结果是{}'.format(result))   # 该语句与while对齐，不属于循环体，在循环结束
                                  # 后执行
```

在上面的程序中，循环体有两条语句。result=result+i 和 i=i+1。这两条语句一起构成了循环体，循环体要与 while 有缩进，且循环体内这两条语句是顺序执行的，要对齐。输出语句是循环结束后才执行，因此要跟 while 对齐。

关于提前结束循环，可以使用 break 和 continue。用法与 C 语言一样。break 的意思是提前结束整个循环，跳出循环体，执行循环体后的语句，continue 的意思是提前结束本层循环，进入下一次循环。

break 和 continue 的编程实例如下：

```
s='hello,Python.'
i=0
while i<len(s):
    if s[i]=='o':
        i=i+1
        continue
    if s[i]=='t':
        break
    print(s[i],end='')
    i=i+1
```

以上代码的运行结果为：hell, Py

while 循环还可以配合 else。

```
s=0
i=1
while i <=100:
    s=s+i
    i=i+1
else:
    print(s)
```

输出结果为 5050。

含有 else 的 while 循环，当条件成立时，执行循环体；当条件不成立时，执行 else 部分。

2. for 循环

Python 语言中的 for 循环，与其他语言差异较大。Python 语言中的 for 循环是元素

遍历循环，其语法如下：

```
for <variable> in <sequence>:
    <statements>
else: <statements>   # 可以省略
```

其中<variable>为循环控制变量，<sequence>为任何一种可遍历序列，如列表、元组、字符串等。如果需要遍历数字序列，可以使用内置 range()函数。它会生成数列。range 函数的用法如下：

range(n)，n 必须为正整数。生成 0~n-1 的可遍历整数序列，步长为 1。

range(m,n)，m,n 必须为正整数。生成从 m~n-1 的可遍历整数序列，步长为 1。

range(m,n,d)，m,n 必须为正整数。d 为整数（正整数表示生成递增的序列，负整数表示生成递减的序列）。生成从 m~n-1 的可遍历整数序列，步长为 d。

```
s=0
for i in range(101):   # 如果求 100 以内奇数和，改成 for i in range(1,100,2)
    s=s+i
print(s)
```

上面代码的运行结果为 5 050。上面代码的执行顺序为，首先 s 的初始值为 0，然后循环控制变量 i 去后面的可遍历序列 0，1，2，…，100 中按顺序取第一个值 0，再执行循环体，把当前的 0 加到 s 上，执行完一次循环，循环控制变量 i 马上去遍历下一个元素，此时 i=1，然后执行循环体，做加法，继续遍历下一个元素，i=2，继续执行循环体。反复重复这个过程，直到 i 遍历到最后一个值 100，执行循环体，把 100 加到 s 上后，再没有可遍历的元素，因此结束循环，执行循环体后面的代码，也就是 print(s)。

```
for i in range(20,1,-2):
    print(i, end=',')
```

上面代码的输出结果为 20,18,16,14,12,10,8,6,4,2,

```
s = "What\'s a package, project, or release?We use a number of terms to describe software available on PyPI, like project, release, file, and package. Sometimes those terms are confusing because they\'re used to describe different things in other contexts. "
for c in s:
    if not(c.isalpha() or c==' '):
        s=s.replace(c,'')
print(s)
```

以上代码的功能是删除字符串 s 中所有除了字母和空格之外的其他符号。这里使用了两个字符串内置函数，isalpha 和 replace。Python 为每个类型都提供了大量的内置函数，用法是：变量名.函数名（参数）。例如，在本例中，s 是一个字符串类型，当每次执行循环时，c 从 s 中按顺序取出一个字符，c 也是字符串类型，c.isalpha 就是 Python 为字符串类型提供的内置函数，其功能是判断 c 是否为字母。s.replace 也是字符串的内置函数，其功能是字符串替换。关于每个类型的内置函数，大家可以自行查阅相关文献。上面程序的结果是：

```
Whats a package project or releaseWe use a number of terms to describe software available on PyPI like project release file and package Sometimes those terms are confusing because theyre used to describe different things in other contexts
```

3. while 循环和 for 循环的区别

对于 while 循环，当条件成立时，反复执行循环体，需要在循环体中修改循环控制变量；当条件不成立时，结束循环。

对于 for 循环，依次遍历元素，每遍历一次元素，执行一次循环体，无须修改循环控制变量。当所有元素遍历完成后结束循环。

1.7 函数

函数是组织好的、可以重复使用的，用来实现单一或相关功能的代码段，函数的使用，能提高代码的重复利用率。Python 中自带了许多函数，如 range，print 等，我们可以定义自己的函数。关于函数部分，读者可以参考其他教材，本书不做详细描述。

Python 定义函数的语法为：

```
def 函数名(参数表):
    函数体
```

例如：

```
def my_add(start,end,step):
    s=0
    for i in range(start,end,step):
        s=s+i
    return s  # 返回 s 的值
print(my_add(0,101,1))  # 函数调用
print(my_add(0,101,2))  # 函数调用
print(my_add(1,100,2))  # 函数调用
```

上面代码的运行结果为：

```
5050
2550
2500
```

1.8 矩阵计算——numpy 模块

1.8.1 numpy 模块简介

numpy 是一个运行速度非常快的数学库，主要用于数组计算，包含：

- 一个强大的 N 维数组对象 ndarray；
- 广播功能函数；
- 整合 C/C++/Fortran 代码的工具；
- 线性代数、傅里叶变换、随机数生成等功能；
- numpy 通常与 SciPy（Scientific Python）和 Matplotlib（绘图库）一起使用，这种组合广泛用于替代 MatLab，是一个强大的科学计算环境，有助于我们通过 Python 学习数据科学或机器学习。

简单来说，numpy 就是具有一个数组类型，以及建立在该数组类型上的大量的与数组计算有关的函数。

anaconda 无须安装，已经自带，其他开发工具需要手动安装 numpy 库。使用 numpy 库之前先导入，导入 numpy 库的方法如下：

```
import numpy as np
# 导入 numpy 库，并给 numpy 库取个简单的名字 np。以后 np 就代表 numpy。
```

1.8.2 ndarray 对象及其创建

numpy 模块，简单来说，包含一个数组类型，以及用于处理数组类型数据的许多函数。

numpy 中 n 维数组对象 ndarray，是 numpy 特有的数据类型，它是一系列同类型数据的集合，以 0 下标为开始进行集合中元素的索引。

Python 基本数据类型中有列表类型可以存放多维的数据，为什么需要 ndarray 类型呢？我们看以下的例子：已知有两个矩阵 a 和 b，a = [[12,7,3],[4,5,6], [7,8,9]]，b = [[5,8,1],[6,7,3],[4,5,9]]，要计算 a 中每个元素的平方与 b 中每个元素的立方的和，即 a^2+b^3，如果采用列表来做，需要借助二重循环来实现，代码如下：

```
result=[[0,0,0],[0,0,0],[0,0,0]]   # 用于存放最终的计算结果
a = [[12,7,3],[4 ,5,6], [7 ,8,9]]
b = [[5,8,1], [6,7,3],[4,5,9]]
for i in range(3):
    for j in range(3):
        result[i][j]=a[i][j]**2+b[i][j]**3
print(result)
```

如果采用 numpy 去解决，只需要将列表 a、b 都变成数组类型（也就是 ndarray 类型），然后直接像处理单个数据那样处理数组就可以了。代码如下：

```
import numpy as np
a = [[12,7,3],[4,5,6], [7,8,9]]
b = [[5,8,1], [6,7,3],[4,5,9]]
a=np.array(a)   # 把列表 a 强制转换成数组类型
b=np.array(b)   # 把列表 b 强制转换成数组类型
result=a**2+b**3
# 变成数组类型后，数组对象（如 a）的平方，会自动地把数组中所有的元素都计算
# 平方
print(result)
```

可见，采用 numpy 中的数组类型来做矩阵运算，无须循环，要简单得多。

1.8.3 数组对象的创建

1. 由现有类型来创建数组

采用 np.array 函数来创建，相当于把其他序列类型强制转换为数组类型，语法为：

```
np.array(列表或元组)
```

例子：

```
import numpy as np
a=np.array([1,2,3,5,19])   # 由列表创建一维数组
b=np.array([[1,1,1],[2,2,2],[3,3,3]])   # 由列表创建二维数组
a=np.array((1,2,3,5,19))   # 由元组创建一维数组
b=np.array(((1,1,1),(2,2,2),(3,3,3)))   # 由元组创建二维数组
b=np.array(([1,1,1],(2,2,2),[3,3,3]))   # 由列表和元组混搭数据来创建二维数组
```

创建数组的同时还可以指定数组中数据的类型，如：

```
import numpy as np
a=np.array([1,2,3,5,19],dtype=np.int32)   # 指定数组中的数据为 32 位整型
# 当不指定 dtype 的时候，numpy 会根据数据自动匹配合适的类型
```

2. 创建全 0 数组

（1）np.zeros(shape, dtype)。

其中：shape 为数组的形状，是列表类型或元组类型；dtype 是数据的类型，可以是整数或实数，该参数可以省略。

```
import numpy as np
data = np.zeros((3,3),dtype=np.float)
print(data)
```

以上代码生成了 3×3 的全 0 数组，数组中的元素为 float 类型。结果如下：

```
[[0. 0. 0.]
 [0. 0. 0.]
 [0. 0. 0.]]
```

（2）np.zeros_like(a)。其中：a 为一个已知的数组，np.zeros_like(a)生成一个与 a 形状相同的全零数组。

```
import numpy as np
a=np.array([[1,2],[2,3],[3,5]])   # a 是一个三行两列的矩阵
b=np.zeros_like(a)   # 生成一个和 a 尺寸一样的三行两列的全零数组
print(b)
```

上面代码的运行结果为：

```
[[0 0]
 [0 0]
 [0 0]]
```

3. 生成全 1 的数组

（1）numpy.ones(shape, dtype)创建指定形状为 shape 的数组，数组元素以 1 来填充，数组中数据类型由 dtype 指定。其中 shape 为元组类型或列表类型，dtype 参数可以省略。

（2）np.ones_like(a): 参数 a 为一个已知的数组，该函数根据数组 a 的形状生成一个全 1 的数组，代码如下：

```
import numpy as np
a=np.array([[1,2],[2,3],[3,5]])  # a 是一个三行两列的矩阵
b=np.ones_like(a)  # 生成一个和 a 尺寸一样的三行两列的全 1 数组
c=np.ones((4,5))  # 生成 4 行 5 列的全 1 数组
```

4. 生成全是某个数的数组

np.full(shape,fill_value)：根据指定的 shape 生成一个全是 fill_value 的数组。

np.full_like(a,fill_value)：生成一个与数组 a 尺寸大小相同，且里面元素都是 fill_value 的数组。代码如下：

```
import numpy as np
a=np.array([[1,2],[2,3],[3,5]])  # a 是一个三行两列的矩阵
b=np.full_like(a,9)  # 生成一个和 a 尺寸一样的三行两列的全是 9 的数组
c=np.full((4,5),-1)  # 生成 4 行 5 列的全是-1 的数组
```

5. 生成单位矩阵

np.eye(n)，生成 n 行 n 列的单位矩阵。

6. 根据数值范围创建等差序列数组

（1）np.arange(start, stop, step, dtype)，其中：

- start：起始值，默认为 0；
- stop：终止值（不包含）；
- step：步长，默认为 1；
- dtype：类型，可以省略。

代码如下：

```
import numpy as np
a=np.arange(10)   # a 中的值为 array([0, 1, 2, 3, 4, 5, 6, 7, 8, 9])
b=np.arange(2,15)   # b 中的值为 array([ 2, 3, 4, 5, 6, 7, 8, 9, 10, 11, 12, 13, 14])
c=np.arange(3,20,5)   # c 中的值为 array([ 3, 8, 13, 18])
```

可以看出，使用 np.arange 函数生成的数组都是 1 维数组，可以使用数组的 reshape 方法来变成多维数组。具体如下：

```
import numpy as np
a=np.arange(48).reshape((6,8))  # 注意 reshape 的参数必须是元组类型或列表类型
print(a)
```

由于 reshape 函数是 numpy 中 ndarray 对象的函数，因此，在使用时，在 ndarray

对象后面加上.reshape 即可。其参数为新数组的尺寸，必须为元组类型或列表类型。

（2）np.linspace 创建线性一维数组。

np.linspace(start, stop, num=50, endpoint=True, retstep=False, dtype=None)

其中：start 为数组的起始值，stop 为数组的结束值（默认情况下创建的数组包含结束值，如果不想包含结束值，修改参数 endpoint=False），num 为在起始值和结束值之间生成的等步长样本点的数量，默认值为 50。

以下代码的功能为在 0 和 2π 之间生成等间隔的 100 个点，计算这 100 个点对应的正弦值和余弦值，并画图显示（关于画图的内容后续会介绍）。

```
import numpy as np
import matplotlib.pyplot as plt
x=np.linspace(0,2*np.pi,100)
plt.plot(x,np.sin(x),'r-o',x,np.cos(x),'b-.')
plt.legend(['y=sin(x)','y=cos(x)'])
plt.grid(True)
```

上述代码的运行结果为：

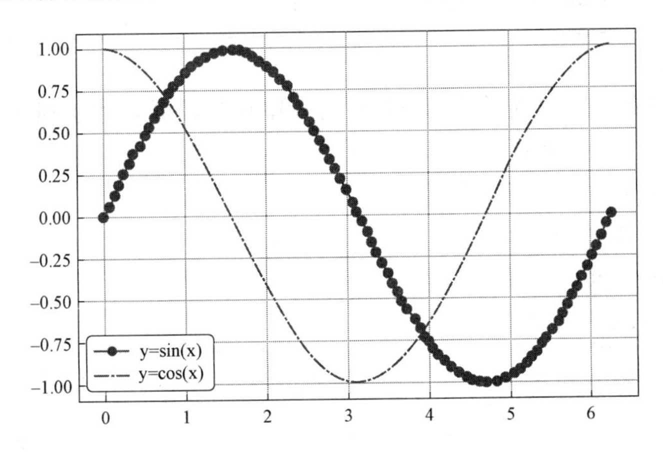

7. 生成随机数组

numpy 中有个随机数字库，叫作 np.random。里面包含很多随机数生成算法，使用的时候，采用 np.random.方法名的形式去使用。例如：

- np.random.rand(d0,d1,...dn)根据 d0,d1,...dn 的值生成[0,1)之间均匀分布的随机数组。

```
import numpy as np
data=np.random.rand(3,6)   # 随机生成 3 行 6 列二维数组，数组中的数值在[0,1)之间
                           # 均匀分布
```

- np.random.randn(d0,d1,...dn)根据 d0,d1,...dn 的值生成[0,1)之间标准正态分布的随

机数组。

- np.random.randint(low,high,shape)在[low,high）区间生成 shape 形状的随机数组。

```
import numpy as np
data=np.random.randint(1,10,[4,5])  # 生成4行5列的随机数组，数值是[1,10)区间的整数。
print(data)
```

上述代码结果为：（由于数据为随机生成，读者计算机上的结果和这个有可能不一样。）

```
[[3 7 5 2 2]
 [6 1 1 2 2]
 [2 8 6 5 4]
 [1 7 9 1 3]]
```

- np.random.randint(1,10)　生成 1～10 之间的随机整数（一个整数）。
- np.random.seed(s) 设置随机数种子函数：参数必须是整数类型。
- np.random.shuffle(a)　把数组 a 打乱顺序。

```
import numpy as np
np.random.seed(99)   # 设置了随机数种子为99，如果读者设置了相同的随机数种子，
                     # 结果会跟本书一样
data=np.arange(10)
print('打乱之前的数据为',data)
np.random.shuffle(data)
print('打乱之后的数据为',data)
```

上述代码执行的结果为：

```
打乱之前的数据为[0 1 2 3 4 5 6 7 8 9]
打乱之后的数据为[8 5 4 2 6 7 0 9 3 1]
```

- np.random.uniform(low,high,size)：在[low，high)之间等概率地抽取元素，产生形状为 size 的数组。

例如，在[0,1)之间等概率生成 1 000 个点，并显示出来。代码如下：

```
import numpy as np
import matplotlib.pyplot as plt
n=1000
x=np.random.uniform(0,1,n)
```

```
y=np.random.uniform(0,1,n)
plt.scatter(x,y)
plt.axis('equal')
```

上述代码运行的结果为：

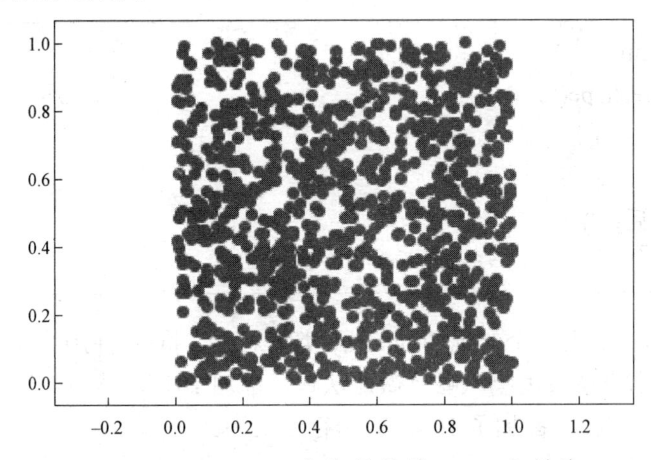

- np.random.normal(loc,scale,size)：产生均值为 loc，方差为 scale 的尺寸为 size 的符合正态分布的数组。

例如，生成 1 000 个符合 N（0，1）分布的点并显示代码如下：

```
import numpy as np
import matplotlib.pyplot as plt
n=1000
x=np.random.normal(0,1,n)
y=np.random.normal(0,1,n)
plt.scatter(x,y)
plt.axis('equal')
```

上述代码的结果为：

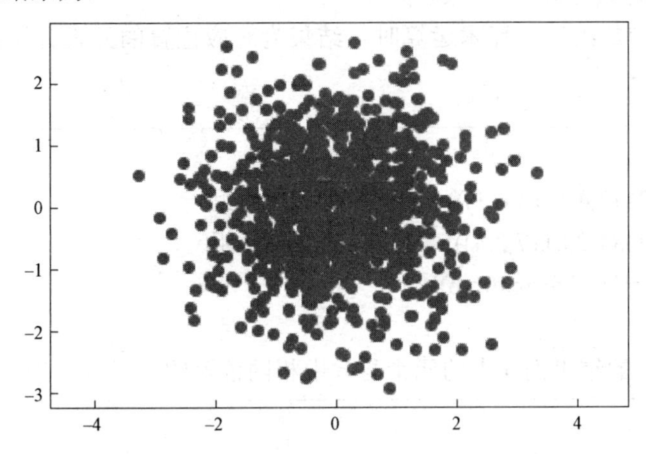

1.8.4 数组的运算

1. 数组与标量之间的算术运算

当数组对象与单个数据（标量）进行算术运算时，等价于数组中的每个元素都与该标量进行算术运算。这种方法称为广播。例如：

```
import numpy as np
a=np.arange(18).reshape((3,6))
print('原始数据为：')
print(a)
print('与 10 相加后：')
print(a+10)
```

在上述代码中，a 为一个二维的 ndarray 类型对象，执行 a+10 之后，a 中的每个元素都加了 10（相当于拿着大喇叭喊“做加法啦，都加 10！”，然后数组 a 中的每个元素都收到了大喇叭的广播，都加了 10），其运行结果为：

```
原始数据为：
[[ 0  1  2  3  4  5]
 [ 6  7  8  9 10 11]
 [12 13 14 15 16 17]]
与 10 相加后：
[[10 11 12 13 14 15]
 [16 17 18 19 20 21]
 [22 23 24 25 26 27]]
```

数组与标量的加法、减法、乘法、除法、求余、整除、幂运算的广播规则都类似，不再赘述。

2. 相同形状的数组进行算术运算

当相同形状的数组进行算术运算时，结果为对应位置的元素分别进行算术运算。例如：

```
import numpy as np
a=np.array(((1,7,3),(2,4,5),(3,6,1)))   # 3*3 的二维数组
b=np.array(((3,4,1),(1,2,0),(7,2,4)))   # 3*3 的二维数组
print('a={} \n \n b={}\n'.format(a,b))
print('a*b=\n')
print(a*b)   # a*b 的结果为 a 中的元素与 b 中相同位置的元素分别做乘法运算
```

上述代码的运行结果为：

```
a=[[1 7 3]
   [2 4 5]
   [3 6 1]]

 b=[[3 4 1]
    [1 2 0]
    [7 2 4]]

a*b=[[ 3 28  3]
     [ 2  8  0]
      [21 12  4]]
```

3. 不同形状的数组进行算术运算

当运算中的 2 个数组的形状不同时，numpy 将自动触发广播机制。例如：

```
import numpy as np
a = np.array([[ 0, 0, 0], [10,10,10], [20,20,20], [30,30,30]])
b = np.array([1,2,3])
print(a + b)
```

这里，a 是 4×3 的二维数组，b 是含有 3 个元素的一维数组，输出结果为：

```
[[ 1  2  3]
 [11 12 13]
 [21 22 23]
 [31 32 33]]
```

具体做法是，先把 b 广播为 4 行 3 列的数组，[[1,2,3],[1,2,3],[1,2,3],[1,2,3]]，广播后的数组与 a 数组尺寸就相同了，然后进行加法元素之间的加法运算，得到上面的结果。关于详细的数组广播规则，读者自行查阅文献。

1.8.5 数组的属性

numpy 中的数组属性有 9 个。这里只介绍最常见的 4 个，其余读者自行查阅。

- ndarray.ndim：数组的维度。
- ndarray.shape：数组的形状。
- ndarray.size：数组元素的个数。
- ndarray.dtype：数组元素的类型。

```
import numpy as np
a=np.array(((1,0,-9),(1,7,3),(2,4,5),(3,6,1)))
print(a)
print('数组的属性：')
print(a.shape,a.ndim,a.size,a.dtype)
```

上面代码的运行结果为：

```
[[ 1   0  -9]
 [ 1   7   3]
 [ 2   4   5]
 [ 3   6   1]]
数组的属性：
(4, 3) 2 12 int32   # 形状为(4,3)，维度为 2，元素个数为 12，数据类型为 int32
```

1.8.6　numpy 中的常见函数

前面介绍了，numpy 就是一个数组类型，加上各种数组处理函数。下面介绍机器学习编程中常用的一些函数。

1. 数组改变形状函数

（1）reshape 函数：改变数组的形状，不改变数组元素的个数，原数组不变，生成一个和原数组数据一样的新数组。有两种 reshape。一种是 np 的函数，另一种是数组的方法，具体使用方法如下：

```
import numpy as np
a=np.arange(100)   # a 为含有 100 个元素的一维数组。则改变 a 为 10×10 的数组，方
                   # 法有：
b=np.reshape(a,(10,10))   # np 的函数
c=a.reshape(10,10)   # 数组的方法，a.reshape 并不改变数组 a，只是把 a 的内容复制
                     # 了，改变数组的形状，如果想保留下来，必须通过赋值号赋值
                     # 给其他变量
d=a.reshape((10,10))   # 数组的方法，元组做参数
```

执行完上述代码后，b、c、d 的值都是 10×10 的二维数组，而 a 仍然是 1 维数组。

（2）resize:功能与 reshape 相同，但是改变原数组，具体用法如下，与 reshape 函数的区别为：

```
import numpy as np
```

```
a=np.arange(18)
print('改变形状前的数组 a:')
print(a)
a.resize((6,3))  # 注意，没有赋值，直接使用的函数，改变了数组 a 的值
print('改变形状后的数组 a:')
print(a)
```

以上代码的运行结果为：

```
改变形状前的数组 a:
[ 0  1  2  3  4  5  6  7  8  9 10 11 12 13 14 15 16 17]
改变形状后的数组 a:
[[ 0  1  2]
 [ 3  4  5]
 [ 6  7  8]
 [ 9 10 11]
 [12 13 14]
 [15 16 17]]
```

使用的时候，要注意 reshape 和 resize 两种方法的使用差异。

2. flatten() 函数

数组扁平化，也就是把多维数组变成一维数组，但是原数组不变。

假设 a 是一个二维数组，则 a.flatten()变成一维数组，具体用法如下：

```
import numpy as np
a=np.arange(18).reshape((3,6))
print('原始二维数组:')
print(a)
b=a.flatten(order='C')  # order='C'，表示按行展开
print('按行扁平化后的数组:')
print(b)
c=a.flatten(order='F')  # order='F'，表示按列展开
print('按列扁平化后的数组:')
print(c)
```

上面代码的运行结果如下：

```
原始二维数组:
[[ 0   1    2   3    4    5]
 [ 6   7    8   9   10   11]
 [12  13   14  15   16   17]]
按行扁平化后的数组:
[ 0  1  2  3  4  5  6  7  8  9  10  11  12  13  14  15  16  17]
按列扁平化后的数组:
[ 0  6  12  1  7  13  2  8  14  3  9  15  4  10  16  5  11  17]
```

3. a.tolist()　把数组 a 变成列表

```
import numpy as np
a=np.arange(18).reshape((3,6))
print('转换前：')
print(a)
print(type(a))    # type 函数的功能是返回变量的类型
print('转换后：')
b=a.tolist()
print(b)
print(type(b))
```

上述代码运行结果如下：

```
转换前：
[[ 0   1    2   3    4    5]
 [ 6   7    8   9   10   11]
 [12  13   14  15   16   17]]
<class 'numpy.ndarray'>
转换后：
[[0, 1, 2, 3, 4, 5], [6, 7, 8, 9, 10, 11], [12, 13, 14, 15, 16, 17]]
<class 'list'>
```

可以看出，应用 tolist()函数之后，生成列表类型的数据。

4. numpy 中的统计函数

假设 a=np.arange(18).reshape((3,6))

（1）sum：求和。

- np.sum(a) 和 a.sum()的值，都是对数组中所有元素求和，结果为 153。

- np.sum(a,axis=0) 和 a.sum(axis=0)为按列求和，结果为 array([18, 21, 24, 27, 30, 33])。
- np.sum(a,axis=1) 和 a.sum(axis=1)为按行求和，结果为 array([15, 51, 87])。

（2）mean：求均值，用法与 sum 相同。

（3）std：求标准差，用法与 sum 相同。

（4）var：求方差，用法与 sum 相同。

（5）median：求中位数，用法与 sum 相同。

（6）max：求最大值，用法与 sum 相同。

（7）min：求最小值，用法与 sum 相同。

（8）average：加权求平均数，用法与 sum 相同。

5. 数学函数

（1）np.sin(a)：求数组 a 中所有数据的正弦。

（2）np.cos(a)：求数组 a 中所有数据的余弦。

（3）np.tan(a)：求数组 a 中所有数据的正切。

（4）np.arcsin(a)：求数组 a 中所有数据的反正弦。

（5）np.arccos(a)：求数组 a 中所有数据的反余弦。

（6）np.arctan(a)：求数组 a 中所有数据的反正切。

（7）np.degree(a)：求数组 a 中所有数据的将弧度转换为角度。

math 库中也有三角函数，如 math.sin()也是计算正弦值。但是 math.sin()函数只能计算单个元素的正弦值，而 np.sin()可以同时计算整个数组中所有元素的正弦值。

6. 舍入函数

（1）np.around(a)：将数组 a 中所有的元素四舍五入取整。

（2）np.floor(a)：将数组 a 中所有的元素向下取整。

（3）np.ceil(a)：将数组 a 中所有的元素向上取整。

7. 排序函数

numpy.sort(a, axis, kind, order)

其中：a 为待排序的数组；kind 为排序方法，有'quicksort'、'mergesort'、'heapsort' 3 种，默认为'quicksort'。axis 为排序的方向，axis=0 对每列数据排序，axis=1 对行排序。

```
import numpy as np
np.random.seed(100)   # 设置随机数种子，为了确保读者与本书中得到相同的结果
data=np.random.randint(1,100,(4,6))
print('排序前的数据')
print(data)
data1=np.sort(data,axis=0)
print('axis=0 的排序：')
print(data1)
```

```
data2=np.sort(data,axis=1)
print('axis=1 的排序：')
print(data2)
```

上述代码的结果为：

```
排序前的数据
[[ 9  25  68  88  80  49]
 [11  95  53  99  54  67]
 [99  15  35  25  16  61]
 [59  17  10  94  87   3]]
axis=0 的排序：
[[ 9  15  10  25  16   3]
 [11  17  35  88  54  49]
 [59  25  53  94  80  61]
 [99  95  68  99  87  67]]
axis=1 的排序：
[[ 9  25  49  68  80  88]
 [11  53  54  67  95  99]
 [15  16  25  35  61  99]
 [ 3  10  17  59  87  94]]
```

8. 数组的堆叠函数

（1）np.vstack((a,b))：将数组 b 垂直堆叠在数组 a 的下面，要求 a、b 具有相同的列数。

（2）np.hstack((a,b))：将数组 b 水平堆叠在数组 a 的右面，要求 a、b 具有相同的行数。

```
import numpy as np
np.random.seed(100)
data1=np.random.randint(1,100,(3,3))
np.random.seed(200)
data2=np.random.randint(1,100,(3,3))
print('原始数据')
print(data1)
print()  # 输出一空行
print(data2)
data_hstack=np.hstack((data1,data2))  # 水平堆叠，注意，必须把要堆叠的数组包装
```

```
                                            # 成元组
print('水平堆叠的结果：')
print(data_hstack)
data_vstack=np.vstack((data1,data2))  # 垂直堆叠，注意，必须把要堆叠的数组包装
                                            # 成元组
print('垂直堆叠的结果：')
print(data_vstack)
```

上述代码的结果为：

```
原始数据
[[ 9 25 68]
 [88 80 49]
 [11 95 53]]

[[27 17 69]
 [43 56 77]
 [80 90 15]]
水平堆叠的结果：
[[ 9 25 68 27 17 69]
 [88 80 49 43 56 77]
 [11 95 53 80 90 15]]
垂直堆叠的结果：
[[ 9 25 68]
 [88 80 49]
 [11 95 53]
 [27 17 69]
 [43 56 77]
 [80 90 15]]
```

1.8.7 数组的索引和切片

采用现成的库来编写机器学习的程序，基本上可以归纳为：选数据，用函数。机器学习中的数据基本上都是 numpy 中的 ndarray 类型，因此，对 ndarray 类型的对象进行索引和切片十分重要。下面详细介绍。

1. 一维数组的索引和切片

（1）一维数组的索引方法与字符串索引方法类似，格式为：数组名[位置]，如：a=np.array([1,9,8,-2])，则选取单个元素：a[0]的值为 1，a[-1]的值为-2，a[2]的值

为 8。

（2）一维数组的切片与字符串切片方法类似，格式为：

数组名[起始位置：结束位置：步长]，假设 a=np.array([1,3,4,5,0,9,7,2,8,-1,9])则：

a[1:4]的值为 array([3, 4, 5])

a[1:10:2]的值为 array([3, 5, 9, 2, -1])

a[:10:2]的值为 array([1, 4, 0, 7, 8])

a[5::2]的值为 array([9, 2, -1])

2. 二维数组的索引和切片

（1）有规律地选择多行整行数据，语法为：

数组名[起始行:结束行:行步长] 或数组名[起始行:结束行:行步长,:]

其中起始行、结束行、步长都可以省略，省略起始行时候，对于正步长，默认起始步位置为 0，对于负步长，默认起始位置为–1；省略结束行的时候，对于正步长，结束位置为–1（包括–1），对于负步长来说，结束位置为 0（包括 0）；省略步长时，默认步长为 1。

（2）有规律地选择多列所有行：数组名[:,起始列:结束列:列步长]

（3）有规律地选择多行多列的交叉区域，语法为：

数组名[起始行:结束行:行步长,起始列:结束列:列步长]

```
import numpy as np
data=np.array([[ 0,  1,  2,  3,  4,  5],
               [ 6,  7,  8,  9, 10, 11],
               [12, 13, 14, 15, 16, 17],
               [18, 19, 20, 21, 22, 23]])
print(data[1:3])  # 选择 1，2 行整行，也可以用 data[1:3,:]
print(data[:,1:3])  # 选择 1、2 列整列
print(data[:,::2])  # 按步长为 2 选择整列（也就是 0、2、4 列）
print(data[1:3,1:-1:2])  # 选择 1、2 行和 1、3 列交叉的数据
```

注意，ndarray 对象每一维的编号都是从 0 开始。因此上面代码的输出结果读者自行运行程序体会。

（4）行或列只有一个有规律，另外一个无规律，将有规律的写成“起始：结束：步长”的形式，将无规律的行号或列号放在列表里。例如：

data[:,[1,-1]] # 取第 1 列和最后 1 列的整列数据

data[[0,1,-1],:] # 取第 0、1、–1 行整行数据

data[:2,[2,3,2]] # 取 0、1 行，2、3、2 列的交叉数据（第 2 列取了 2 次）

（5）行号和列号都没办法用起始位置：位置：步长的格式表示的时候，需要用 np.ix_函数，把两个一维数组转换为一个用于选取方形区域的索引器。实际意思就是，直接往 np.ix_()里扔进两个一维数组[1,3]，[2,4,5]，就能先选 1、3 行，再选 2、4、5 列。例如：

```
import numpy as np
data=np.array([[ 0,   1,   2,   3,   4,   5],
               [ 6,   7,   8,   9, 10, 11],
               [12, 13, 14, 15, 16, 17],
               [18, 19, 20, 21, 22, 23]])
print(data[np.ix_([1,3],[2,4,5])])
```

上述代码的结果为：

```
[[ 8 10 11]
 [20 22 23]]
```

3. 布尔条件做索引

（1）单个条件做索引。

data[data>5]　# 筛选出 data 中大于 5 的数据

data[data%5==0]　# 筛选出 data 中 5 的倍数

（2）多个条件做索引：当有多个条件做索引的时候，多个条件之间用&（与）、|（或）、~（非）连接起来。

data[(data>10) &(data<20)]　# 筛选出大于 10 且小于 20 的数据

注意，&、|、~的优先级比较高，要把条件用括号括起来，再用&、|、~连接，否则会报错。如：

data[data>10 & data<20]会报错，由于&优先级高，会先执行 10&data，因此报错。

例 1-1　使用蒙特卡罗法计算 π 的值。

思路：假设有个边长为 1 的正方形，内部有个半径为 1 的四分之一圆，如图 1-2 所示。如果在正方形内均匀地铺满沙子，那么四分之一圆内沙子的数量与正方形内沙子的数量之比，应该等于两者的面积之比，也就是 π/4。我们不可能真正地去铺沙子数沙子数（累死也数不完啊！），但可以通过生成随机数的方法来模拟铺沙子。

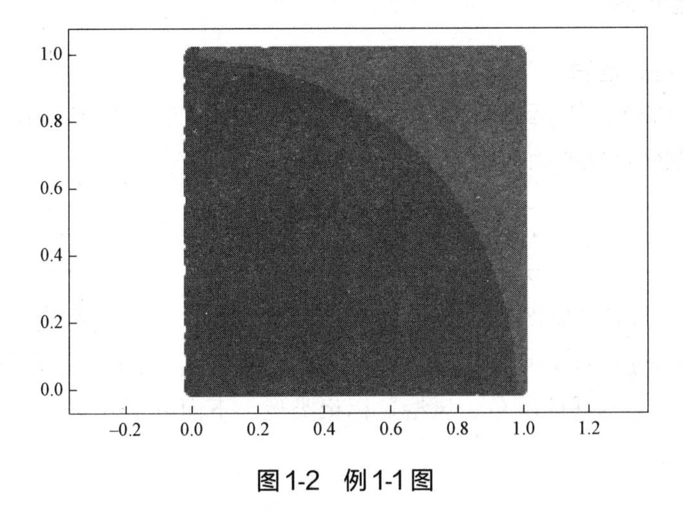

图1-2　例 1-1 图

```
import numpy as np
import matplotlib.pyplot as plt
n=100000   # 随机点数量，模拟沙子的数量
x=np.random.rand(n)   # 在（0，1]之间等概率地生成随机数，作为随机点的横坐标
y=np.random.rand(n)   # 在（0，1]之间等概率地生成随机数，作为随机点的纵坐标
circle_in=x[x**2+y**2<=1]   # 把距离圆心距离<=1 的点的横坐标筛选出来，即为圆
                            # 内点的横坐标
print(circle_in.size/n*4)   # 圆内点的数量与所有样本点数量比值的 4 倍即为 π 值
plt.scatter(x[x**2+y**2<=1],y[x**2+y**2<=1])   # 画图显示圆内的点
plt.scatter(x[x**2+y**2>1],y[x**2+y**2>1])   # 画图显示圆外的点
plt.axis('equal')   # 设置 x 轴和 y 轴的比例尺相同，如不设置，由于坐标轴比例不一致，
                    # 导致画出来的是椭圆
```

读者可以自行修改 n 的值，观察 π 的值与点数 n 之间的关系。n 越大，计算结果越接近 π 的真实值。

1.9 绘图

编写机器学习程序，结果或中间过程的展示需要绘图，这就需要使用 matplolib 库。前面的例子中使用过 matplotlib 库，它是优秀的数据可视化库，使用 anaconda 编写程序的时候，无须自己安装 matplotlib 库（anaconda 已经都打包好了），使用其他开发工具，可能要自己手动安装 matplotlib 库，具体安装方法读者可以自行查阅资料。我们在科研论文中见过的各种图形，matplotlib 几乎都可以绘制。本书中介绍几种常见图形的绘制方法。

1.9.1 绘制坐标图

1. plt.plot 绘图语法

使用 matplotlib 绘制坐标图的时候，首先导入库。导入方法是：import matplotlib.pyplot as plt。其中绘制坐标图的函数为 plt.plot。其用法如下：

```
plt.plot(x, y, format_string, **kwargs)
```

其中：x、y 为要绘制图形的点的横坐标和纵坐标，可以是列表、元组或 ndarray 类型；format_string：曲线风格设置；**kwargs：更多组曲线的参数设置。

format_string 包括线的颜色、风格、标记类型。下面分别介绍。

线的颜色具体取值如下：

颜色字符	说明	颜色字符	说明	颜色字符	说明
b	蓝色	g	绿色	r	红色
c	青绿色	#008000	RGB 某颜色	m	洋红色
y	黄色	k	黑色	w	白色

线的风格具体取值如下：

风格字符	说明	风格字符	说明	风格字符	说明
-	实线	--	破折线	-.	点画线
:	虚线	‘’	无线条		

线的标记类型取值如下：

标记字符	说明	标记字符	说明	标记字符	说明
.	点标记	,	像素标记	o	实心圈标记
v	倒三角形标记	^	上三角形标记	>	右三角形标记
<	左三角形标记	1	下花三角标记	2	上花三角标记
3	左花三角标记	4	右花三角标记	s	实心方形标记
p	实心五角标记	*	星形标记	+	“十”字形标记
x	x 标记	D	菱形标记	d	瘦菱形标记

format_string 参数由前面介绍的颜色、风格、标记字符组成的字符串，前后顺序无所谓，例如，'ro-'、'or-'、'r-o' 均表示红色实心带圆点标记的实线。plt.plot 可以同时画多条线。例：

```
import numpy as np
import matplotlib.pyplot as plt
x=np.linspace(0, 10,20)   # 生成 x 坐标
y1=x**2   # 计算 y1 的值
y2=-x**2+5*x-6   # 计算 y2 的值
y3=-2*x-10   # 计算 y3 的值
plt.plot(x,y1,'r--o',x,y2,'b-+',x,y3,'y:h')   # 画坐标图
plt.legend(['y=x**2','y=-x**2+5*x-6','y=-2*x-10'])   # 为坐标图添加图例，后续介绍
plt.grid(True)   # 为坐标图添加网格
```

上面代码的运行结果为：

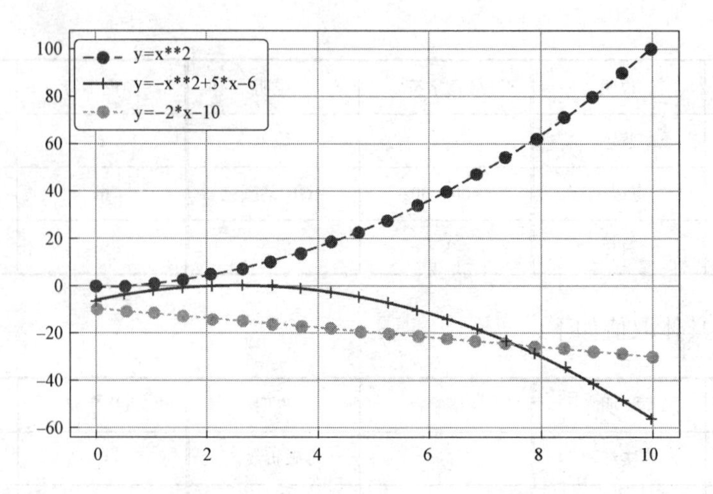

上面代码的说明如下：

```
import numpy as np
import matplotlib.pyplot as plt
x=np.linspace(0, 10,20)
y1=x**2
y2=-x**2+5*x-6
y3=-2*x-10

plt.plot(x,y1,'r--o',x,y2,'b-+',x,y3,'y:h')

plt.legend(['y=x**2','y=-x**2+5*x-6','y=-2*x-10'])
plt.grid(True)
```

第一条曲线的坐标

第一条曲线的风格

第二条曲线的坐标

第二条曲线的风格

第三条曲线的坐标及风格

2. 图形美化

在绘制图形时，为了图形的美观，可以为图加 x 轴、y 轴、标题、网格。具体如下：

```
import numpy as np
import matplotlib.pyplot as plt
x=np.linspace(0,2*np.pi,100)   # 在[0,2π]之间生成等间距的 100 个点
y=np.sin(x)
plt.plot(x,y)   # 没有指定线的风格，则按默认参数画线
plt.xlabel('this is axis x')   # 增加 x 轴描述
plt.ylabel('this is axis y')   # 增加 y 轴描述
plt.title('this is an example')   # 增加标题
plt.text(3,0,'mark here!')   # 在任意位置增加文本，此处在坐标(3,0)处增加了 mark
                             # here!文本。
plt.grid('True')
```

以上代码的输出结果为：

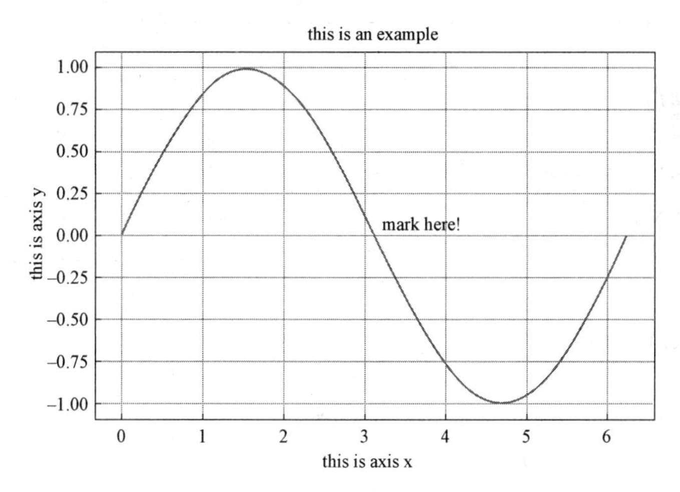

3. 图件的保存

plt.savefig(文件名,dpi=600)

其中：文件名为待保存图像的完整路径名字，dpi：每一英寸空间中包含的点数，点数越多，图像质量越好。默认生成的图像格式为 png 格式。

4. 绘制子图

plt.subplot(a,b,i)　生成一个 a 行、b 列的绘图区，其后绘制的图像绘制到第 i 区（逗号可以省略）。

```
import matplotlib.pyplot as plt
import numpy as np
x=np.linspace(0,10,50)
plt.figure(figsize=(16, 12))   # 设置画布的尺寸，避免多个子图挤压到一起
plt.subplot(2,3,1)   # 也可以写成 plt.subplot(231)，以下同
plt.plot(x,np.exp(x))
plt.xlabel('x')
plt.ylabel('y')
plt.title('y=exp(x)')

plt.subplot(2,3,2)
plt.plot(x,-x**2-2*x)
plt.xlabel('x')
plt.ylabel('y')
plt.title('y=-x**2-2*x')

plt.subplot(2,3,3)
plt.plot(x,np.log(x))
plt.xlabel('x')
```

```
plt.ylabel('y')
plt.title('y=log(x)')

plt.subplot(2,3,4)
plt.plot(x,np.sin(x))
plt.xlabel('x')
plt.ylabel('y')
plt.title('y=sin(x)')

plt.subplot(2,3,5)
plt.plot(x,np.sin(x)+np.cos(x))
plt.xlabel('x')
plt.ylabel('y')
plt.title('y=sin(x)+cos(x)')

plt.subplot(2,3,6)
plt.plot(x,np.sin(x)+np.cos(x**2))
plt.xlabel('x')
plt.ylabel('y')
plt.title('y=sin(x)+cos(x**2)')
```

以上代码的运行结果为：

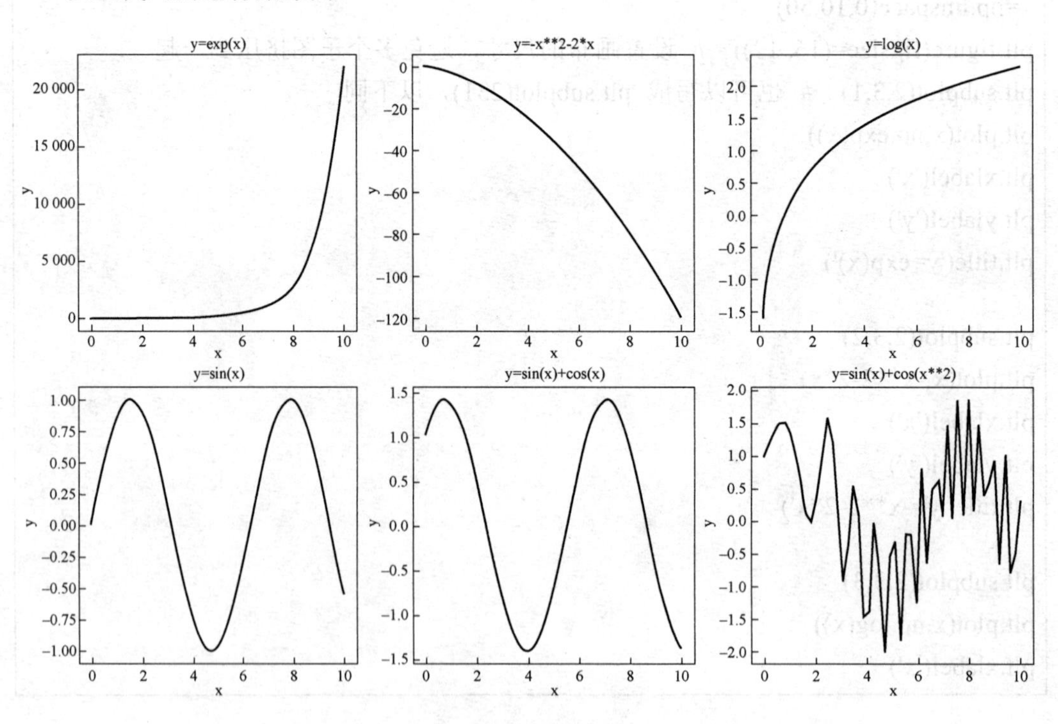

5. 中文的显示方法

如果要想在坐标轴或绘图区显示中文，需要设置中文字体，如果不设置中文字体，中文将无法显示。设置中文字体有两种方法，具体如下。

第一种方法：全局修改，修改方法是在程序中加入下面2行代码。

```
import matplotlib
matplotlib.rcParams['font.family']='SimHei'
```

其中：rcParams是自定义图形的各种默认属性，称之为rc配置或rc参数。通过rc参数可以修改默认的属性，包括窗体大小、每英寸的点数、线条宽度、颜色、样式、坐标轴、坐标和网络属性、文本、字体等。可以选择的常用字体有：

- 'SimHei'：中文黑体。
- 'Kaiti'：中文楷体。
- 'LiSu'：中文隶书。
- 'Fangsong'：中文仿宋。

在程序中这样修改字体后，程序中所有的图都可以加中文显示。

```
import matplotlib.pyplot as plt
import numpy as np
import matplotlib
matplotlib.rcParams['font.family']='SimHei'   # 设置中文字体
x=np.linspace(0,10,50)   # 在[0,10]之间生成等距离的 50 个 x 值
y=x**2-2*x+10
plt.plot(x,y)   # 绘图
plt.xlabel('x 坐标')   # 如果不设置中文字体，x 轴 label 无法显示中文
plt.ylabel('y 坐标')   # 如果不设置中文字体，y 轴 label 无法显示中文
plt.title('显示中文的例子')   # 如果不设置中文字体，标题无法显示中文
```

第二种方法：在有中文输入的地方增加fontproperties= 'SimHei'的设置。

```
import matplotlib.pyplot as plt
import numpy as np

x=np.linspace(0,10,50)   # 在[0,10]之间生成等距离的 50 个 x 值
y=x**2-2*x+10
plt.plot(x,y)   # 绘图
plt.xlabel('x 坐标',fontproperties='SimHei',FontSize=20)   # 此处设置中文字体
```

```
plt.ylabel('y 坐标')  # 没有设置中文字体
plt.title('显示中文的例子')  # 没有设置中文字体
```

以上代码的结果为：

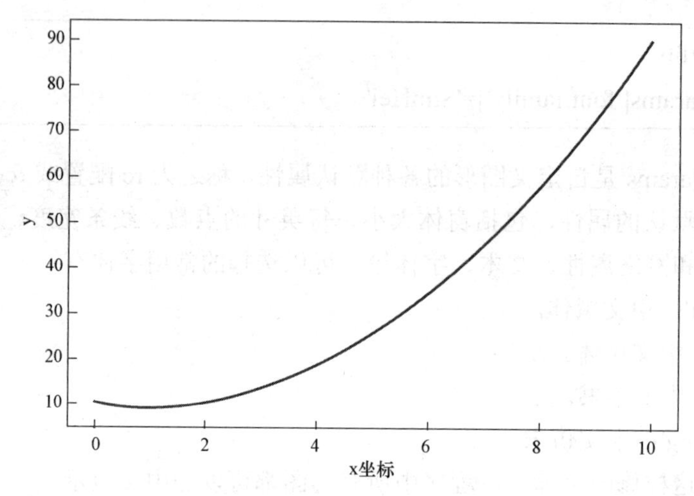

可以看出，由于 x 轴的 label 设置了中文字体，因此 x 轴上可以显示中文，而 ylabel 和 title 没有设置中文字体，因此 y 轴的 label 和 title 都没有办法显示中文。

1.9.2 绘制饼状图

绘制饼状图用 matplotlib.pyplot.pie 函数，具体语法如下：

```
matplotlib.pyplot.pie(x, explode=None, labels=None, colors=None, autopct=None, pctdistance=0.6, shadow=False, labeldistance=1.1, startangle=None, radius=None, counterclock=True, wedgeprops=None, textprops=None, center=(0, 0), frame=False, rotatelabels=False, \*, data=None)
```

主要参数及说明见表 1-5。

表 1-5　绘制饼状图参数及说明

参数	说明	类型
x	数据	list 或 ndarray
labels	标签	list
autopct	数据标签	%0.1%% 保留一位小数
explode	突出的部分	list
shadow	是否显示阴影	bool
pctdistance	数据标签距离圆心的位置	0～1
labeldistance	标签的比例	float
startangle	开始绘图的角度	float
radius	半径长	默认是 1

饼状图绘制的例子如下：

```
# 绘图显示某大学各种职称教师所占的百分比
import matplotlib.pyplot as plt
import matplotlib
matplotlib.rcParams['font.family']='SimHei'  # 添加中文字体才能正常显示中文
label=['教授','副教授','讲师','助教']  # 饼状图中每个分块的类别
size=[10,40,35,15]  # 每个类别所占的百分比数
explode=[0,0,0.1,0]  # 每个类别突出显示程度
plt.pie(size,labels=label,explode=explode,shadow=True, autopct='%0.1f%%')
plt.axis('equal')  # 设置坐标轴等比例
plt.legend()  # 增加图例
```

其中：autopct='%0.1f%% 表示在饼状图中显示数据的比例，保留一位小数。shadow=True 表示为饼状图添加阴影。上面代码的运行结果如下：

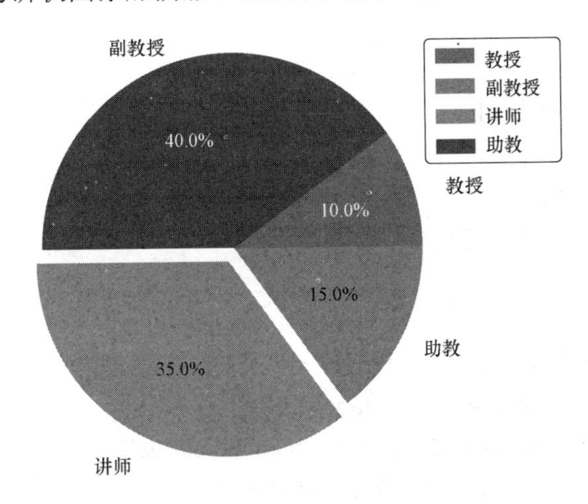

1.9.3 绘制条形图

绘制条形图用 matplotlib.pyplot.bar 函数，具体语法如下：

```
matplotlib.pyplot.bar(x,height,width=0.8,bottom=None,\*,align='center',data=None, \*\*
kwargs)
```

主要参数及说明见表 1-6。

表 1-6 绘制条形图主要参数及说明

参数	说明	类型
x	x 坐标	int,float
height	条形的高度	int,float

续表

参数	说明	类型
width	宽度	0~1，默认 0.8
bottom	条形图的起始位置	也是 y 轴的起始坐标
align	条形的中心位置	center
color	条形的颜色	r,g,b, #123456
edgecolor	边框的颜色	同上
linewidth	边框的宽度像素	默认无。int
tick_label	下标的标签	元组
orientation	是竖直条还是水平条	vertical 或 horizontal

例 1-2 男生大学四年的平均成绩为：men_means= (80, 88, 90, 78)，女生大学四年的平均成绩为：women_means= (92, 90, 85, 87)，画出条形图对比显示。代码如下：

```
import numpy as np
import matplotlib.pyplot as plt
import matplotlib
import numpy as np
import matplotlib.pyplot as plt
import matplotlib
men_means= (80, 88, 90, 78)
women_means= (92, 90, 85, 87)
x=np.array([1,2,3,4])
width = 0.35
matplotlib.rcParams['font.family']='SimHei'   # 添加中文字体
plt.bar(x,men_means,width,color='red',label='男')
plt.bar(x+0.35,women_means,width,color='green',label='女')
plt.xticks(x,('大一', '大二', '大三', '大四'),fontsize=15)
plt.legend()
```

上面代码的结果为：

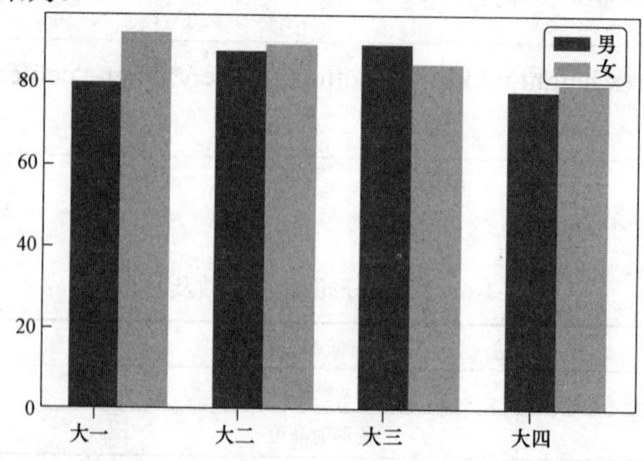

1.9.4 绘制散点图

绘制散点图用 scatter 函数，具体语法如下：

```
matplotlib.pyplot.scatter(x, y, s=None, c=None, marker=None, alpha=None, linewidths= None)
```

主要参数说明如下：

- x，y：shape 大小为(n,)的数组，也就是即将绘制散点图的数据点，输入数据。
- s：点的大小，默认是 20。
- c：色彩或颜色序列。
- marker：标记的样式，可选，默认为 o，取值与 plot 中的 marker 相同。
- alpha：标量，0～1 之间，颜色深度。
- linewidths：标记点的长度，默认 None。

```
import numpy as np
import matplotlib.pyplot as plt
plt.rcParams['axes.unicode_minus']=False   # 解决坐标轴无法正常显示负号问题
plt.figure(figsize=(10,6))
x1=np.random.randn(10)
y1=np.random.randn(10)
x2=np.random.randn(10)
y2=np.random.randn(10)
plt.scatter(x1,y1,marker='o',color='red',s=5,linewidths=25,alpha=0.2)
plt.scatter(x2,y2,marker='+',color='blue',s=100,linewidths=58,alpha=0.7)
plt.legend(['boy','girl'])
```

上面代码的运行结果为：

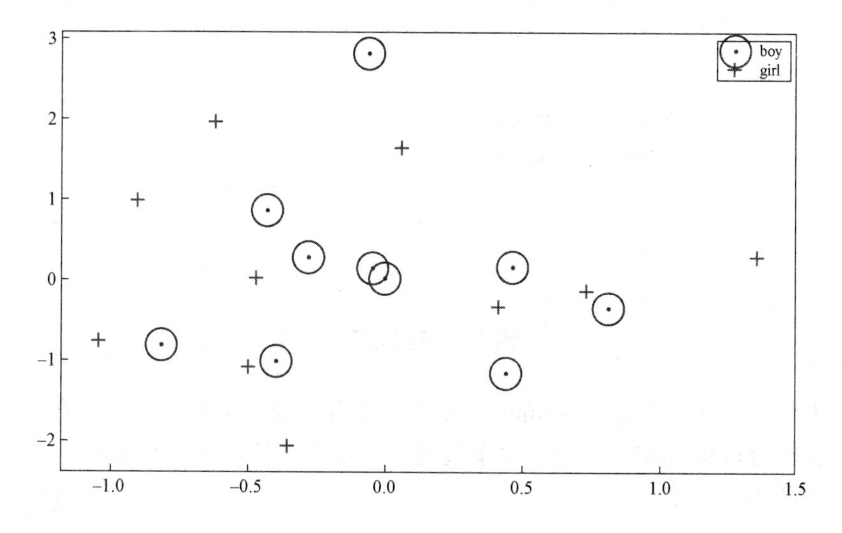

本书介绍了几种常见绘图函数的绘制方法，如果需要绘制更多的图，了解更多的绘图参数，参考 matplotlib 的官网，官网中每一种图形都有详细的参数说明和代码例子，官网地址为：https://matplotlib.org/gallery.html。

1.10 文件批量处理

文件的批量处理，分为找到文件名、读文件、处理文件、保存文件几部分内容。对于文件的处理，编写机器学习程序的时候一般对应数据的特征提取或预处理，以后会专门介绍。本节只介绍找到文件、读写文件。

1.10.1 文件和目录处理

os 模块提供了非常丰富的方法用来处理文件和目录。对于编写机器学习程序来说，多个原始样本数据通常放在一个文件夹中，需要读取每个样本数据，对样本数据做同样的处理（如特征提取或数据预处理），这可以通过 os 模块中的 listdir 来实现。该函数的语法如下：

```
os.listdir(path)
```

其中 path 为文件存在的路径，该函数返回 path 指定的文件夹包含的文件或文件夹的名字的列表。得到文件名列表后，就可以采用 for 循环来遍历文件列表，进行文件批处理了。当文件夹里包含文件夹的时候，可以用多个 os.listdir 配合多个 for 循环来找到文件名。

例 1-3 计算机桌面上包含一个名叫 samples 的文件夹，里面包含 4 个子文件夹，分别为 block、normal、warp、weft，如图 1-3 所示。

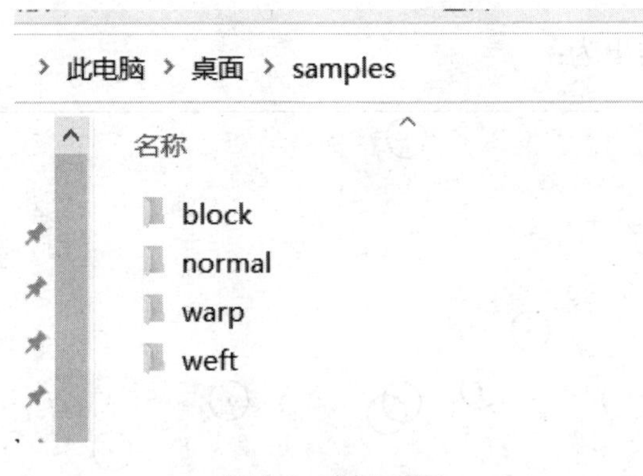

图 1-3 例 1-3 图

子文件夹里存放了扩展名为.bmp 的文件，还有其他类型的文件。现在要只批量处理这些扩展名为.bmp 的文件（为了简单起见，本处的处理输出所有 bmp 文件的完整文件名），具体代码如下：

```
import os
path=r"C:\Users\..\Desktop\samples"  # 此处读者替换成自己要处理的文件夹路径。
# 得到某文件夹完整路径的方法是：在文件夹上同时按住 shift 键和鼠标右键，在弹出
# 来的对话框里点击“复制为路径”，然后打开 spyder，粘贴过来就可以了。一定要
# 在路径的前面加上一个字符 r，表示忽略里面的转义字符。
for i in os.listdir(path):
    inner_dir=path+'\\'+i
    for j in os.listdir(inner_dir):
        if j[-3:]=='bmp':
            fname=inner_dir+'\\'+j
            print(fname)
```

以上代码的输出部分结果是：

```
C:\Users\..\Desktop\samples\warp\10.bmp
C:\Users\..\Desktop\samples\warp\100.bmp
C:\Users\..\Desktop\samples\warp\101.bmp
C:\Users\..\Desktop\samples\warp\102.bmp
C:\Users\..\Desktop\samples\warp\103.bmp
C:\Users\..\Desktop\samples\warp\104.bmp
C:\Users\..\Desktop\samples\warp\105.bmp
```

得到所有文件的完整文件名后，读文件就可以用相应的读文件函数了。读 bmp 文件、excel 文件、txt 文件、csv 文件、jpg 文件，都有相应的读取函数，读者可以自行查阅相关资料。

1.10.2 文件读写

1. 数组文件的读写

机器学习中处理的文件大部分都是 numpy 的 ndarray 文件或文本文件，数组文件可以存成扩展名为 npy 的文件。np.save 和 np.load 是读写磁盘数组数据的两个主要函数。在默认情况下，数组以未压缩的原始二进制格式保存在扩展名为 npy 的文件中，例如：

```
import numpy as np
a=np.linspace(0,10,20)  # 生成数组放到变量 a 中
np.save("data.npy",a)  # 将数组 a 写到文件 data.npy 里。这样硬盘上就会有 data.npy
                       # 的文件
b = np.load("data.npy")  # 从 data.npy 中读取数据，存放在变量 b 中
print(b)
```

2. 文本文件读写

使用 np.savetxt 和 np.loadtxt 只能读写 1 维和 2 维的数组。其中 np.savetxt：将数组写入以某种分隔符隔开的文本文件中；np.loadtxt：指定某种分隔符，将文本文件读入到数组中。例如：

```
import numpy as np
a=np.linspace(0,10,20)
np.savetxt("filename.txt",a)
b = np.loadtxt("filename.txt", delimiter=',')
print(b)
```

第2篇 机器学习

2 机器学习的基本概念和应用领域

2.1 机器学习的基本概念

机器学习（machine learning）是一门专门研究计算机怎样模拟或实现人类的学习行为，以获取新的知识或技能，重新组织已有的知识结构，使之不断改善自身的性能的学科。令 W 是这个给定世界的有限或无限的所有对象的集合，由于观察能力的限制，我们只能获得这个世界的一个有限的子集 $Q(Q \subset W)$，机器学习就是根据这个有限样本集 Q，推算整个世界 W 的模型，使得其对这个世界为真。图 2-1 所示为机器学习过程示意图。

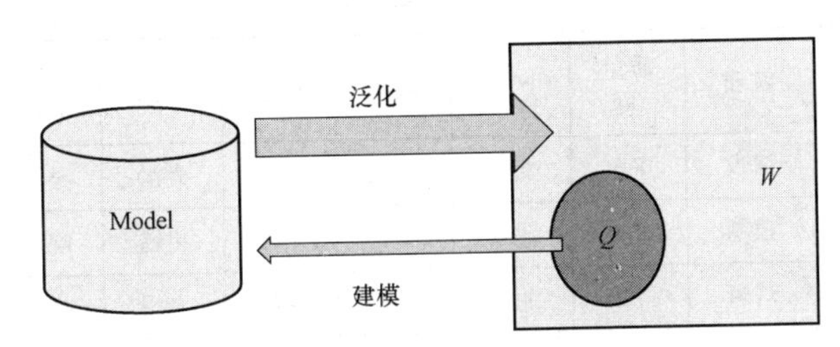

图 2-1 机器学习过程示意图

"哇，这定义说的是啥？看不懂，看不懂！"

好吧，下面举个例子，把上面的定义拆开来，一一对应解释。

- "机器学习（machine learning）是一门专门研究计算机怎样模拟或实现人类的学习行为，以获取新的知识或技能，重新组织已有的知识结构使之不断改善自身的性能的学科"等价于"机器学习研究人们是怎么学会挑瓜的，研究如何从挑瓜中积累经验，提高挑好瓜准确率的学科"。
- "令 W 是这个给定世界的有限或无限的所有对象的集合"等价于"用 W 来表示世界上所有已经种出来的及未种出来的瓜"。
- "由于观察能力的限制，我们只能获得这个世界的一个有限的子集 $Q(Q \subset W)$"，等价于"由于没钱，我只能买少量的瓜（记为集合 Q）来学习挑瓜经验"；
- "机器学习就是根据这个有限样本集 Q，推算整个世界 W 的模型，使得其对这个世界为真"等价于"机器学习就是用这 Q 的瓜来做实验，根据这 Q 的瓜的特征，学出来挑瓜技巧，使得挑瓜的技巧尽可能的好。"

这样一对应，是不是机器学习的概念就好理解多了。

在了解机器学习如何解决问题之前，我们先了解机器学习的一些基本概念和机器学习解决问题的基本流程。下面从一个例子开始。

我今年种了 10 亩西瓜，大丰收，去路边摆摊卖瓜。过来一位顾客，说：“老板，给我挑个好吃的瓜。”我挑选了一个根蒂卷缩、敲起来声音浊响的青绿西瓜（参考周志华教授的《机器学习》一书），交给顾客，顾客满意地走了。

仔细思考上面一段话。顾客让我帮忙挑瓜，这是为什么呢？因为会挑瓜！换句话说，我会根据自己以前的挑瓜经验来对一个新的瓜做预判。这就是一个机器学习过程，历史的挑瓜经验，让我能够对未知的瓜做出正确率比较高的预判。那该如何学会挑瓜（如何具有预判能力）呢？

作为一个没有任何挑瓜经验的人，如小明，他要想会挑瓜，就得在真正的西瓜上真刀实枪地去积累经验。如准备 2 000 个瓜。这些瓜中可能有些瓜皮上有泥土，不利于观察颜色纹理，因此先把瓜擦洗干净（数据预处理）。接着开始描述西瓜：形状、颜色、纹理、质量、产地、敲声、根蒂、触感、采摘时间、采摘人（特征提取），然后切开看看是好瓜还是坏瓜，并记录下来（这叫数据标注），见表 2-1。

表 2-1　西瓜数据集

编号	形状	颜色	纹理	质量/kg	产地	敲声	根蒂	触感	采摘时间	采摘人	好瓜
1	椭球	青绿	清晰	8.5	北京	清脆	卷缩	光滑	早上	李雷	是
2	球形	乌黑	模糊	9.4	北京	闷响	平直	粗糙	晚上	李雷	否
3	椭圆	浅白	清晰	7.2	北京	清脆	卷缩	光滑	晚上	王红	是
4	球形	青绿	模糊	10.4	北京	闷响	稍卷	软黏	晚上	王红	是
6	椭球	浅白	清晰	7.5	北京	闷响	平直	粗糙	早上	李雷	是
					…						

仔细观察表 2-1，第一行的数据是一个西瓜的记录，这个西瓜是“椭球形状，青绿色，纹理清晰，重 8.5 kg，产地北京，敲声清脆，根蒂卷缩，触感光滑，是李雷在早上采摘，是个好瓜”。这一行数据是对一个西瓜的描述，称为一个样本。“形状”“颜色”等这些是“特征”，所有的“特征”构成一个向量，称为“特征向量”。把一个西瓜用一个特征向量描述的过程，称为“特征提取”。而“椭球、青绿、清晰、8.5、北京、清脆、卷缩、光滑、早上、李雷”为提取的第一个西瓜的“特征向量值”；“好瓜”，是该样本的“类别标签”，简称“类别”。小明就这样不厌其烦地记录每个瓜的特征向量的值，再切开记录下好坏（类别），获得了一张大大的表（数据）。有了这个表，任何人想要学挑瓜，只要根据这个表中的数据总结规律，就可以学习挑瓜了。

学习挑瓜的过程，其实就是确定样本的特征向量（形状、颜色、纹理……）和样本的类别（好瓜、坏瓜）之间的关系。换句话说，就是建立特征和类别之间的数学模型。想要学挑瓜的人，我们称为“分类器”。学习挑瓜的这个过程，称为“分类器的训练”，学习挑瓜所用的数据集，称为“训练集”。那学习完了，到底学没学会呢？还得考核下才能上岗，考核用的数据当然不能是训练集啦，得用一个新的数据集（称为验证集）。考核的时候，给出若干新的西瓜数据的特征，让被考核人（分类器）去判断好瓜、坏瓜（分类）。被考核人看到特征后，会根据所学的知识做出一个预测类别。预测的类别和真实的类别一致，就预测对了，不一致，就预测错了。统计下验证集中预测正确的准确率。准确率高的，通过考核，可以上岗去给人挑瓜了（泛化）。考核没通过，这个人不行，不能上岗，换个新人培训吧（这个分类器不适合解决这个问题，换一个分类器）。

回顾整个学习挑瓜的过程：准备数据（找 2 000 个瓜）—数据预处理（把瓜皮上的泥都擦掉）—特征提取（记录每个瓜的形状、颜色……）—特征规范化（这个以后讲）—选择分类器（教小明呢，还是教小东呢？）—训练分类器（让小明或小东自己去研究特征和类别之间的关系）—评价分类器（学完后拿个新的西瓜数据集考考小明或小东，看看他们能预测正确多少）—泛化（考核通过后，说明学会了，可以摆摊卖瓜，去给人挑瓜了）。

上面是一个典型的浅层机器学习的问题之一：分类问题。在分类问题中，用于训练分类器的数据（也就是积累那些西瓜的属性和类别的数据）是有类别标签的（每条数据对应了是好瓜还是坏瓜），这种训练数据带类别标签的机器学习方法称为监督学习。除了分类问题之外，机器学习还能解决回归问题。如预测温度、预测房价、预测股票价格，这些问题的输出结果不再是一个类别，而是连续的数值，这种预测值为连续数值的机器学习问题称为回归问题。回归问题也属于监督学习的一种。

聚类问题是另一种机器学习问题。例如，拿到一车瓜，虽然不知道哪个瓜是好瓜，哪个瓜是坏瓜，但是根据瓜的形状、瓜皮颜色、产地等就可以将西瓜归为若干簇。聚类问题是一种无监督学习方法，不需要类别标签，只根据特征本身，将相似的数据归为一簇。

分类、聚类、回归是机器学习的三类问题。在这三类问题中，其中分类、回归是监督学习，而聚类是无监督学习。

机器学习的目的，是在新样本上效果最好，而不是在训练集上效果好。例如，为了提高在训练集上的准确率，那么把训练集上所有的数据都背下来，很显然用训练集去考核，会 100%正确，但很明显，只是记住了答案，并没有真正地学会。那么新来一个在训练时没见过的数据集，马上准确率就不高了。这种情况叫作“过拟合”。

另外，所有的训练样本和测试样本要满足同一个分布，也就是说，你用西瓜数据去训练，将来只能去预测西瓜。而用训练结果去预测苹果好坏，那肯定是不行的。机器学习算法有效的前提是，训练样本要数量多，且多样化，样本间尽量独立。一般认为，独立的训练样本数量越多，泛化性能（在新样本上的预测效果）越好。“独立”这个条件非常重要。有一次，学生问我：“老师，我想用机器学习算法来检测路灯是不是坏了，好的路灯很多，其图像很容易获得，但是坏的路灯很少，图像很难获得。那我可不可以把一个坏路灯各个角度，不同距离，拍摄好多张图像来使得坏路灯和好路灯数量差不多呢？”这当然是不行的！一个坏路灯，拍摄 1 万次，并不是 1 万个样本！这一万张图像不独立，有很高的相关性。在采用机器学习解决问题时，样本之间的“独立、同分布”特别重要。

2.2 机器学习的应用领域

随着图形处理器（GPU）的广泛应用，以及几乎无限的存储空间和海量图像、文本、交易、地图等数据的出现，人工智能呈现出了爆炸式的发展。机器学习与人工智能、深度学习的关系如图 2-2 所示。

机器学习是实现人工智能的一个分支，也是人工智能的核心。传统浅层的机器学习算法首先需要对数据进行特征提取，再采用分类器（如决策树、人工神经网络、贝叶斯、集成学习、支持向量机等）进行分类。由于特征提取一直是机器学习的难题，因而制约了机器学习的发展。深度学习的出现，一定程度上解决了特征提取的难题，使得机器学习的应用空前繁荣起来，目前机器学习的应用领域几乎涵盖各行各业，如图 2-3 所示。

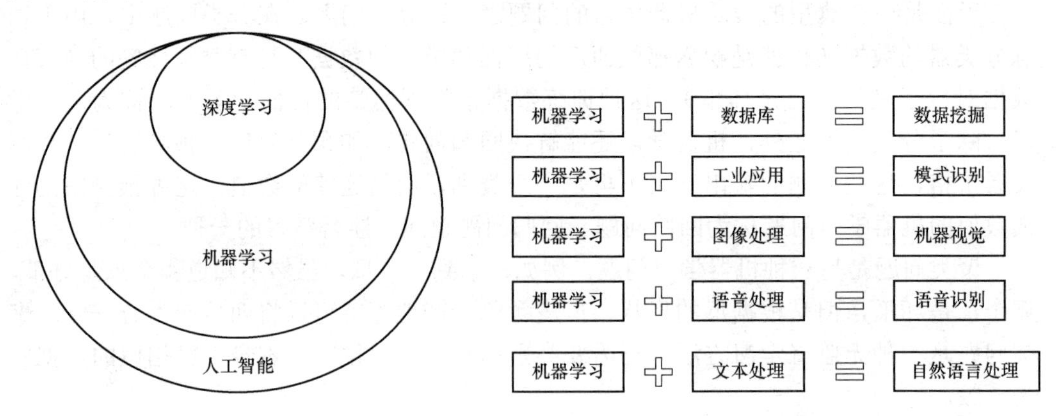

图 2-2 机器学习与人工智能、深度学习的关系　　图 2-3 机器学习的应用领域

工业上，机器学习发挥了巨大的作用，如工业产品表面缺陷检测、工业故障检测与预警、自动驾驶；农业上，基于机器学习的农业病虫害检测、水果分类等；医学上，疾病智能诊断、医疗影响识别；互联网上，新闻推荐、新闻分类、产品推荐、垃圾邮件分类；金融领域，贷款接受的分类、信用卡审批、抵押贷款分析。除此之外，利用机器学习技术还可以解决人脸识别、生物特征识别、气象预报、视频监控分析、成矿预测等问题。

3 数据集的划分与模型的评价方法

3.1 数据集的划分方法

机器学习模型（如线性模型、逻辑回归、决策树、支持向量机、人工神经网络等）就像一个刚出生的婴儿，具有学习能力，但是必须去教它。如教婴儿认识苹果，就要拿真实的苹果或苹果的图片给婴儿看，然后一遍遍地告诉婴儿，这是苹果。用来教婴儿的数据，就是训练集。教了婴儿一段时间之后，婴儿学会了没有，就要考核下。当然要想考核婴儿是不是真正认识了苹果，而不是记住了苹果（学会与记住是两个概念，就像你学会了使用 for 循环编程，和记住了使用 for 循环去求 100 以内的加法代码是两码事），需要用新的苹果数据集去考核下婴儿，这个新的数据集称为测试集。

采用机器学习解决问题的目标，是为了训练出一个泛化性能好的模型，然而，泛化误差没法直接计算。一般做法是将已经收集到的数据集分割为训练集和测试集。训练集用于训练模型，而测试集用于考验模型的性能，用测试集上的误差作为将来新数据集上泛化误差的近似。一般要求，训练集和测试集是互斥的，即测试集中的样本不能在训练集中出现过。在解决现实问题时，有时候有标注的数据极难获得，仅有的数据还被分割成训练集和测试集，因此数据集的分割方法对充分利用现有数据训练模型很重要，因为在一般情况下，训练数据越多，模型训练得越充分（就好像切瓜越多，挑瓜经验越丰富，挑瓜就越准一样）。假设现有 m 个样本，如何在这 m 个样本中既产生训练集，又产生测试集呢？下面介绍几种常见的方法。

3.1.1 留出法

1. 原理

留出法是直接将数据集划分成两个互斥的部分，一部分做训练，另一部分做测试。通常训练集和测试集的比例为 70%:30%。同时，训练集与测试集的划分有两个注意事项。

（1）尽可能保持数据分布的一致性。避免因数据划分过程引入的额外偏差而对最终结果产生影响。在分类任务中，保留类别比例的采样方法称为“分层采样”（stratified sampling），即每个类别抽取 70%训练，30%测试。

（2）采用若干次随机划分，避免单次使用留出法的不稳定性。

假设有 4 种鱼的样本数据量分别为 600、300、100、500，则在采用分层留出法分隔数据集时，结果见表 3-1。

表 3-1　分层留出法样本数据集

类别	样本总数量	训练样本数量（70%）	测试样本数量（30%）
草鱼	600	420	180
青鱼	300	210	90
鲢鱼	100	70	30
鳙鱼	500	350	150
合计	1 500	1 050	450

注意，上面的训练样本占 70%，是随机在总样本数中选择 70%，不能人为挑选数据。同时，由于随机挑选数据，会导致将来训练的模型结果不稳定，为了避免这个影响，一般随机分隔若干次（如 30 次），每次用分隔好的数据去训练模型，并预测，将这 30 次的平均值作为模型的最终结果。

留出法有个缺陷，就是当手里样本数据比较少的时候，如手里只有 50 个样本，那么训练集 70%就是 35 个样本来做训练，剩下 15 个样本做测试。由于测试样本数量非常少，那么测试的准确率将没法近似去估计将来预测新数据的误差（称为泛化误差），因此可能导致模型选择的不准确。

2. 实现

scikit-learn 是 Python 第三方提供的非常强大的机器学习库。该库提供了数据集分割方法。具体用法如下：

```
from sklearn.model_selection import train_test_split
X_train, X_test, Y_train, Y_test = train_test_split(X, Y, test_size, random_state, stratify,
shuffle)
```

其中：

- X：待分割的样本集中的自变量部分，通常为二维数组或矩阵的形式。
- Y：待分割的样本集中的因变量部分，通常为一维数组。
- test_size：用于指定验证集所占的比例。
- train_size：基本同 test_size 一样，但默认值为 None，其实 test_size 和 train_size 输入一个即可。
- random_state：int 型，控制随机数种子，默认为 None，即纯随机（伪随机）。
- stratify：控制分类问题中的分层抽样，默认为 None，即不进行分层抽样，当传入为数组时，则依据该数组进行分层抽样［一般传入 y（类别标签的比例）所在列］。
- shuffle：bool 型，用来控制是否在分割数据前打乱原数据集的顺序，默认为 True，分层抽样时即 stratify 为 None 时该参数必须传入 False。
- 返回值：依次返回训练集自变量、测试集自变量、训练集因变量、测试集因变量，因此使用该函数赋值需在等号左边采取 X_train, X_test, y_train, y_test 的形式。

3.1.2 交叉验证法

1. 原理

交叉验证法先将数据集划分 k 份大小相等的互斥子集，为了尽可能保持数据分布的一致性，采用分层 k 等分划分数据集，然后每次用 k-1 个子集的并集作为训练集，余下的 1 份子集作为测试集，并在测试集上计算误差。这样可以获得 k 组训练集/测试集，可以训练 k 个模型，计算出 k 个误差。最后将 k 个误差的平均值作为模型的平均泛化误差。这种方法称为 k-折交叉验证。图 3-1 显示了 10-折交叉验证的示意图。

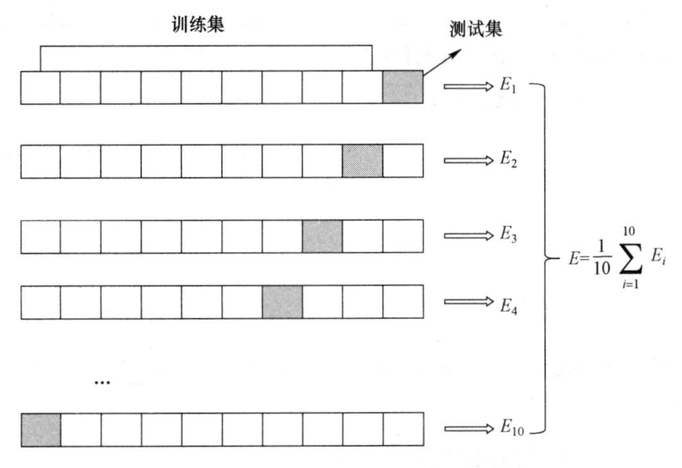

图 3-1 10-折交叉验证示意图

在上面所示的 10-折交叉验证法中，数据集被均等分成 10 份。第一次，第 10 份做测试，其余 9 份做训练，得到一个误差 E_1；第二次，第 9 份数据做测试，其余做训练，得到一个误差 E_2，依次进行下去，第 10 次，第一份数据做测试，其余 9 份做训练，得到误差 E_{10}，最终模型的误差是这 10 个误差的算术平均值。

交叉验证法的特例是留一法。也就是当有 m 个样本时，每次用 m–1 个样本训练模型，而用 1 个样本去测试模型。在留一法中，训练样本数量仅比总样本数量少一个，因此能训练出更准确的模型，但是留一法的缺陷也是明显的，即计算开销太大。毕竟，如果数据集总共有 1 万样本，那就要去训练 1 万个模型，而且还是在没有考虑模型参数的情况下。如果再考虑模型参数，1 万个样本的数据集，可能训练十万、百万甚至千万个模型！

2. 实现

交叉验证法在 sklearn 中用 KFold 函数来实现，使用方法如下：

```
from sklearn.model_selection import KFold
kf = KFold(n_splits, shuffle, random_state)
```

其中：

- n_splits：int 型，折叠次数。必须至少为 2，默认为 5。

- shuffle：bool 型，是否在分批前打乱数据。注意，每个拆分中的样本不会被打乱，默认为 True。
- random_state：int 型，控制随机数种子，默认为 None，即纯随机（伪随机）。

KFold 对象有两个方法。

- get_n_split()：返回交叉验证器中拆分迭代的次数；
- split(X[, y, groups])：X 为要分割的数据集，方法生成索引，将数据拆分为训练集和测试集，返回训练集索引和测试集索引。

下面以 Python 自带的鸢尾花数据集为例，展示 KFold 的使用方法：

```
from sklearn.model_selection import KFold
from sklearn.datasets import load_iris
# 加载鸢尾花数据
iris = load_iris()
X = iris['data']
y = iris['target']
# KFold 对象，5 折
kf = KFold(n_splits=5, shuffle=False, random_state=None)
# 鸢尾花数据的分割
for train_index, test_index in kf.split(X):
    print("训练样本索引:", train_index, "测试样本索引:", test_index)
    # 产生每次的测试集和训练集
    X_train, X_test = X[train_index], X[test_index]
    y_train, y_test = y[train_index], y[test_index]
```

3.1.3 自助法

若想用更多的数据去训练模型，同时又不想像交叉验证那样有巨大的计算开销，那么“自助法”是一个比较好的解决方案。自助法的原理是有放回重采样。假设全部数据共有 m 个，现在构造训练集的办法是，每次从 m 个数据集中取一个样本作为训练集中的元素，然后把该样本放回，重复该行为 m 次，这样就可以得到大小为 m 的训练集，在这里面有的样本重复出现，有的样本则没有出现过，把那些没有出现过的样本作为测试集。自助法分割数据集示意图如图 3-2 所示。

假设数据集中总共有 m 个样本，在第一次抽样时，某个样本被抽中的概率是 $\frac{1}{m}$，不被抽中的概率是 $\left(1-\frac{1}{m}\right)$，则该样本在 m 次采样中始终不被采到的概率是：$\left(1-\frac{1}{m}\right)^m$，当样本数量 m 足够多时，有：

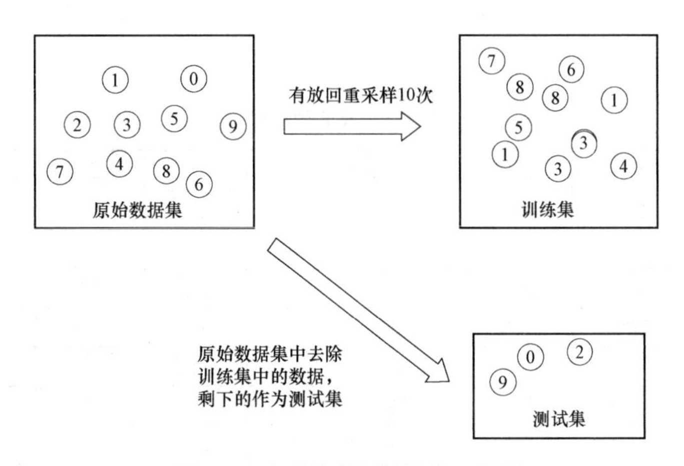

图 3-2　自助法分割数据集示意图

$$\lim_{m\to\infty}\left(1-\frac{1}{m}\right)^m=\frac{1}{\mathrm{e}}\approx 0.368 \tag{3-1}$$

也就是说，采用自助法分割数据集，初始数据集 m 个样本中约有 36.8%的样本未出现在训练集中。即训练集 m 个训练样本，而仍有数据总量约 1/3 没在训练集中出现的样本用作测试样本。

采用自助法分割数据集的优缺点如下。

- 优点：
  - 能解决数据集较小、难以有效划分训练/测试集的情况；
  - 能从初始数据集中产生多个不同的训练集，适合集成学习。
- 缺点：
  - 自助法产生的数据集改变了初始数据集的分布，这会引入估计偏差；
  - 在初始数据量足够多时，留出法和交叉验证法更常用一些。

3.2　模型的评价方法

模型在训练集上训练好之后，在未来使用时是否有效，还需要在测试数据集上检验一下模型的性能。下面分别介绍分类任务中常用的几种性能度量方法。

3.2.1　分类任务的评价指标

分类任务，即输出为离散值的任务，评价指标与回归任务的评价指标差别很大，下面介绍常见的几种。

1. 错误率与准确率

对于分类任务来说，分类器模型训练好之后，需要在测试集上检测一下性能，用来估计其泛化误差。测试集见表 3-2，其中训练好的模型在该测试集上预测的结果为最后一列。可以看出，对于编号为 1、2、4、5、7、8、9、10 的西瓜来说，真实类别与预测类别一致，说明模型预测正确；而编号为 3、6 的西瓜，预测类别与真实类别不一致，则说明模型预测错误。

表 3-2　西瓜数据集

编号	形状	颜色	纹理	质量/kg	敲声	根蒂	触感	真实类别	预测类别
1	椭球	青绿	清晰	8.5	清脆	卷缩	光滑	好瓜	好瓜
2	球形	乌黑	模糊	9.4	闷响	平直	粗糙	坏瓜	坏瓜
3	椭圆	浅白	清晰	7.2	清脆	卷缩	光滑	好瓜	坏瓜
4	球形	青绿	模糊	10.4	闷响	稍卷	软黏	好瓜	好瓜
5	椭球	浅白	清晰	7.5	闷响	平直	粗糙	好瓜	好瓜
6	球形	青绿	模糊	9.7	清脆	稍卷	光滑	坏瓜	好瓜
7	球形	浅白	稍糊	11.4	闷响	平直	光滑	坏瓜	坏瓜
8	椭圆	青绿	清晰	7.2	清脆	卷缩	光滑	好瓜	好瓜
9	球形	乌黑	清晰	8.4	清脆	卷缩	软黏	坏瓜	坏瓜
10	圆形	浅白	模糊	7.5	清脆	平直	粗糙	坏瓜	坏瓜

在此测试集上，模型预测的错误率 E 为：预测错误的样本数量/总的样本数量，也就是：E=2/10=0.2。模型的准确率（也称精度）定义为：预测正确的样本数量/总的样本数量。准确率用 acc 表示。在本例中，模型在该数据集上的预测准确率 acc=8/10=0:8。可见，acc+E=1。

对应的，在训练集上也有准确率和错误率。训练集上的准确率为在训练样本上预测正确的数量/训练样本总数，测试样本上的准确率为测试集样本上预测正确的样本数/测试样本总数。在很多情况下，模型会在训练集上达到一个特别高的准确率，甚至准确率为 1。但是这样的模型是不是好的模型呢？往往并不是。机器学习的目的是追求新数据集上的准确率。以西瓜分类为例，训练集上的西瓜都会分类了，并不能说明就学会了分类西瓜，而是要在以后没见过的西瓜数据集上分类准确率高才可以。也就是说，机器学习任务追求的是泛化准确率。训练集上准确率过高的原因，很可能是对训练数据掌握得太好了，把训练数据的所有特殊性也一起学会了。这样，过于关注训练样本的特殊性，反而忽略了数据的普适性，因而导致对于没见过的数据，分类精度会降低，这就是“过拟合”现象。

2. 混淆矩阵、查准率、查全率与 F_1

错误率和准确率虽然常用，但是在有些情况下，错误率和准确率远远不足以满足我们的要求。假设北京市有 2 000 万人，其中感染新冠病毒的有 200 人。那目前要训练一个分类器来判断某个人是否得了新冠肺炎。分类器什么都不需要做，只需要将每个人都判断为“非新冠”，那么其分类的准确率 acc=(20 000 000–200)/20 000 000=0.999 9。这么高的分类准确率，是说明这个判断新冠肺炎的模型很好吗？绝对不是！我的模型明明啥都没做，问题就出在评价方法上。对于北京新冠肺炎检测这个例子来说，一共有 2 个类别：“新冠”和“非新冠”。而这两个类别的样本数量差了好几个数量级，以至于大数“吃掉了”小数，这是一个严重的“类别不平衡”（class imbalance）问题。对于类别不平衡问题来说，错误率和精度是极不靠谱的指标！

那么，我们应该关心什么呢？

我们关心的是，这 200 个新冠患者，模型能检测出来多少？在模型判断为新冠的患者中，真正得了新冠的有多少人？

对于该问题，较好的解决办法是，将预测类别和真实类别组合起来，构成混淆矩阵，见表 3-3。

表 3-3 新冠检测的混淆矩阵

真实类别	预测类别	
	新冠（正例）	非新冠（反例）
新冠（正例）	TP（是新冠，且预测为新冠的样本数量，即真正例的数量）	FN（是新冠，但预测为非新冠的样本数量，即假反例的数量）
非新冠（反例）	FP（非新冠，但被预测为新冠的样本数量，即假正例的数量）	TN（非新冠，预测为非新冠的样本数量，即真反例的数量）

类似的问题有信息检索、瑕疵检测、入侵检测等。这类问题普遍是一个二分类问题，但是我们只对其中的一类感兴趣，将感兴趣的类称为“正例”，而将不感兴趣的类称为“反例”。表 3-3 中一共包含 4 个数据，分别是 TP（true positive）、FP（false positive）、TN（true negative）、FN（false negative）。其中：

- 新冠患者人数为：TP+FN；
- 非新冠人数为：FP+TN；
- 模型预测为新冠的人数为：TP+FP；
- 模型预测为非新冠的人数为：FN+TN；
- 模型预测正确的人数为：TP+TN；
- 模型预测错误的人数为：FP+FN。

对于这类问题，“查准率”（也称精确率，precision）、“查全率”（又称召回率，recall）更适合作为评价模型的指标。查准率 P 与查全率 R 分别定义为：

$$P = \frac{\mathrm{TP}}{\mathrm{TP} + \mathrm{FP}} \tag{3-2}$$

$$R = \frac{\mathrm{TP}}{\mathrm{TP} + \mathrm{FN}} \tag{3-3}$$

查准率 P 的含义是，模型预测为新冠的人中到底有多少比例是真正的新冠患者；查全率 R 的含义是，在所有真正的新冠患者中，模型找到了多少比例。一般来说，查准率 P 和查全率 R 是一对矛盾的指标。还以北京新冠疫情检测为例，为了把真正的新冠患者全查出来，那么只需要将 2 000 万人全部认为是新冠患者就可以了，这样查全率为 1。很显然，这样做查全率虽然高了，但是查准率低了。另一个极端是，为了提高查准率，小心翼翼地，只把那些重症的、特征特别明显的认为是新冠患者。疑似的、症状轻的、不确定的，都认为是非新冠患者。那这样，查准率很高，但是查全率又低了。

既然鱼与熊掌不可兼得，在实际问题中，采用 P 指标和 R 指标的折中来度量模型的综合性能，即 F_1 指标。其计算公式如下：

$$F_1=\frac{2}{\frac{1}{P}+\frac{1}{R}}=\frac{2\times P\times R}{P+R} \tag{3-4}$$

在一些应用中，对查准率和查全率的重视程度不一样。例如，在新冠检测中，我们更倾向于查全率。此时，采用加权的形式来让用户自己定义偏好。加权形式的 F_1 评价指标定义为：

$$F_\beta=\frac{(1+\beta^2)\times P\times R}{\beta^2\times P+R} \tag{3-5}$$

其中 $\beta>0$，通过设置 β 的值来表达对查准率和查全率的偏好。当 $\beta>1$ 时，查全率有更大的影响；当 $\beta<1$ 时，查准率有更大的影响；当 $\beta=1$ 时，查准率和查全率同样重要，退化为 F_1 指标。

除此之外，分类模型的评价方法还有 PR 曲线、ROC 曲线，具体读者可自行查阅文献。

代码如下：

```
from sklearn.metrics import confusion_matrix    # 导入混淆矩阵
from sklearn.metrics import precision_score, recall_score,f1_score
                                              # 导入查准率、查全率、F1
y_true = [2, 0, 2, 2, 0, 1]    # 真实值
y_pred = [0, 0, 2, 2, 0, 2]    # 预测值
# 使用混淆矩阵
matrix = confusion_matrix(y_true, y_pred)
print(matrix)
# 使用查准率、查全率、F1 指标
precision_score = precision_score(y_true, y_pred,average='weighted')    # 计算查准率
recall_score = recall_score(y_true, y_pred,average='weighted')    # 计算查全率
f1 = f1_score(y_true, y_pred,average='weighted')    # 计算 F1 指标
print('查准率是{}，查全率是{}，F1 指标是{}'.format(precision_score,recall_score,f1))
    # 输出
```

3.2.2 回归任务的评价指标

回归任务，是指模型的输出结果为连续值的机器学习任务。例如，预测明天的温度、预测股票的价格。回归的结果无法用准确率来衡量。例如，预测明天的温度是 38 ℃，明天的真实温度是 38.7 ℃，那预测的结果是准，还是不准呢？如果预测成 10 ℃呢？

很显然，真实的温度是 38.7 ℃，无论是预测成了 38 ℃，还是预测成了 10 ℃，都是不准的，但预测成 38 ℃人们基本可以接受，而预测成 10 ℃，谁都没法接受了。那么该如何衡量回归模型的好坏呢？第一眼会想到用残差（实际值与预测值的差值）的

均值来衡量。但是单个样本上残差的结果有正有负，这样直接加起来，正负抵消了。样本集上所有样本的残差均值为 0 并不表示回归值与真实值完全一样，也可能刚好正的残差和负的残差抵消。那该如何评价呢？下面介绍几种常见的回归模型评价方法。

1. 平均绝对误差

平均绝对误差（mean absolute error，MAE）又被称为 L1 范数损失，具体计算方法如下：

$$\mathrm{MAE}(y,\hat{y})=\frac{1}{m}\sum_{i=1}^{m}|y_i-\hat{y}_i| \tag{3-6}$$

其中，m 为样本集中样本的数量，y_i 为第 i 个样本的真实值，$\hat{y}_i$ 为第 i 个样本的回归值（也就是预测值）。MAE 的含义是模型在样本集上残差绝对值的平均值。如下例：

预测值	36.2	38.9	39.0	29.9	39.2
真实值	38	38.3	38.7	35.5	38.7

对于上面的数据来说，采用 Python 编程计算 MAE 值，代码如下：

```
import numpy as np
y=np.array([38,38.3,38.7,35.5,38.7])
y_predict=np.array([36.2,38.9,39.0,29.9,39.2])
mae=np.fabs(y-y_predict).mean()
print(mae)
```

上述代码的运行结果为 1.7599999999999993（这是因为 Python 在做浮点运算时，在小数点后第 16 位有个不确定尾数，若想去掉不确定尾数，可以用 np.round 函数来指定保留的小数位数）。

MAE 虽能较好地衡量回归模型的好坏，但是绝对值的存在导致函数不光滑，在某些点上不能求导，可以考虑将绝对值改为残差的平方，这就是均方误差。

2. 均方误差 MSE

均方误差（mean squared error，MSE）又被称为 L2 范数损失 。其计算公式如下：

$$\mathrm{MSE}(y,\hat{y})=\frac{1}{m}\sum_{i=1}^{m}(y_i-\hat{y}_i)^2 \tag{3-7}$$

上述数据的 MSE 计算代码如下：

```
import numpy as np
y=np.array([38,38.3,38.7,35.5,38.7])
y_predict=np.array([36.2,38.9,39.0,29.9,39.2])
mse=np.mean((y-y_predict)**2)
print(np.round(mse,2))   # 结果保留 2 位有效数字并输出
```

上述代码的运行结果为：7.06

3. 均方根误差 RMSE

由于 MSE 的量纲与目标变量的量纲不一致，为了保证量纲一致性，需要对 MSE 开方，就是均方根误差（root mean squard error，RMSE），其计算公式如下：

$$\mathrm{RMSE}(y,\hat{y})=\sqrt{\frac{1}{m}\sum_{i=1}^{m}(y_i-\hat{y}_i)^2} \tag{3-8}$$

实现代码如下：

```
import numpy as np
y=np.array([38,38.3,38.7,35.5,38.7])
y_predict=np.array([36.2,38.9,39.0,29.9,39.2])
mse=np.sqrt(np.mean((y-y_predict)**2))
print(np.round(mse,2))   # 结果保留 2 位有效数字并输出
```

这不就是 MSE 开个根号么，这样做有意义么？其实实质是一样的，只不过用于数据更好的描述。例如，要做温度，单位是摄氏度，预测结果单位也是摄氏度。那么差值的平方单位应该是平方摄氏度（这是啥东东，不好解释），于是干脆就开个根号就好了。误差结果的单位就跟数据的单位是一样的，在描述模型的时候就说，我们模型的误差是多少万元方便。

4. R^2

R^2 用于评价回归线拟合程度的好坏。在计算 R^2 时，首先要计算 SST 和 SSR，具体如下。

总偏差平方和（又称总平方和，sum of squares for total，SST）：是每个因变量的实际值（给定点的所有 Y）与因变量平均值（给定点的所有 Y 的平均）的差的平方和，即反映了因变量取值的总体波动情况。其值为：

$$\mathrm{SST}=\sum_{i=1}^{n}(Y_{\mathrm{i}}-\bar{Y})^2 \tag{3-9}$$

回归平方和（sum of squares for regression，SSR）：因变量的回归值（直线上的 Y 值）与其均值（给定点的 Y 值平均）的差的平方和，即它是由于自变量 X 的变化引起的 Y 的变化，反映了 Y 的总偏差中由于 X 与 Y 之间的线性关系引起的 Y 的变化部分，是可以由回归直线来解释的。其值为

$$\mathrm{SSR}=\sum_{i=1}^{n}(\hat{Y}_i-\bar{Y})^2 \tag{3-10}$$

$$R^2=\mathrm{SSR}/\mathrm{SST} \tag{3-11}$$

假如所有的点都在回归线上，说明 SSR 为 0，则 $R^2=1$，意味着 Y 的变化 100%由 X 的变化引起，没有其他因素会影响 Y，回归线能够完全解释 Y 的变化。如果 R^2 很低，说明 X 和 Y 之间可能不存在线性关系。

sklearn 中评价回归模型的各种指标如下：

```
from sklearn.metrics import mean_squared_error   # 均方误差
from sklearn.metrics import mean_absolute_error   # 平方绝对误差
from sklearn.metrics import r2_score   # R square
# 调用
mean_squared_error(y_test,y_predict)
mean_absolute_error(y_test,y_predict)
r2_score(y_test,y_predict)
```

4 线性模型

4.1 一元线性回归

4.1.1 一元线性回归原理

某公司要研究广告费和销售额之间的关系，记录了10个月的广告费和销售额数据，具体见表4-1。问，公司拟投入广告费2万元，预计能达到销售额多少万元？

表4-1 某公司10个月广告费和销售额历史数据

广告费/万元	4	8	9	8	7	12	6	10	6	9
销售额/万元	9	20	22	15	17	23	18	25	10	20

在这个问题中，广告费作为自变量 X，销售额作为因变量 Y，如果能找到广告费和销售额之间的函数关系 f，使得 $Y=f(X)$，那么要预测广告费投入2万元时的销售额，只需要计算 $f(2)$ 就可以了。那么用我们所学过的数学知识，如何求解函数 f 呢？列方程？没思路。等等，这里好像有个问题。函数的定义说，当自变量取一个值的时候，函数值只能有一个与之相对应。在表4-1中，自变量（广告费）的值为8的时候，函数值（销售额）居然有2个，分别为20和15！这不符合我们在初中数学里学的函数定义呀！

好吧，我们以前学过的数学解决不了这个问题。要想建立广告费和销售额之间的关系，从传统数学的角度来说，没思路了。那我们先把广告费和销售额以散点的形式画出来看看，没准能看出来关系呢。

画图代码如下：

```
import numpy as np
import matplotlib.pyplot as plt
import matplotlib
matplotlib.rcParams['font.family']='SimHei'  # 修改中文字体
x=np.array([4,8,9,8,7,12,6,10,6,9])  # 广告费
y=np.array([9,20,22,15,17,23,18,25,10,20])  # 销售额
plt.scatter(x,y,marker='o')
plt.xlabel('广告费')
plt.ylabel('销售额')
plt.title('某公司广告费和销售额之间的散点图')
```

上述代码运行结果如图 4-1 所示。

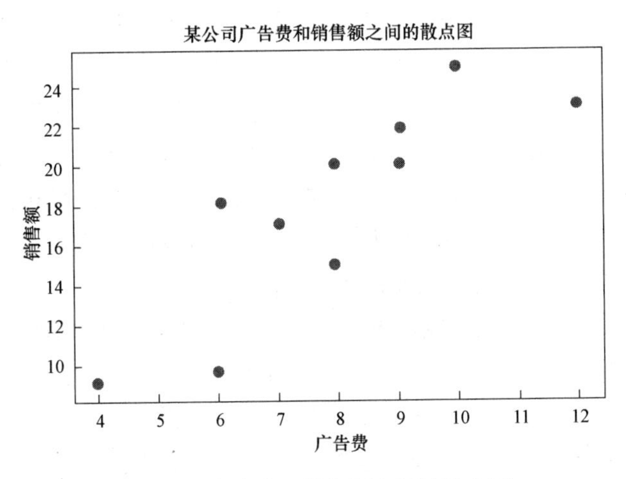

图 4-1 广告费和销售额之间的散点图

从图 4-1 可以看出，广告费和销售额之间好像存在一些关系。下面有两种建模方案，一种是线性模型，另一种是非线性模型，哪种好呢？

图 4-2（a）为线性模型。其中只有两个已知的数据点在假设的线上。也就是说，用这个线性模型去预测表 4-1 中的数据，是有误差的。而图 4-2（b）是一个非线性模型，图中所有的点都在假设的曲线上，也就是说，如果用该曲线去预测表 4-1 中的数据，表中所有的点都在曲线上，也就是预测值和真实值相同，预测误差为 0，可称为十分完美。

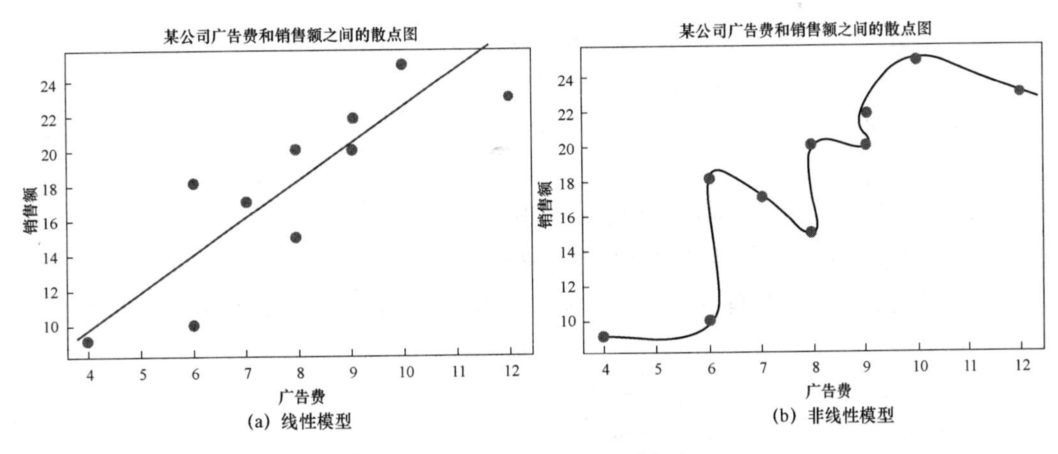

图 4-2 2 个假设的预测模型

那么，误差为 0，十分完美的曲线模型，是不是就成为完美的线性模型呢？

下面来仔细观察两个模型。在线性模型中，广告费和销售额之间是线性关系，广告费增加，销售额也增加。在非线性模型中，销售额随着广告费的增加，有时快速上升，有时快速下降，而且上升下降的没什么规律，在曲线的末端，随着广告费的增加，销售额还有下降的趋势。这和我们的认知好像有点不符。而且，我们收集到的数据只是有限的点，而广告费的取值空间几乎是无限的，对于现有的数据点，正好都落在曲线上，但是对于新的点，还能完美落在曲线上的可能性就很小了。其实，图 4-2（b）中的复杂的曲线模型，是典型的过拟合现象。也就是为了达到在训练集上预测准确，就把模型设计得过于复杂（曲线拐来拐去），那么新数据集上的泛化能力就会很差。

因此，简单的线性模型，似乎是个不错的选择。假设广告费和销售额之间存在线性关系，其关系式为：$y=kx+b$，其中 x 为广告费，y 为销售额，那么只要求出 k 和 b 的值，模型就确定了。现在关键是如何求解 k,b。

初中的数学知识告诉我们，线性方程中要求解 k 和 b，列方程啊。把已知的点代进去，列方程，加减消元，就解出来 k 和 b 了。麻烦又来了，列方程：我们有 10 个点，可以列 10 个方程，而却只有 2 个未知数。使得 10 个方程同时成立的 k,b 是不存在的。对，不存在，这 10 个点根本就不在一条线上好嘛！怎么可能都满足直线的方程？（直线上的点才满足直线的方程）

那么方程也解不了，如何是好呢？

再想想，仔细想想。既然，不可能所有的点都在我们假设的直线上，那么不在线上的点，预测值和真实值不一样，会有误差。等等，误差？对，就是误差。既然避免不了误差，我们何不找一条误差最小的线？

好，说干就干！动手开始计算误差。

误差，就是预测值减去真实值。真实值简单，就在表 4-1 中。我们把表 4-1 中的点给编上号：

当 $x_1=4$ 的时候，其销售额真实值 $y_1=9$；

当 $x_2=8$ 的时候，其销售额真实值 $y_2=20$；

当 $x_3=9$ 的时候，其销售额真实值 $y_3=22$；

当 $x_4=8$ 的时候，其销售额真实值 $y_4=15$；

⋮

当 $x_9=6$ 的时候，其销售额真实值 $y_1=10$；

当 $x_{10}=9$ 的时候，其销售额真实值 $y_{10}=20$。

预测值呢？预测值是自变量对应的模型的输出，我们用 $\hat{y}_i$ 代表第 i 个样本的预测值。也就是说：

当 $x_1=4$ 的时候，预测值：$\hat{y}_1=4k+b$（把 $x_1=4$ 代入 $y=kx+b$）

当 $x_2=8$ 的时候，预测值：$\hat{y}_2=8k+b$

当 $x_3=9$ 的时候，预测值：$\hat{y}_3=9k+b$

⋮

当 $x_9=6$ 的时候，预测值：$\hat{y}_9=6k+b$

当 $x_{10}=9$ 的时候，预测值：$\hat{y}_{10}=9k+b$

现在，10 个样本上预测值和真实值都有了，就可以计算误差了。为了消除正负号的影响，用均方误差（MSE）来表示模型在训练样本的误差，即

$$\mathrm{MSE}(k,b)=\sum_{i=1}^{10}(y_i-\hat{y}_i)^2=\sum_{i=1}^{10}(y_i-(kx_i+b))^2 \tag{4-1}$$

从式（4-1）可知，均方误差 MSE，是 k 和 b 的函数。我们要求一组 k 和 b，使得 MSE 的值最小。在线性模型中，基于均方误差 MSE 最小来求解模型参数的方法叫作“最小二乘法”。要想求解 MSE 的最小值，只需要将 MSE 分别对 k 和 b 求偏导数，等于 0 即可，即

$$\frac{\partial \mathrm{MSE}}{\partial k}=0 \tag{4-2}$$

$$\frac{\partial \mathrm{MSE}}{\partial b}=0 \tag{4-3}$$

两个方程，两个未知数，解出 k，b 的值即可。利用训练集上的数据，求解线性模型参数的过程，称为线性模型的训练过程。在本例中，最终解出 k=1.98，b=2.25。则广告费和销售额之间的模型为 y=1.98x+2.25。要预测广告费投入 2 万元时对应的销售额，只需要把 x=2 代入模型即可，y=1.98×2+2.25=6.2 万元。模型训练好之后，根据特征 x 计算 y 的这个过程，称为预测。

评价模型：采用线性模型来对广告费和销售额进行建模，并最终在训练过程中求解出了模型的参数，接着对新数据进行预测。那么这种建模方法可靠么？这是一个回归问题，这里用回归线的 R^2 来评价该模型，结果为 0.73，说明拟合程度还凑合。

现在回顾用线性回归解决广告费预测问题，具体做法如下。

（1）假设特征 x（本例中是广告费）与输出 y（销售额）之间存在一个线性关系，$y=kx+b$，其中 k，b 是未知参数，训练的目的就是求解该参数。

（2）定义一种代价函数（也称为损失函数、优化目标函数）作为优化目标，在本例中，将训练样本集上的均方误差作为代价函数，均方误差最小的模型被认为是最好的模型。

（3）对代价函数求导，令导数等于 0，得到参数方程，解方程，得到模型参数的值。训练过程结束。

（4）预测：模型参数确定后，将新数据 x=2 代入回归模型，得到预测值。

（5）评价：本例中采用 R^2 来评价回归直线对数据的拟合程度。关于 R^2 的计算方法参考 3.2.2 节。

在该问题中，影响销售额的因素只有一个，称为一元线性回归。

4.1.2　一元线性回归的实现

采用线性回归编写本章中销售额预测问题的代码如下：

```
import numpy as np
import matplotlib.pyplot as plt
from sklearn.linear_model import LinearRegression
# 载入数据
```

```
x=np.array([4,8,9,8,7,12,6,10,6,9]).reshape(-1, 1)
y = np.array([9,20,22,15,17,23,18,25,10,20])
# 线性模型训练
reg = LinearRegression().fit(x, y)
# 获取线性模型属性 w,b
w = reg.coef_
b = reg.intercept_
fig = plt.figure(dpi=128, figsize=(10, 6))
plt.rcParams['font.sans-serif'] = ['SimHei']
plt.rcParams['axes.unicode_minus'] = False
# 绘制训练样本散点图
plt.scatter(x, y, s=100)
# 绘制回归直线
# x 轴数据
x_pred = np.linspace(0, 15, 200)
# 模型预测的数据
y_pred = w * x_pred + b
plt.plot(x_pred, y_pred, linestyle="--", linewidth=4)
plt.xlim(0, 15)
plt.ylim(0, 35)
plt.text(10, 18, r"$y={}x+{}$".format(round(w[0], 3), round(b, 3)), fontsize=16)
plt.xlabel("广告费", fontsize=16)
plt.ylabel("销售额", fontsize=16)
plt.show()
```

以上程序的运行结果如图 4-3 所示。

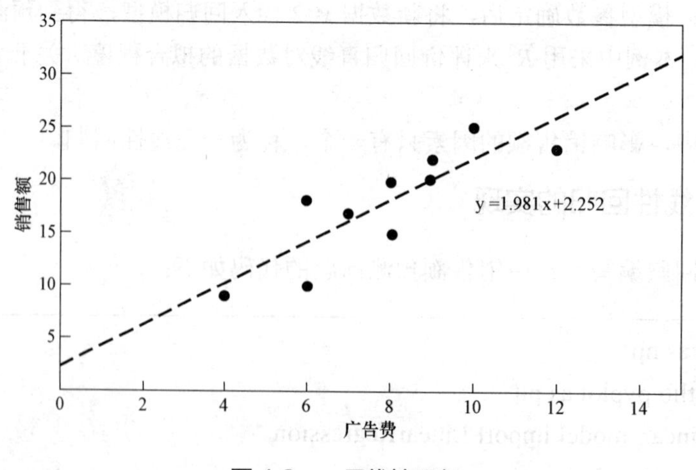

图 4-3　一元线性回归

4.2 多元线性回归

4.2.1 多元线性回归原理

在前面的一元线性回归中，预测销售额的时候只考虑一个因素“广告费”的影响。实际上，销售额数据可能受到许多变量的影响，见表 4-2。

表 4-2 广告费与销售额数据

电视广告投入/万元	地铁广告投入/万元	搜索引擎广告投入/万元	销售额/亿元
230.1	37.8	69.2	22.1
44.5	39.3	45.1	10.4
17.2	45.9	69.3	12
151.5	41.3	58.5	16.5
180.8	10.8	58.4	17.9
8.7	48.9	75	7.2
57.5	32.8	23.5	11.8
120.2	19.6	11.6	13.2
8.6	2.1	1	4.8

在本例中，影响销售额的因素有 3 个：电视广告投入、地铁广告投入、搜索引擎广告投入。这时没法像一元线性回归那样画出散点图，但是依然可以用类似的思路来做，分成以下几步。

第一步：假设多元线性回归模型。令 y 为销售额，x_1 为电视广告投入，x_2 为地铁广告投入，x_3 为搜索引擎广告，假设多元线性回归模型如下：

$$y = w_0 + w_1x_1 + w_2x_2 + w_3x_3 \tag{4-4}$$

则第 i 个样本的预测值为：

$$\hat{y}_i = w_0 + w_1x_{1i} + w_2x_{2i} + w_3x_{3i} \tag{4-5}$$

第二步：定义代价函数。将训练样本集上的均方误差作为代价函数，是优化目标，也就是说均方误差最小的模型被认为是最好的模型。均方误差计算公式如下：

$$\text{MSE} = \frac{1}{9}\sum_{i=1}^{9}(y_i - \hat{y}_i)^2 = \frac{1}{9}\sum_{i=1}^{10}(y_i - (w_0 + w_1x_{1i} + w_2x_{2i} + w_3x_{3i}))^2 \tag{4-6}$$

其中未知数为 w_0、w_1、w_2、w_3。

第三步：将代价函数分别对未知数求偏导，令偏导数等于 0，求解出未知数。

$$\frac{\partial \text{MSE}}{\partial w_0} = 0,\ \frac{\partial \text{MSE}}{\partial w_1} = 0,\ \frac{\partial \text{MSE}}{\partial w_2} = 0,\ \frac{\partial \text{MSE}}{\partial w_3} = 0 \tag{4-7}$$

训练过程结束。

第四步：预测。将新的数据集的 X 输入模型，输出预测值。

第五步：采用 R^2 评价回归模型。

4.2.2 多元线性回归编程实现

首先把数据存在 data.xls 中，存完如图 4-4 所示。

电视广告	地铁广告	搜索广告	销售额
230.1	37.8	69.2	22.1
44.5	39.3	45.1	10.4
17.2	45.9	69.3	12
151.5	41.3	58.5	16.5
180.8	10.8	58.4	17.9
8.7	48.9	75	7.2
57.5	32.8	23.5	11.8
120.2	19.6	11.6	13.2
8.6	2.1	1	4.8

图 4-4 数据存储成 Excel 文件

采用多元线性回归编写销售额预测问题的代码如下：

```
from sklearn.linear_model import LinearRegression   # 导入线性回归模型
from sklearn.metrics import r2_score   # 导入 R2 评价指标
import numpy as np
import pandas as pd   # pandas 库用于读写和处理 Excel 文件
data = pd.read_excel(r"C:\Users\..\Desktop\data.xls")   # 读 Excel 文件，括号中放数据
完整路径
X = data.iloc[:, 0:3]   # 前三列作为 X
Y = data.iloc[:, -1]   # 最后一列作为 Y
reg = LinearRegression().fit(X, Y)   # 建立线性回归模型，并训练
w = reg.coef_
b = reg.intercept_
print("估计系数：w1、w2、w3：", w)   # 输出估计出来的权重参数
print("偏置项 w0：", b) # 输出偏置
# 预测
y_pred = reg.predict(X)
# 采用 R2 评价回归模型
score_r2 = r2_score(Y, y_pred)
print("r2 score:", score_r2)
w = np.around(w, decimals=3)
```

```
print("多元线性回归的方程为:")
print("Y = {} + {} x1 + {} x2 + {} x3".format(round(b, 2), w[0], w[1], w[2]))
```

上述代码的输出结果为：

```
估计系数：w1、w2、w3：[0.06116305 0.05946047 0.01500772]
偏置项 w0：4.78493646479178
r2 score: 0.9416247946923039
多元线性回归的方程为:
Y = 4.78 + 0.061 x1 + 0.059 x2 + 0.015 x3
```

上述模型在训练集上的 R^2 约为 0.94，说明采用多元线性回归拟合训练集效果还不错。但是不是泛化性能就好呢？这个不好说。因为在本例中，是用训练集评价的模型。当数据集足够多的时候，可以留出来一部分作为测试集，测试集的结果可以作为泛化误差的估计。训练集的结果不能作为泛化误差的估计。

4.2.3 梯度下降法

相信读者已经明白了线性回归的思路。假设模型，确定代价函数，求导数，令导数等于 0 来列方程求解参数（代价函数可导多么重要!），预测，评价。当自变量有 n 个因素的时候，模型的参数有 n+1 个。那么求解参数的时候，需要解 n+1 个方程。这在 n 少的时候，没什么问题，可是当 n 很大的时候，如 n=10 000，那么就要解含有 10 001 个方程的方程组。很显然，参数过多的时候，采用解方程的方法去求解参数是不现实的。此时，用梯度下降法解决。

梯度下降法是一种采用不断迭代的方法求极小值的方法。梯度下降法的基本思想可以用下山的过程来模拟（见图 4-5）。

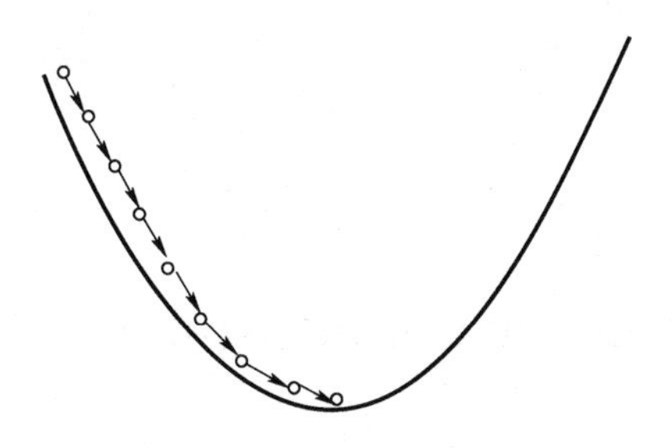

图 4-5　梯度下降法示意图

假设一个人被困在山顶上，需要从山顶下来（到达山的最低点）。但此时山上的浓雾很大，可视度很低，下山的路径无法确定，只能利用自己周围局部的信息一步一步地找下山的路。这个时候，应该怎么做才能最快下山呢？首先以他当前所处的位置为基准，寻找这个位置最陡峭的地方，然后朝着下降方向走一步，然后又继续以当前位置为基准，再找最陡峭的地方走，直到最后到达最低处。数学上，函数下降最快的方向，就是梯度的反方向。

假设训练集含有 m 个参数，模型含有 2 个参数，修改代价函数 $J(w_0,w_1)$ 为：

$$J(w_0,w_1)=\frac{1}{2}\text{MSE}=\frac{1}{2}\times\frac{1}{m}\sum_{i=1}^{m}(y_i-\hat{y}_i)^2 \tag{4-8}$$

可以看出，$J(w_0,w_1)$ 和 $\text{MSE}(w_0,w_1)$ 在相同的点获得最小值。$J(w_0,w_1)$ 在 $\text{MSE}(w_0,w_1)$ 的基础上加了系数 $\frac{1}{2}$，是为了求导数的时候约掉系数 2。现在，求 $\text{MSE}(w_0,w_1)$ 取得极小值所对应的参数变成了求 $J(w_0,w_1)$ 所对应的参数。采用梯度下降法求解参数 w_0、w_1 的步骤如下。

（1）对 w_0、w_1 随机初始化。

（2）采用下面的方法不断地修改 w_0、w_1 的值（: =的意思是赋值），直到梯度足够小的时候结束迭代，此时的 w_0、w_1 为最终所求。

$$w_0:=w_0-\alpha\frac{\partial J(w_0,w_1)}{\partial w_0} \tag{4-9}$$

$$w_1:=w_1-\alpha\frac{\partial J(w_0,w_1)}{\partial w_1} \tag{4-10}$$

式（4-10）中，α 为学习率，相当于下山的步长，学习率决定了学习的速度。如果 α 过小，那么学习的时间就会很长，导致算法的低效，不如直接使用最小二乘法。如果 α 过大，那么由于每一步更新过大，某一次更新直接跨越了最低点，来到了比更新之前更高的地方。那么下一步更新会更大，如此反复震荡，无法收敛到最低点。

对于 4.1 节中的一元线性回归中的销售额预测的例子，采用梯度下降法求解系数过程，代码如下：

```
import numpy as np
import matplotlib.pyplot as plt
# 数据集 10 个数据点
m = 10
# X 矩阵
X0 = np.ones((m, 1))
X1 = np.array([4, 8, 9, 8, 7, 12, 6, 10, 6, 9]).reshape(-1, 1)
X = np.hstack((X0, X1))
# Y 矩阵
Y = np.array([9, 20, 22, 15, 17, 23, 18, 25, 10, 20]).reshape(-1, 1)
# 学习率
alpha = 0.001
# 定义代价函数 J()
def cost_function(theta, X, Y):
```

```
    diff = np.dot(X, theta) - Y
    return (1 / 2*m) * np.dot(diff.T, diff)
# 定义梯度函数
def gradient_function(theta, X, Y):
    diff = np.dot(X, theta) - Y
    return np.dot(X.T, diff) / m
# 梯度下降法迭代
def gradient_desent(X, Y, alpha):
    theta = np.random.random(size=(2, 1))
    gradient = gradient_function(theta, X, Y)
    while not all(abs(gradient) <= 1e-5):  # 梯度小于 10^-5 的时候结束迭代
        theta = theta - alpha * gradient
        gradient = gradient_function(theta, X, Y)  # 随机梯度随机某条数据，批量梯
                                                     度是 X
    return theta
# 运行梯度下降
theta = gradient_desent(X, Y, alpha)
print('optimal:', theta)
plt.figure(dpi=128, figsize=(10, 6))
plt.rcParams['font.sans-serif'] = ['SimHei']
plt.rcParams['axes.unicode_minus'] = False
# 样本散点图
plt.scatter(X[:, 1], Y.flatten(), s=100)
plt.xlim(0, 15)
plt.ylim(0, 35)
# theta = (b ;w) 列向量
# 绘制回归曲线
x_axis = np.linspace(0, 15, 200).reshape(-1, 1)
x = np.hstack((np.ones((200, 1)), x_axis))
y = np.dot(x, theta)
plt.plot(x[:, 1], y, linestyle="-", linewidth=3, color='red')
plt.text(10, 18, r"$y={}x+{}$".format(round(theta[1, 0], 3), round(theta[0, 0], 3)),
fontsize=17)
plt.xlabel("广告费/万元", fontsize=16)
plt.ylabel("销售额/万元", fontsize=16)
plt.legend(['梯度下降法'], fontsize=16)
plt.show()
```

上述代码的运行结果如图 4-6 所示。

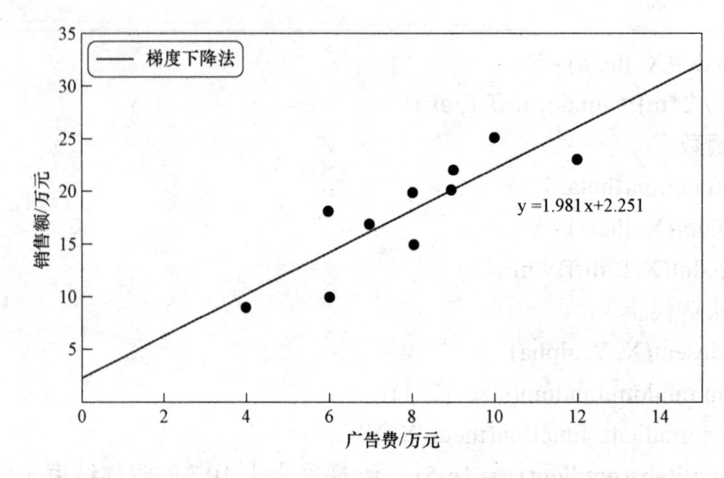

图 4-6　一元线性回归广告费预测（基于梯度下降法求解参数）

对比图 4-6 与图 4-3，可以看出，采用最小二乘法和采用梯度下降法求解的模型参数相差无几。

也可以采用 sklearn 自带的最小二乘线性回归和梯度下降线性回归来对销售额预测模型。代码如下（LinearRegression 和 SGDRegressor 的参数都采用的默认参数，如果想了解更多参数，读者可自行查阅有关资料）：

```
import numpy as np
import matplotlib.pyplot as plt
from sklearn.linear_model import LinearRegression
from sklearn.linear_model import SGDRegressor
from sklearn.metrics import r2_score
plt.rcParams['font.sans-serif'] = ['SimHei']
plt.rcParams['axes.unicode_minus'] = False
X = np.array([4, 8, 9, 8, 7, 12, 6, 10, 6, 9]).reshape(-1, 1)
y = np.array([9, 20, 22, 15, 17, 23, 18, 25, 10, 20])
# 最小二乘法线性回归模型
LS_reg = LinearRegression().fit(X, y)
w1 = LS_reg.coef_
b1 = LS_reg.intercept_
# 梯度下降法线性回归模型
SGD_reg = SGDRegressor().fit(X, y)
w2 = SGD_reg.coef_
b2 = SGD_reg.intercept_
# 采用 R2 评价回归模型
y_pred_ls = LS_reg.predict(X)
score_r2_LS = r2_score(y, y_pred_ls)
```

```
y_pred_SGD = SGD_reg.predict(X)
score_r2_SGD = r2_score(y, y_pred_SGD)
print("Least Squares r2 score:{}\nSGD r2 score:{}".format(score_r2_LS, score_r2_SGD))
# 绘图
fig = plt.figure(dpi=128, figsize=(10, 6))
plt.scatter(X, y, s=100)
x_pred = np.linspace(0, 15, 200)
y_ls = w1 * x_pred + b1
y_SGD = w2 * x_pred + b2
plt.plot(x_pred, y_ls, linestyle="-", linewidth=4)
plt.plot(x_pred, y_SGD, linestyle=":", linewidth=4)
```

上面程序的输出结果为：

```
Least Squares r2 score: 0.7276285914943161
SGD r2 score: 0.719007925062576
```

基于梯度下降法和最小二乘法的销售额回归直线如图 4-7 所示。

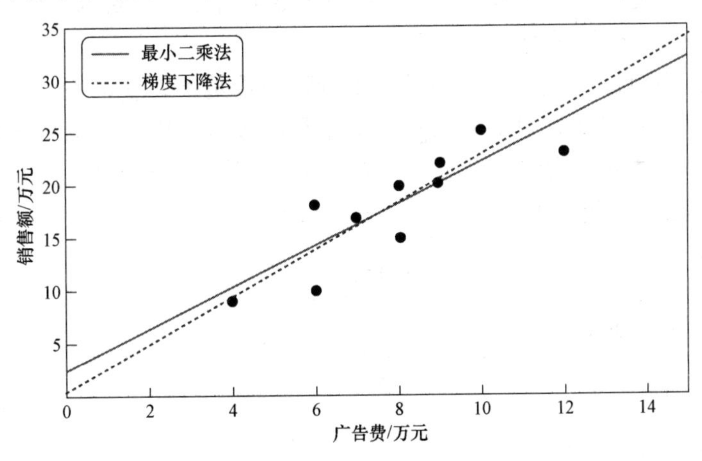

图 4-7　采用 sklearn 自带的最小二乘法和梯度下降法线性回归广告费预测

4.2.4　线性回归的基本形式

前面讲了一元线性回归和多元线性回归，下面给出线性回归的基本形式。给定 d 个属性描述的样本 $\boldsymbol{x}=(x_1, x_2, \cdots, x_d)^{\mathrm{T}}$，其中 x_i 为 $\boldsymbol{x}$ 在第 i 个样本上的取值。线性模型试图通过多个属性的线性组合来建立一个预测函数，即：

$$f(\boldsymbol{x})=w_1x_1+w_2x_2+\cdots+w_dx_d+b \tag{4-11}$$

一般用向量形式写成：

$$f(\boldsymbol{x})=\boldsymbol{w}^{\mathrm{T}}\boldsymbol{x}+b \tag{4-12}$$

其中 $\boldsymbol{w}=(w_1,w_2,\cdots,w_d)^{\mathrm{T}}$， $x=(x_1,x_2,\cdots,x_d)^{\mathrm{T}}$。当 $\boldsymbol{w},b$ 学习出来后，预测模型就确定了，可以进行预测了。

线性回归模型简单、易于理解，但是却蕴含着机器学习中的一些基本思想。更多复杂的机器学习模型，解决问题的思路与线性回归有很多类似之处，请读者在后面的学习中慢慢体会。

4.3 逻辑回归

4.3.1 逻辑回归原理

前面介绍了线性回归模型。回归模型的输出值是连续的数值，如本章中的销售额可以是任意的正实数。其实，回归模型也可以解决分类问题。

以二分类任务为例。假设输出的类别分别为正例（用 1 表示）和负例（用 0 表示），由于线性回归模型 $f(\boldsymbol{x})=\boldsymbol{w}^{\mathrm{T}}\boldsymbol{x}+b$ 得到的结果为实数，于是，可以用阶跃函数来转换，即：

$$y=\begin{cases}0 & \boldsymbol{w}^{\mathrm{T}}\boldsymbol{x}+b<0\\0.5 & \boldsymbol{w}^{\mathrm{T}}\boldsymbol{x}+b=0\\1 & \boldsymbol{w}^{\mathrm{T}}\boldsymbol{x}+b>0\end{cases}\tag{4-13}$$

也就是说，当线性回归模型预测的结果小于 0 的时候，判断为负例；大于 0，判断为正例；等于 0，随意判断为正例或负例。

采用阶跃函数可以实现分类，但是由于阶跃函数是不连续、不可导的，没法像线性回归那样定义代价函数，进而对代价函数求导解参数。因此，需要一种连续的、可导的、值域在[0,1]之间的类似的函数。S 型函数，也称为逻辑函数（logistic function），就是这样一种函数，S 型函数如下：

$$g(z)=\frac{1}{1+\mathrm{e}^{-z}}\tag{4-14}$$

其图像如图 4-8 所示。

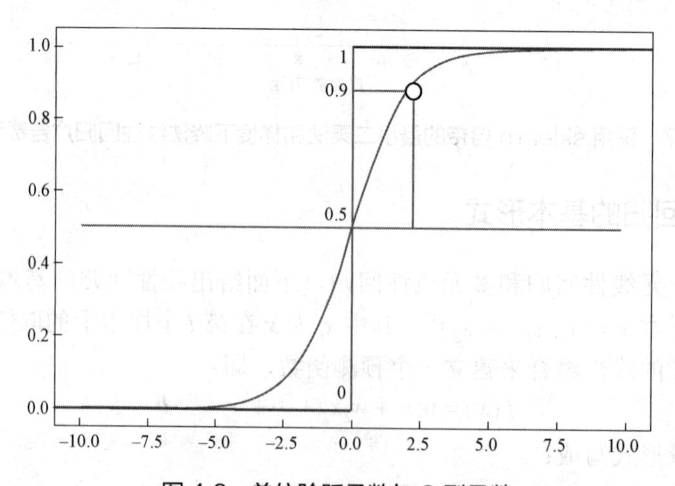

图 4-8 单位阶跃函数与 S 型函数

把线性回归和 S 型函数写在一起，即：

$$y=\frac{1}{1+\mathrm{e}^{-(\boldsymbol{w}^{\mathrm{T}}\boldsymbol{x}+b)}} \tag{4-15}$$

该函数将函数的输入范围（$-\infty,\infty$）映射到了输出的（0,1）之间且具有概率意义。具有概率意义要怎么理解呢？在图 4-8 中将某个样本输入到式（4-15）函数中，输出 0.9，意思就是这个样本有 90%的概率是正例，1－90%就是 10%的概率为负例。也就是说，将某个 x 代入式（4-15），计算出来的 y 值就是样本 x 属于正例的概率，$1-y$ 就是样本 x 属于负例的概率。两者的比值 $\frac{y}{1-y}$ 称为概率，反映了 x 作为正例的相对可能性。对概率取对数，得到：

$$\ln\frac{y}{1-y}=\boldsymbol{w}^{\mathrm{T}}\boldsymbol{x}+b \tag{4-16}$$

也就是说，概率的对数是线性回归模型，因此也称为对数概率回归。需要注意的是，虽然它的名字是“回归”，但实际却是一种分类学习方法。

前面这部分，总结起来一句话，就是假设属性（也称特征）$\boldsymbol{x}$ 和预测值 y 之间存在下列关系：$y=\frac{1}{1+\mathrm{e}^{-(\boldsymbol{w}^{\mathrm{T}}\boldsymbol{x}+b)}}$，接着，想办法求解 $\boldsymbol{w},b$ 的值。在求解参数 $\boldsymbol{w},b$ 之前，先来看两个问题：

（1）猎人师傅和徒弟一同去打猎，遇到一只兔子，师傅和徒弟同时放一枪，兔子被击中一枪，那么是师傅打中的，还是徒弟打中的？

（2）一个袋子中总共有黑白两种颜色共 100 个球，其中一种颜色 90 个，随机取出一个球，发现是黑球。那么是黑色球 90 个？还是白色球 90 个？

第一道题，兔子死了，这件事中有个参数，就是猎杀者。师傅和徒弟，都可以打死兔子，但是很显然，猎杀者是师傅，兔子死的概率更大，因为师傅枪法好，所以师傅出手，兔子中枪死的概率更大。

第二道题，袋子中黑色球 90 个或白色球 90 个，都有可能随机取出一个黑球。现在取到黑球这件事发生了，“90 黑+10 白”或“90 白+10 黑”都有可能导致这件事发生，但明显，“90 黑+10 白”导致一次随机取到黑球的可能性更大。那么我们就猜测，袋子里是 90 个黑球。

对于以上两个例子可以看出，我们在进行猜测时，往往认为：概率最大的事件，最可能发生，因此在一次试验中就出现的事件应当具有较大的概率。这就是“极大似然原理”。

对公式不感兴趣的同学可以直接跳到 4.3.3 节，直接看逻辑回归的应用。

4.3.2 极大似然估计

极大似然原理：若一次试验有 n 个可能的结果 A_1，A_2，…，A_n，现在做一次试验，试验的结果为 A_i，那么就可以认为事件 A_i 在这 n 个可能结果中出现的概率最大。

极大似然估计（maximum likelihood estimate，MLE）：在一次抽样中，样本出现的概率是关于参数θ的函数，若在一些试验中，得到观测值$x_1,x_2,\cdots,x_n$，则可以选择$\hat{\theta}(x_1,x_2,\cdots,x_n)$作为$\theta$的估计值，使得当$\theta=\hat{\theta}(x_1,x_2,\cdots,x_n)$时，样本出现的概率最大。这种方法叫极大似然估计法。换句话说，某个模型有若干组可能的参数，每组参数导致出现目前样本的概率不同。能出现当前样本最大的概率所对应的参数，就是要求的参数。

在用线性回归解决问题时，在求解模型参数时，由于线性回归是连续的，所以可以使用模型误差的平方和来定义损失函数。但是逻辑回归不是连续的，自然线性回归损失函数定义的经验就用不上了。此时可以用最大似然法来推导出逻辑回归模型的损失函数。

假设样本输出是 0 或 1 两个类别。令：

$$P(y=1|x,\theta)=h_\theta(x) \tag{4-17}$$

$$P(y=0|x,\theta)=1-h_\theta(x) \tag{4-18}$$

其中x为特征，$h_\theta(x)$为带有参数θ的模型，$P(y=1|x,\theta)$为在有观测数据x和参数θ的情况下样本类别为 1 的概率。

将式（4-17）和式（4-18）写成一个式子：

$$P(y|x,\theta)=h_\theta(x)^y(1-h_\theta(x))^{1-y} \tag{4-19}$$

其中y的值只能是 0 或 1。

一个样本出现的概率，可以用式（4-19）表示。现在，训练样本m个同时出现的概率，即为：

$$L(\theta)=\prod_{i=1}^{m}(h_\theta(x^{(i)}))^{y^{(i)}}(1-h_\theta(x^{(i)}))^{1-y^{(i)}} \tag{4-20}$$

在式（4-20）中，$x^{(i)}$表示第i个样本的x值，$y^{(i)}$表示第i个样本的y值。$L(\theta)$为训练集中m个样本同时出现的概率，其受到参数θ影响。既然我们已经观测到了训练样本，就想办法求使得$L(\theta)$取得最大值的参数θ，作为最终的结果。现在式子中求最大值不好求，则取对数，把乘法变成加法，同时，把求最大值变成求最小值，改变如下：

$$\boldsymbol{J}(\theta)=-\ln \boldsymbol{L}(\theta)=-\sum_{i=1}^{m}(y^{(i)}\log(h_\theta(x^{(i)}))+(1-y^{(i)})\log(1-h_\theta(x^{(i)}))) \tag{4-21}$$

可以看出，求解式（4-20）的最大值，等价于求解式（4-21）的最小值。式（4-21）即为逻辑回归模型的代价函数。把式（4-21）写成矩阵形式，得到：

$$\boldsymbol{J}(\theta)=-\boldsymbol{Y}^{\mathrm{T}}\log h_\theta(\boldsymbol{X})-(\boldsymbol{E}-\boldsymbol{Y})^{\mathrm{T}}\log(\boldsymbol{E}-h_\theta(\boldsymbol{X})) \tag{4-22}$$

采用梯度下降法求解θ的值，首先将代价函数$\boldsymbol{J}(\theta)$对参数θ进行求导，得到：

$$\frac{\partial}{\partial\theta}\boldsymbol{J}(\theta)=\boldsymbol{X}^{\mathrm{T}}(h_\theta(\boldsymbol{X})-\boldsymbol{Y}) \tag{4-23}$$

在梯度下降法用每一步参数θ的迭代公式如下：

$$\boldsymbol{\theta}=\boldsymbol{\theta}-\alpha\frac{\partial}{\partial\theta}\boldsymbol{J}(\theta) \tag{4-24}$$

4.3.3 逻辑回归的应用

许多读者估计已经被逻辑回归的参数绕晕了。其实，简单来说，就是假设输出 y 和输入 x 之间的关系为 $y=\frac{1}{1+\mathrm{e}^{-(\boldsymbol{w}^{\mathrm{T}}x+b)}}$，然后在训练过程中求解出参数 $\boldsymbol{w}$ 和 b。参数确定后，就可以将新的 x 代入关系式计算出新的 y 了，这个过程就是预测。我们想不明白参数是如何求解的也没关系，sklearn 库已经将逻辑回归模型都集成好了，只要会调用函数就可以使用逻辑回归来解决问题了。下面通过一个例子来看如何使用 sklearn 中的逻辑回归来解决问题。

下面介绍采用逻辑回归来解决鸢尾花分类问题（数据集的介绍参见附录）。

```
from sklearn.datasets import load_iris
from sklearn.model_selection import StratifiedShuffleSplit
from sklearn.linear_model import LogisticRegression
from sklearn.metrics import accuracy_score
from mlxtend.plotting import plot_decision_regions
import itertools
import matplotlib.pyplot as plt
import matplotlib.gridspec as gridspec
# 读取数据
X, y = load_iris(return_X_y=True)
X = X[:, [2, 3]]
# 分割训练集和测试集 --分层抽样
sss = StratifiedShuffleSplit(n_splits=1, test_size=.3, random_state=10)
for train_index, test_index in sss.split(X, y):
    X_train, X_test = X[train_index], X[test_index]
    y_train, y_test = y[train_index], y[test_index]
# 建立模型 LogisticRegression 分类器
clf1 = LogisticRegression(penalty='l1', solver='liblinear', multi_class='ovr', C=2.0, max_
iter=1000)
clf2 = LogisticRegression(penalty='l2', solver='lbfgs', multi_class='auto')
clf3 = LogisticRegression(penalty='l2', solver='saga', multi_class='multinomial', max_
iter=1000)
clf4 = LogisticRegression(penalty='elasticnet', solver='saga', multi_class='auto', l1_ratio=
0.95, max_iter=10000)
gs = gridspec.GridSpec(2, 2)
```

```
labels = ['penalty=l1 solver= liblinear \nmulti_class=ovr C=2.0, max_iter=1000',
             'penalty=l2 solver= lbfgs',
             'penalty=l2 solver= lbfgs max_iter=1000',
             'penalty=elasticnet solver= saga \nl1_ratio=0.95 max_iter-10000']
fig = plt.figure(figsize=(10, 6), dpi=128)
for clf, label, grd in zip([clf1, clf2, clf3, clf4],
                           labels,
                           itertools.product([0, 1], repeat=2)):
    clf.fit(X_train, y_train)  # 训练模型
    y_pred = clf.predict(X_test)  # 预测
    print('Accuracy:', accuracy_score(y_test, y_pred))
# 绘图
    ax = plt.subplot(gs[grd[0], grd[1]])
    fig = plot_decision_regions(X_test, y_test, clf, legend=2)
    plt.title(label)
    plt.text(1, 2, 'acc:' + str(clf.score(X_test, y_test))[:5], fontsize=13)
    plt.xlabel('petal length(cm)')
    plt.ylabel('petal width(cm)')
plt.tight_layout()
plt.show()
```

基于逻辑回归的鸢尾花分类图形如图 4-9 所示。

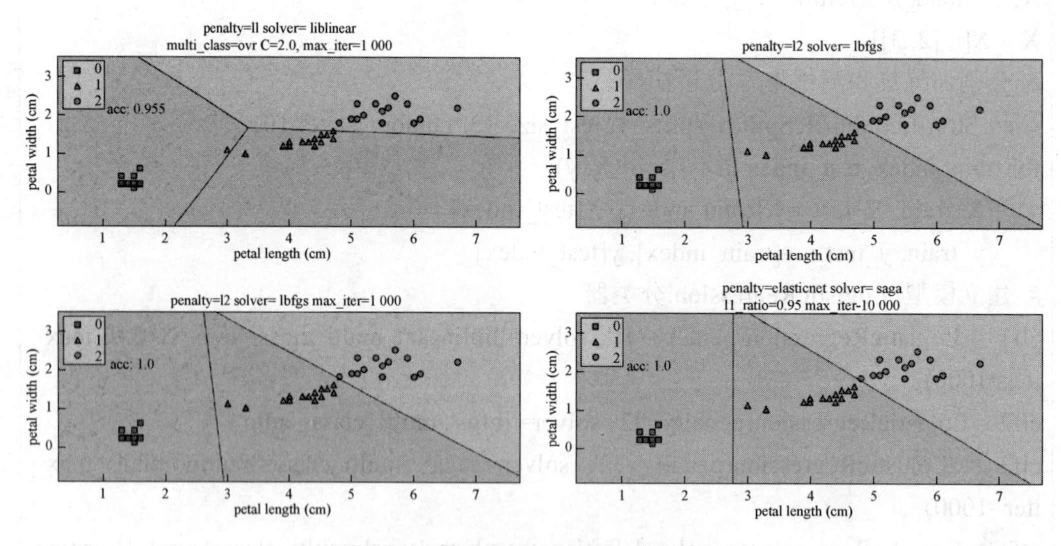

图 4-9　基于逻辑回归的鸢尾花分类

4.4 线性模型总结

无论是一元线性回归、多元线性回归，还是逻辑回归，其解决问题的思路均为先假设模型，然后确定模型“好”的标准（代价函数），再求解代价函数的极小值来得到模型的参数，这个过程为模型的训练。模型的参数确定后，就可以将预测集的 x 代入模型，得到相应的预测值 y，对比测试集在模型上的预测值与测试集所对应的真实值，来评价模型的好坏。

5 决策树

5.1 决策树模型一般结构

决策树是一种常见的分类和回归模型。有点类似于编程语言中的 if-else 结构，假设根据天气情况来预测某人是否会去打球，构造一个树形的预测模型。在图 5-1 中，矩形的结点表示判断条件，椭圆形的叶结点“是”，表示去打球，“否”表示不去打球。

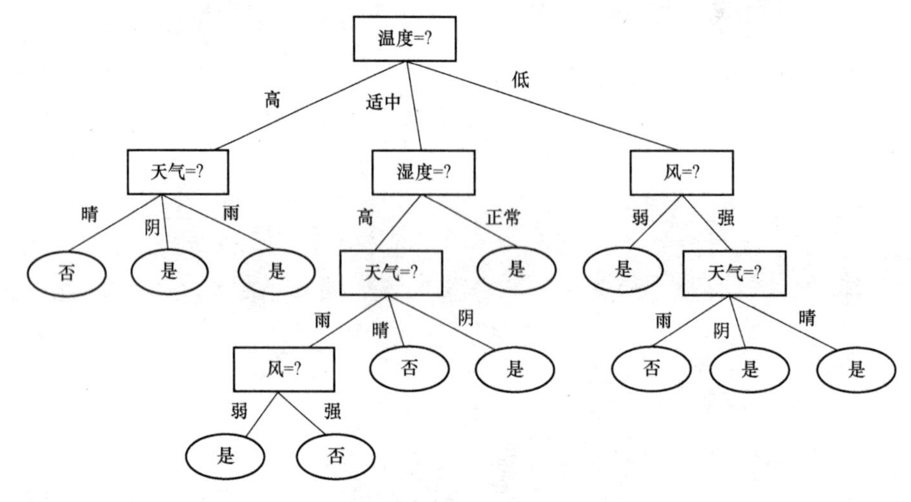

图 5-1 根据天气来判断是否打球的决策树

现在有个数据 X={天气=雨，温度=高，湿度=正常，风=弱}，我们来判断是不是会去打球。判断的办法是从根结点出发，先判断“温度”。“温度=高”，进入左子树，继续判断“天气”，“天气=雨”，到达叶结点，类别为“是”。因此，判断在{天气=雨，温度=高，湿度=正常，风=弱}情况下，打球为“是”。

可见，一旦有了这种树状结构，对未知样本进行分类很简单，只需要从最上面的结点出发，从上往下沿着某个分支往下搜索，直到叶结点，以叶结点的类标号值作为该未知样本所属类标号。这样的树状结构称为决策树。

决策树（decision tree）是一种属性结构，包括决策结点（内部结点）、叶结点和分支 3 个部分。其中：

- 决策结点代表某个测试，通常对应于待分类对象的某个属性，在该属性上的不同测试结果对应一个分支。
- 叶结点存放某个类标号值，表示一种可能的分类结果。
- 分支表示某个决策结点的不同取值。

现在问题的关键是，如何根据现有的数据来构造决策树。可以看出，构造决策树的关键是选择合适的属性作为根结点。根结点属性确定后，根据属性的取值可以确定决策树的分支。分支的构造，又是选择属性的过程。

5.2 属性选择

5.2.1 信息增益与 ID3 算法

1. 信息熵与信息增益

著名的 ID3 决策树，基于信息增益来选择属性，构造决策树。在介绍信息增益前，先介绍一个概念——熵。在信息论中，熵是随机变量不确定性的度量。设 X 是一个取有限个值的离散随机变量，其概率分布为：

$$P(X=x_i)=p_i,\quad i=1,2,\cdots,n$$

则随机变量 X 的熵定义为：

$$H(X)=-\sum_{i=1}^{n}p_i\log p_i \tag{5-1}$$

在式（5-1）中，若 $p_i=0$，则定义 $0\log 0=0$。对数的底可以是 2 或 e。当以 2 为底的时候，熵的单位为比特（bit），当以 e 为底的时候，熵的单位为纳特（nat）。

举个例子来体会下熵的物理含义。我们要扔一个骰子，骰子有 6 个面，每面的数字分别为 1，2，3，4，5，6。

（1）情况 1：每个面出现的概率都是均等的，也就是说，可能的结果是 1，2，3，4，5，6，且每个数字出现的概率都是 $\frac{1}{6}$。那么这时候，根据式（5-1），可以计算出系统的熵是：

$$H_1=-(\frac{1}{6}\mathrm{lb}\frac{1}{6})\times 6=\mathrm{lb}6=2.585$$

（2）情况 2：骰子做了特殊处理，无论怎么扔，都会出现 6，别的数字不会出现。这时候，根据式（5-1）计算系统的熵，有：

$$H_2=-(1\times\mathrm{lb}1+(0\times\mathrm{lb}0)\times 5)=0$$

（3）情况 3：骰子做了特殊处理，出现 6 的概率是 $\frac{5}{6}$，出现 5 的概率是 $\frac{1}{6}$，别的数字出现的概率是 0，此时熵为：

$$H_3=-\left(\frac{1}{6}\times\mathrm{lb}\frac{1}{6}+\frac{5}{6}\mathrm{lb}\frac{5}{6}\right)=0.65$$

仔细对比这 3 种情况：第一种情况，骰子扔出去后的结果有 6 种，每种等概率出现，扔出来的结果比较混乱，什么都有可能出现，无法提高预测准确率。这时候熵较大，是 2.585；第二种情况，做了特殊处理之后，无论怎么扔，结果都是确定的、单一的、纯的、不混乱的，此时，熵为 0；第三种情况，也是做了特殊处理，但是扔出来的数字比较纯，大概率经常出现 6，偶尔出现 5，基本可以预测正确，这时候熵比较小。

所以，熵是描述系统混乱程度的物理量。其实，在日常生活中，一直在使用熵的概念，只是我们不知道而已。例如，期末学生问老师考试范围，就是因为学生对考试考啥比较懵（无比混乱，熵大），老师说了一些信息量大的话（如构造决策树 40 分），那么就减少了混乱度。如果考前老师把卷子上的题都发给学生了，那么对于学生来说期末考试就确定了，没变数了，不混乱了，此时，熵为 0。所以，每次学生来让老师划范围的时候，老师说了一些话，有的话学生觉得信息量大，意思就是这句话带来了熵的改变比较大，听完这句话，对考试由混乱转向有序。有的话信息量比较小，也就是说这句话听完了对考试考什么还是模糊不清。因此，对于考试划范围来说，老师的某些话带来的熵的改变，就是这句话的信息量（学生当然希望老师说信息量大的话）。

对于某个数据集 D 来说，假设数据集中有 n 类样本，其中第 k 样本的比例为 p_k，则该数据集的信息熵为：

$$\mathrm{Ent}(D) = -\sum_{k=1}^{n} p_k \mathrm{lb} p_k \tag{5-2}$$

数据集 D 的信息熵，反映了数据集 D 的混乱程度。$\mathrm{Ent}(D)$ 越大，数据集中类别分布越混乱；$\mathrm{Ent}(D)$ 越小，数据集中越纯（最纯的极端情况是，只有一个类别，此时 $\mathrm{Ent}(D)$ 为 0）。假设某个属性 a 把数据集 D 划分成了 V 个子集 $D^1, D^2, \cdots, D^V$，那么划分后，每个子集的信息熵为 $\mathrm{Ent}(D^1)$，$\mathrm{Ent}(D^2)$，…，$\mathrm{Ent}(D^V)$。将子集的熵加权求和，结果作为划分后子集的熵。权为每个子集中元素的比例，因此，引入属性 a 划分数据集后，新的熵为：

$$\mathrm{Ent}(D,a) = \sum_{v=1}^{V} \frac{|D^v|}{|D|} \mathrm{Ent}(D^v) \tag{5-3}$$

式（5-2）为数据集初始的信息熵，式（5-3）为引入属性 a 划分数据集后的信息熵，引入属性前后，信息熵发生了改变。这种改变称为该属性带来的“信息增益”（information gain），记为：

$$\mathrm{Gain}(D,a) = \mathrm{Ent}(D) - \sum_{v=1}^{V} \frac{|D^v|}{|D|} \mathrm{Ent}(D^v) \tag{5-4}$$

既然属性可以带来信息的改变，这种改变可以用式（5-4）描述，我们当然希望用信息增益大的属性来划分数据。因此，分别计算每个属性的信息增益，选择信息增益最大的属性作为决策树的根结点，然后根据根结点的属性值划分数据集。对划分后的数据集继续计算其余属性的信息增益，再选择信息增益最大的作为子树的根结点，如此进行下去，直到某个子集“纯”了为止，这就是著名的 ID3 算法。

2. 案例

下面举例来说明 ID3 算法构造决策树的过程。

表 5-1 是根据天气情况来预测某人会不会去打球的数据集。表中的 17 个样本数据是历史观测数据，现在就是要利用这个表中的 17 条数据作为训练样本 D，去构造一棵具有预测功能的决策树。

表 5-1 天气与打球数据集

编号	天气	温度	湿度	风	打球
1	晴	高	高	弱	否
2	晴	高	高	强	否
3	阴	高	高	弱	否
4	雨	适中	高	弱	是
5	雨	低	正常	弱	是
6	雨	低	正常	强	否
7	阴	低	正常	强	是
8	晴	适中	高	弱	否
9	晴	低	正常	弱	是
10	雨	适中	正常	弱	是
11	晴	适中	正常	强	是
12	阴	适中	高	强	是
13	阴	高	高	弱	是
14	雨	适中	高	强	否
15	阴	低	高	弱	是
16	晴	高	正常	弱	否
17	雨	低	高	强	否

（1）第一次划分：计算每个属性的信息增益，选择信息增益最大的结点作为根结点。

在表 5-1 中，属性有 4 个：天气、温度、湿度、风，待预测的类别为：“是”和“否”。在不考虑任何属性的时候，训练集中有两个类别的数据，“是” 和 “否”，其概率分别为$\frac{9}{17}$和$\frac{8}{17}$，此时，根据式（5-1）可以计算出训练集初始的熵为：

$$\mathrm{Ent}(D)=-\left(\frac{9}{17}\mathrm{lb}\frac{9}{17}+\frac{8}{17}\mathrm{lb}\frac{8}{17}\right)=0.997\ 5$$

属性“天气”有 3 个取值（晴、阴、雨），“天气=晴” 子数据集见表 5-2。

表 5-2 $D^{天气=晴}$ 子数据集

编号	天气	温度	湿度	风	打球
1	晴	高	高	弱	否
2	晴	高	高	强	否
8	晴	适中	高	弱	否
9	晴	低	正常	弱	是
11	晴	适中	正常	强	是
16	晴	高	正常	弱	否

“天气=晴”子数据集的信息熵为：

$$\mathrm{Ent}(D^{天气=晴})=-\left(\frac{4}{6}\mathrm{lb}\frac{4}{6}+\frac{2}{6}\mathrm{lb}\frac{2}{6}\right)=0.918\ 3$$

“天气=阴”子数据集见表 5-3。

表 5-3　$D^{天气=阴}$ 子数据集

编号	天气	温度	湿度	风	打球
3	阴	高	高	弱	否
7	阴	低	正常	强	是
12	阴	适中	高	强	是
13	阴	高	高	弱	是
15	阴	低	高	弱	是

“天气=阴”子数据集的信息熵为：

$$\mathrm{Ent}(D^{天气=阴})=-\left(\frac{1}{5}\mathrm{lb}\frac{1}{5}+\frac{4}{5}\mathrm{lb}\frac{4}{5}\right)=0.721\ 9$$

“天气=雨”子数据集见表 5-4。

表 5-4　$D^{天气=雨}$ 子数据集

编号	天气	温度	湿度	风	打球
4	雨	适中	高	弱	是
5	雨	低	正常	弱	是
6	雨	低	正常	强	否
10	雨	适中	正常	弱	是
14	雨	适中	高	强	否
17	雨	低	高	强	否

“天气=雨”子数据集的信息熵为：

$$\mathrm{Ent}(D^{天气=雨})=-\left(\frac{3}{6}\mathrm{lb}\frac{3}{6}+\frac{3}{6}\mathrm{lb}\frac{3}{6}\right)=1.0$$

属性“天气”的信息增益为：

$$\begin{aligned}\mathrm{Gain}(D,天气)&=\mathrm{Ent}(D)-\left(\frac{6}{17}\mathrm{Ent}(D^{天气=晴})+\frac{5}{17}\mathrm{Ent}(D^{天气=阴})+\frac{6}{17}\mathrm{Ent}(D^{天气=雨})\right)\\&=0.108\ 1\end{aligned}$$

同理，可以计算温度的信息增益为：

$$\mathrm{Ent}(D^{温度=高})=-\left(\frac{1}{5}\mathrm{lb}\frac{1}{5}+\frac{4}{5}\mathrm{lb}\frac{4}{5}\right)=0.721\ 9$$

$$\text{Ent}(D^{温度=适中})=-\left(\frac{4}{6}\text{lb}\frac{4}{6}+\frac{2}{6}\text{lb}\frac{2}{6}\right)=0.918\ 3$$

$$\text{Ent}(D^{温度=低})=-\left(\frac{4}{6}\text{lb}\frac{4}{6}+\frac{2}{6}\text{lb}\frac{2}{6}\right)=0.918\ 3$$

$$\begin{aligned}\text{Gain}(D,温度)&=\text{Ent}(D)-\left(\frac{5}{17}\text{Ent}(D^{温度=高})+\frac{6}{17}\text{Ent}(D^{温度=适中})+\frac{6}{17}\text{Ent}(D^{温度=低})\right)\\&=0.137\ 0\end{aligned}$$

湿度的信息增益为：

$$\text{Ent}(D^{湿度=高})=-\left(\frac{6}{10}\text{lb}\frac{6}{10}+\frac{4}{10}\text{lb}\frac{4}{10}\right)=0.971\ 0$$

$$\text{Ent}(D^{湿度=正常})=-\left(\frac{2}{7}\text{lb}\frac{2}{7}+\frac{5}{7}\text{lb}\frac{5}{7}\right)=0.863\ 1$$

$$\text{Gain}(D,湿度)=\text{Ent}(D)-\left(\frac{10}{17}\text{Ent}(D^{湿度=高})+\frac{7}{17}\text{Ent}(D^{湿度=正常})\right)=0.070\ 9$$

风的信息增益为：

$$\text{Ent}(D^{风=弱})=-\left(\frac{6}{10}\text{lb}\frac{6}{10}+\frac{4}{10}\text{lb}\frac{4}{10}\right)=0.971\ 0$$

$$\text{Ent}(D^{风=强})=-\left(\frac{3}{7}\text{lb}\frac{3}{7}+\frac{4}{7}\text{lb}\frac{4}{7}\right)=0.985\ 2$$

$$\text{Gain}(D,风)=\text{Ent}(D)-\left(\frac{10}{17}\text{Ent}(D^{风=弱})+\frac{7}{17}\text{Ent}(D^{风=强})\right)=0.020\ 7$$

因此，信息增益最大的属性为“温度”，将“温度”作为根结点，并按“温度”的取值，构造决策树的 3 个分支，将原始数据集划分成 3 个子集，各个分支中所包含的结点编号放在了结点中，如图 5-2 所示。

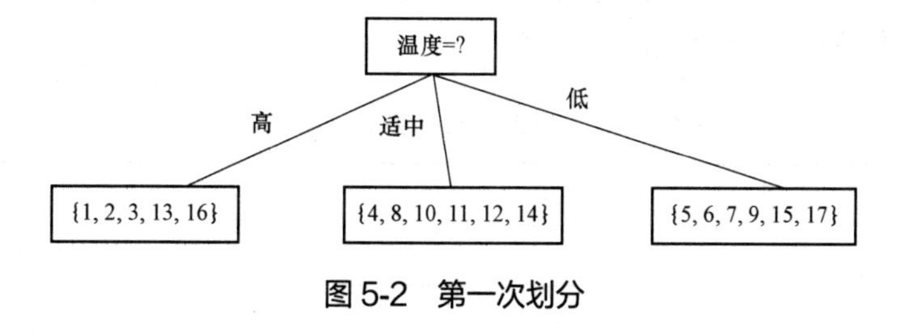

图 5-2　第一次划分

（2）第二次划分：选择子树的根结点，方法依然是计算每个属性的信息增益，此时，用子树的数据集去计算。

经过第一次划分后，左子树中“温度=高”包含 5 个样本，编号为 1，2，3，13，16，记为 $D^{左}$，放在表格 5-5 中。

表 5-5　左子树的数据集 $D^{左}$

编号	天气	温度	湿度	风	打球
1	晴	高	高	弱	否
2	晴	高	高	强	否
3	阴	高	高	弱	否
13	阴	高	高	弱	是
16	晴	高	正常	弱	否

利用表 5-5 中的数据，计算天气、湿度、风的信息增益，计算结果为：

$$\text{Gain}(D^{左},风) = 0.072\ 9,\ \text{Gain}(D^{左},湿度) = 0.072\ 9,\ \text{Gain}(D^{左},天气) = 0.321\ 9$$

可以看出，左子树中，“天气”的信息增益最大，因此，左子树按天气划分，如图 5-3 所示。

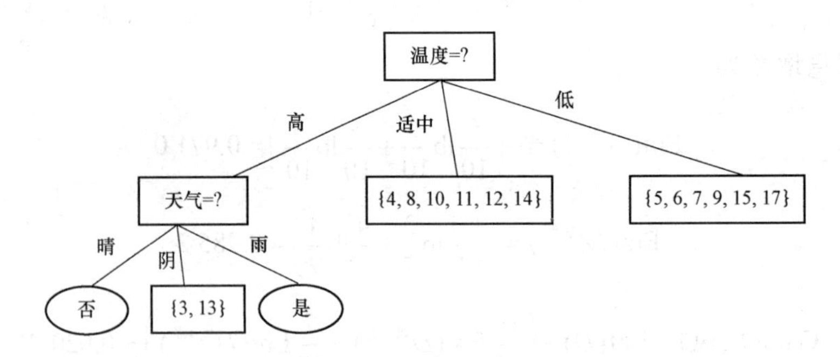

图 5-3　左子树第二次划分

第二次划分后，左子树“天气=晴”的分支对应的打球都是“否”，纯了。因此，将“否”作为该分支的叶结点。“天气=雨”，没有数据，随机选一个类别作为叶结点，此处选择“是”。“天气=阴”的分支有两个结点，{3，13}，类别不同，应该继续划分，但是注意到样本{3，13}的数据见表 5-6。

表 5-6　第二次划分后“天气=阴”的分支

编号	天气	温度	湿度	风	打球
3	阴	高	高	弱	否
13	阴	高	高	弱	是

可以看出，这两条数据所有属性的值完全一样，只有类别不一样，没法按属性继续划分，此时，可以任意选一个类别标签。此处随机选择“是”，作为叶结点。结果如图 5-4 所示。

接着划分“温度=适中”分支，其数据记 $D^{温度=适中}$，具体样本见表 5-7。

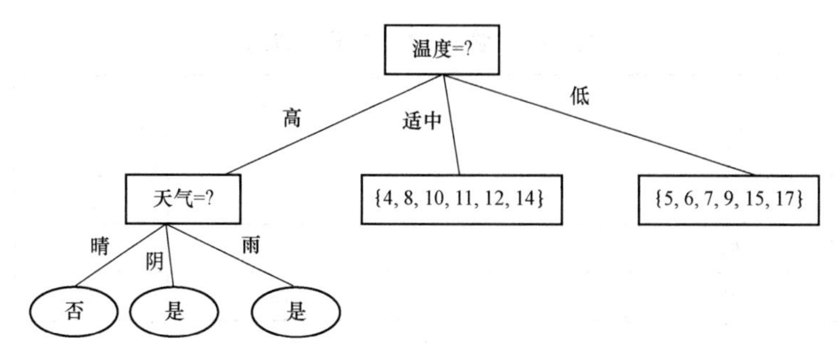

图 5-4　最终左子树划分

表 5-7 “温度=适中”的分支数据

编号	天气	温度	湿度	风	打球
4	雨	适中	高	弱	是
8	晴	适中	高	弱	否
10	雨	适中	正常	弱	是
11	晴	适中	正常	强	是
12	阴	适中	高	强	是
14	雨	适中	高	强	否

利用表 5-7 中的样本数据，分别计算天气、湿度、风的信息增益，结果如下：

$$\mathrm{Gain}(D^{温度=适中},天气)=0.125\ 8$$

$$\mathrm{Gain}(D^{温度=适中},湿度)=0.314\ 6$$

$$\mathrm{Gain}(D^{温度=适中},风)=0.000\ 1$$

因此，选择“湿度”作为根结点，并根据湿度的取值划分分支，结果如图 5-5 所示。

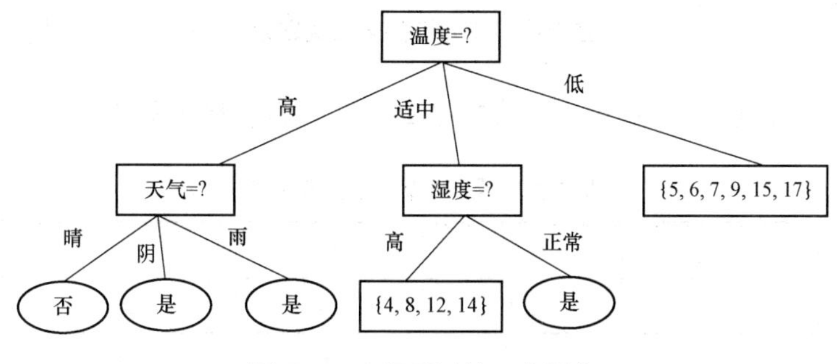

图 5-5　中间子树第一次划分

第二次划分后，右子树“湿度=正常”的分支对应的打球都为“是”，纯了。因此，将“是”作为该分支的叶结点。“湿度=高”的分支有 4 个样本，类别不同，应该继续划分，其数据集记 $D^{湿度=高}$，具体样本见表 5-8。

表 5-8 “湿度=高”的分支数据

编号	天气	温度	湿度	风	打球
4	雨	适中	高	弱	是
8	晴	适中	高	弱	否
12	阴	适中	高	强	是
14	雨	适中	高	强	否

$$\mathrm{Ent}(D^{湿度=高}) = -\left(\frac{2}{4}\mathrm{lb}\frac{2}{4} + \frac{2}{4}\mathrm{lb}\frac{2}{4}\right) = 1$$

$$\mathrm{Gain}(D^{湿度=高},天气)=\mathrm{Ent}(D^{湿度=高}) - \left(\frac{2}{4}\mathrm{Ent}(D^{天气=雨})+\frac{1}{4}\mathrm{Ent}(D^{天气=晴})+\frac{1}{4}\mathrm{Ent}(D^{天气=阴})\right) = \frac{1}{2}$$

$$\mathrm{Gain}(D^{湿度=高},风) = \mathrm{Ent}(D^{湿度=高}) - \left(\frac{2}{4}\mathrm{Ent}(D^{风=弱}) + \frac{2}{4}\mathrm{Ent}(D^{风=强})\right)=0$$

可以看出，在左子树中，“天气”的信息增益最大，因此左子树按天气划分，如图 5-6 所示。

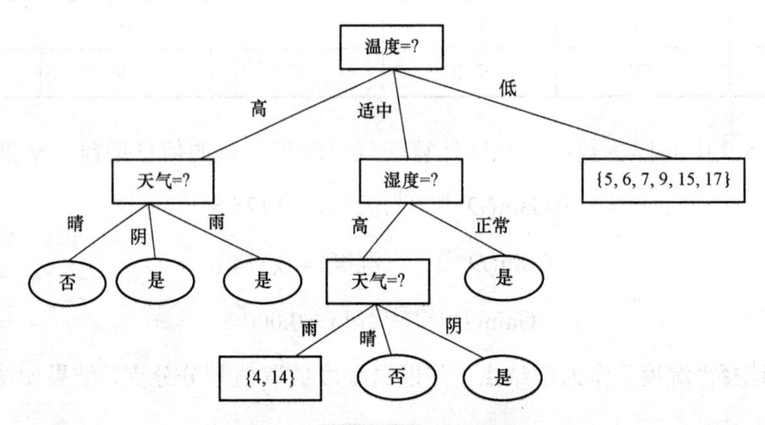

图 5-6　中间子树第二次划分

接着划分“天气=雨”分支，其数据记 $D^{天气=雨}$，具体样本见表 5-9。

表 5-9 “天气=雨”的分支数据

编号	天气	温度	湿度	风	打球
4	雨	适中	高	弱	是
14	雨	适中	高	强	否

$$\mathrm{Ent}(D^{天气=雨}) = -\left(\frac{1}{2}\mathrm{lb}\frac{1}{2} + \frac{1}{2}\mathrm{lb}\frac{1}{2}\right) = 1$$

$$\mathrm{Gain}(D^{天气=雨},风) = \mathrm{Ent}(D^{天气=雨}) - \left(\frac{1}{2}\mathrm{Ent}(D^{风=强}) + \frac{1}{2}\mathrm{Ent}(D^{风=弱})\right)=1$$

因此，按照“风”划分，结果如图 5-7 所示。

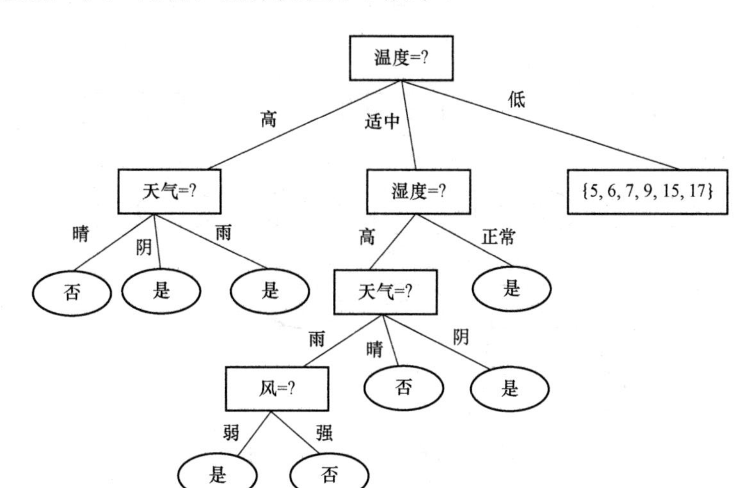

图 5-7　中间子树第三次划分

接着划分“温度=低”分支，其数据记 $D^{温度=低}$，具体的样本见表 5-10。

表 5-10　“温度=低”分支数据

编号	天气	温度	湿度	风	打球
5	雨	低	正常	弱	是
6	雨	低	正常	强	否
7	阴	低	正常	强	是
9	晴	低	正常	弱	是
15	阴	低	高	弱	是
17	雨	低	高	强	否

$$\mathrm{Ent}(D^{温度=低}) = -\left(\frac{4}{6}\mathrm{lb}\frac{4}{6} + \frac{2}{6}\mathrm{lb}\frac{2}{6}\right) = 0.918\,3$$

$$\mathrm{Gain}(D^{温度=低},天气) = \mathrm{Ent}(D^{温度=低}) - \left(\frac{3}{6}\mathrm{Ent}(D^{天气=雨}) + \frac{2}{6}\mathrm{Ent}(D^{天气=阴}) + \frac{1}{6}\mathrm{Ent}(D^{天气=晴})\right) = 0.459\,2$$

$$\mathrm{Gain}(D^{温度=低},湿度) = \mathrm{Ent}(D^{温度=低}) - \left(\frac{4}{6}\mathrm{Ent}(D^{湿度=正常}) + \frac{2}{6}\mathrm{Ent}(D^{湿度=高})\right) = 0.044\,1$$

$$\mathrm{Gain}(D^{温度=低},天气) = \mathrm{Ent}(D^{温度=低}) - \left(\frac{3}{6}\mathrm{Ent}(D^{风=强}) + \frac{3}{6}\mathrm{Ent}(D^{风=弱})\right) = 0.459\,2$$

天气和风属性的信息增益相同，选择其中一个作为划分依据，这里选择风，如图 5-8 所示。

接着划分“风=强”分支，其数据记 $D^{风=强}$，具体的样本见表 5-11。

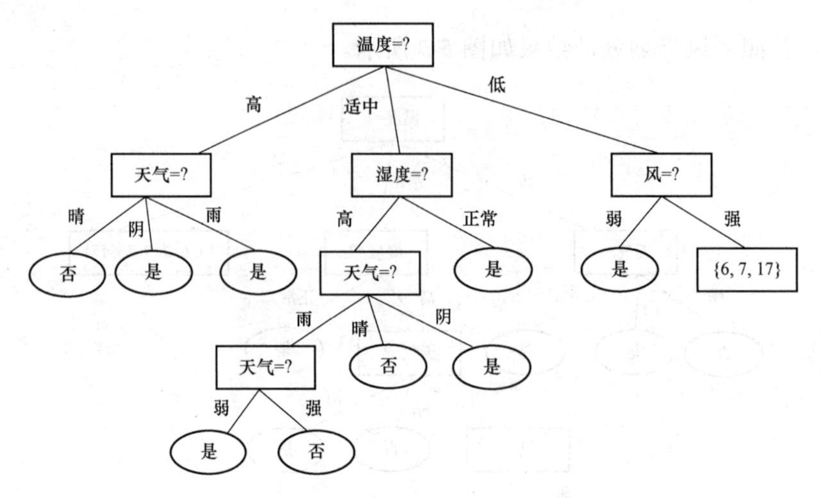

图 5-8　右子树第一次划分

表 5-11　“风=强”分支数据

编号	天气	温度	湿度	风	打球
6	雨	低	正常	强	否
7	阴	低	正常	强	是
17	雨	低	高	强	否

$$\mathrm{Ent}(D^{风=强}) = -\left(\frac{1}{3}\mathrm{lb}\frac{1}{3}+\frac{2}{3}\mathrm{lb}\frac{2}{3}\right)=0.918\,3$$

$$\mathrm{Gain}(D^{风=强},天气)=\mathrm{Ent}(D^{风=强})-\left(\frac{2}{3}\mathrm{Ent}(D^{天气=雨}+\frac{1}{3}\mathrm{Ent}(D^{天气=阴})\right)=0.918\,3$$

$$\mathrm{Gain}(D^{风=强},湿度)=\mathrm{Ent}(D^{风=强})-\left(\frac{2}{3}\mathrm{Ent}(D^{湿度=正常}+\frac{1}{3}\mathrm{Ent}(D^{湿度=高})\right)=0.251\,6$$

因此，按照“天气”划分，“天气=晴”没有数据，类别随机设置为“是”。最终结果如图 5-9 所示。

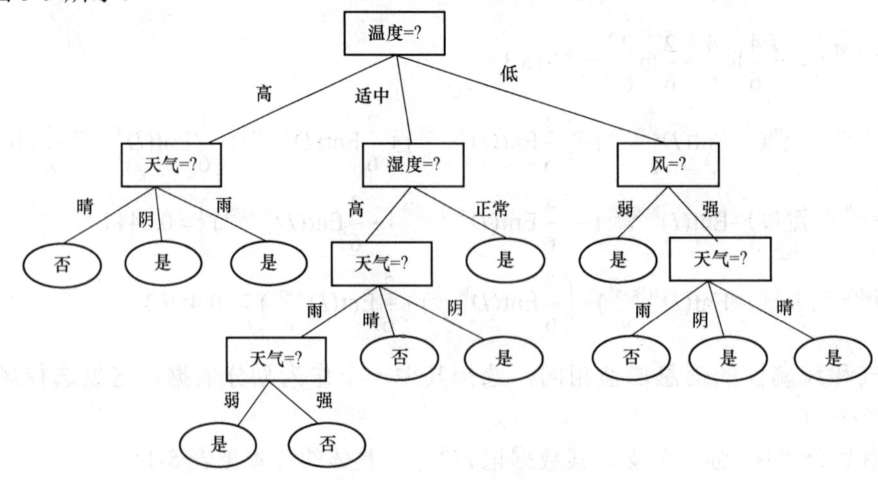

图 5-9　最终的决策树

5.2.2 信息增益率

在前面的决策树构造中，我们忽略了“编号”列，如果把表 5-1 中的编号也作为属性，则其信息增益为 0.977 4，远远大于其他属性。这是因为“编号”有 17 个不同的取值，产生了 17 个分支，每个分支只包含一个结点，这时候纯度最大。显然，这样的决策树无法对新样本实现预测，那为什么会出现这个问题呢？

实际上，采用信息增益作为选择最佳根结点的标准，会对取值数量较多的属性有偏好，为了避免这种偏好产生负面影响，著名的 C4.5 算法采用“增益率”来作为确定最佳根结点的标准，其中，增益率的计算公式为：

$$\text{Gain\_ratio}(D,a)=\frac{\text{Gain}(D,a)}{\text{IV}(a)} \tag{5-5}$$

其中，

$$\text{IV}(a)=-\sum_{v=1}^{V}\frac{|D^v|}{|D|}\text{lb}\frac{|D^v|}{|D|} \tag{5-6}$$

$\text{IV}(a)$ 是属性 a 固有属性。$|D|$ 表示数据集 D 中元素的数量。式（5-6）本质上是熵。某个属性 a 的取值很多的时候，就会把数据集 $|D|$ 划分成多个子集，那么这种划分就相当于比较混乱，$\text{IV}(a)$ 值就大，将其倒数作为系数去乘属性 a 的信息增益 $\text{Gain}(D,a)$，会压制信息增益对属性取值多的偏好。例如，在表 5-1 中，对于温度属性取值有 3 个，将数据集划分为 3 部分，每部分数据的数量分别为 5 个、6 个、6 个，此时，温度属性的 IV（温度）为：

$$\begin{aligned}\text{IV}(\text{温度})&=-\left(\frac{|D^{\text{温度=高}}|}{|D|}\log_2\frac{|D^{\text{温度=高}}|}{|D|}+\frac{|D^{\text{温度=适中}}|}{|D|}\log_2\frac{|D^{\text{温度=适中}}|}{|D|}+\frac{|D^{\text{温度=低}}|}{|D|}\log_2\frac{|D^{\text{温度=低}}|}{|D|}\right)\\&=-\left(\frac{5}{17}\text{lb}\frac{5}{17}+\frac{6}{17}\text{lb}\frac{6}{17}+\frac{6}{17}\text{lb}\frac{6}{17}\right)=1.579\,9\end{aligned}$$

同理，可计算出：

IV（天气）= 1.579 9（“天气”将原始数据集划分为 3 部分，每部分数量分别为 5、6、6）；

IV（湿度）= 0.977 4（“湿度”将原始数据集划分为 2 部分，每部分数量分别为 10、7）；

IV（风）= 0.977 4（“风”将原始数据集划分为 2 部分，每部分数量分别为 10、7）。

从上文可以看出，属性的取值越多，其 IV 值越大，其 IV 值倒数越小，则按式（5-5）计算出来的增益率被压制得越大。然而这样做又有了新的偏好，偏好属性取值数量少。C4.5 算法在解决问题的时候，是将信息增益与增益率结合起来使用的，首先从候选属性中找到信息增益高于平均水平的属性，再选择增益率最高的属性作为根结点。

5.2.3 基尼指数

除了信息增益、增益率可以作为构造决策树的标准之外，还可以使用基尼指数来生成决策树。分类与回归树（classification and regression tree, CART）是一种基于基尼指数生成决策树的方法。

假设在分类问题中，数据集 D 有 K 个类，样本点属于第 k 类的概率为 p_k，则数据集 D 的基尼值定义为：

$$\text{Gini}(D)=\sum_{k=1}^{K}p_k(1-p_k)=1-\sum_{k=1}^{K}p_k^2 \tag{5-7}$$

当数据集 D 中只有一个类别时，该类别出现的概率为 1，$\text{Gini}(D)=0$，数据集是纯的。当数据集纯度越大，其基尼值越小。

引入某个属性 a 后，将数据集 D 划分为若干子集，属性 a 的基尼指数定义为：

$$\text{Gini\_index}(D,a)=\sum_{v=1}^{V}\frac{|D^v|}{|D|}\text{Gini}(D^v) \tag{5-8}$$

在构造决策树时，选择基尼指数最小的属性作为根结点。

例如，在表 5-1 中，“天气”将数据集分为 $D^{天气=晴}$、$D^{天气=阴}$、$D^{天气=雨}$ 3 个子集。其中：

$$\text{Gini}(D^{天气=晴})=1-\left(\frac{4}{6}\right)^2-\left(\frac{2}{6}\right)^2=0.444\,4$$

$$\text{Gini}(D^{天气=阴})=1-\left(\frac{4}{5}\right)^2-\left(\frac{1}{5}\right)^2=0.32$$

$$\text{Gini}(D^{天气=雨})=1-\left(\frac{3}{6}\right)^2-\left(\frac{3}{6}\right)^2=0.5$$

$$\begin{aligned}\text{Gini\_index}(D,天气)&=\frac{6}{17}\text{Gini}(D^{天气=晴})+\frac{5}{17}\text{Gini}(D^{天气=阴})+\frac{6}{17}\text{Gini}(D^{天气=雨})\\&=0.427\,4\end{aligned}$$

依次计算每个属性的基尼指数，并将基尼指数最小的属性作为决策树的根结点。其余过程与 ID3 决策树的构造过程类似，不再赘述。

5.3 决策树剪枝

无论是采用信息增益、增益率还是基尼指数构造决策树，构造出来一棵完全生长的决策树都会存在过拟合现象。为了降低过拟合的风险，需要对决策树进行剪枝处理（pruning）。决策树的剪枝有两种方法：预剪枝（pre-pruning）和后剪枝（post-pruning）。

预剪枝是指在决策树的生成过程中，在每一步划分时，确定了划分属性后，先要估计一下泛化性能。若当前划分能带来泛化性能的提升，则划分，否则，停止划分，并将当前结点标记为叶结点。后剪枝则是先利用训练集生成一棵完整的决策树，然后自底向上地对非叶结点进行考察泛化性能。

那么，如何考察泛化性能是否提升呢？做法是将数据集分成训练集和验证集。训练集用于构造决策树，验证集用作泛化性能的评估。例如，将表 5-1 中的数据随机选出一些样本作为验证集，其余作为训练集。分隔后的结果见表 5-12 和表 5-13。假定采用信息增益来构造决策树，下面分别详细介绍预剪枝和后剪枝算法。

如果不进行剪枝处理，根据表 5-12 构造出的决策树如图 5-10 所示。

表 5-12　训练集 D_1

编号	天气	温度	湿度	风	打球
1	晴	高	高	弱	否
3	阴	高	高	弱	否
5	雨	低	正常	弱	是
6	雨	低	正常	强	否
8	晴	适中	高	弱	否
10	雨	适中	正常	弱	是
11	晴	适中	正常	强	是
13	阴	高	高	弱	是
15	阴	低	高	弱	是
16	晴	高	正常	弱	否

表 5-13　验证集

编号	天气	温度	湿度	风	打球
2	晴	高	高	强	否
4	雨	适中	高	弱	是
7	阴	低	正常	强	是
9	晴	低	正常	弱	是
12	阴	适中	高	强	是
14	雨	适中	高	强	否
17	雨	低	高	强	否

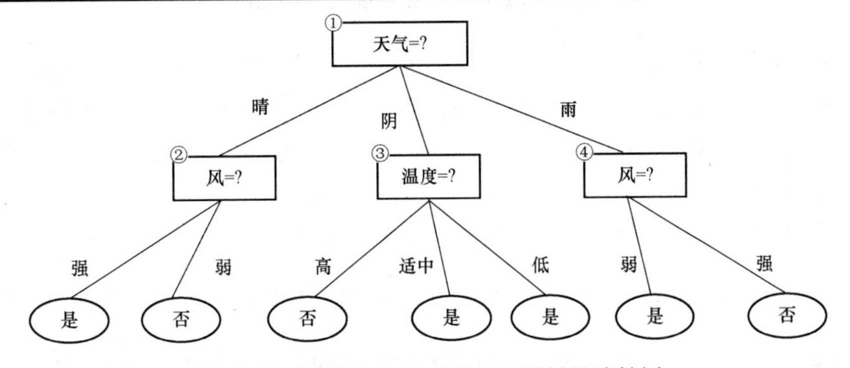

图 5-10　根据表 5-12 构造的未剪枝的决策树

5.3.1 预剪枝

预剪枝过程是先确定划分属性，再判断泛化性能是否会提升来决定是否进行划分。基于信息增益准则，在划分之前，所有的样本都集中在根结点，若不进行划分，该结点将被标记为叶结点，其类别标记为训练样本数最多的类别。在表 5-12 中，两类样本数量一样多，随便选择一类。假设将这个叶结点标记为“是”，也就是说，不管什么样的数据，决策树都判断打球为“是”。此时，用表 5-13 中的验证集对这个单结点决策树进行评估，则编号为{4,7,9,12}的样例分类正确，另外 3 个分类错误，于是，验证集精度为$\frac{4}{7}\times 100\% = 57.1\%$。若要对数据集 D_1 进行划分，选择信息增益最大的属性进行划分，计算各个属性的信息增益如下：

$$\text{Ent}(D) = -\left(\frac{5}{10}\text{lb}\frac{5}{10} + \frac{5}{10}\text{lb}\frac{5}{10}\right) = 1$$

$$\text{Gain}(D,\text{天气}) = \text{Ent}(D) - \left(\frac{4}{10}\text{Ent}(D^{\text{天气=晴}}) + \frac{3}{10}\text{Ent}(D^{\text{天气=阴}}) + \frac{3}{10}\text{Ent}(D^{\text{天气=雨}})\right) = 0.124\,5$$

$$\text{Gain}(D,\text{温度}) = \text{Ent}(D) - \left(\frac{4}{10}\text{Ent}(D^{\text{温度=高}}) + \frac{3}{10}\text{Ent}(D^{\text{温度=适中}}) + \frac{3}{10}\text{Ent}(D^{\text{温度=低}})\right) = 0.124\,5$$

$$\text{Gain}(D,\text{湿度}) = \text{Ent}(D) - \left(\frac{5}{10}\text{Ent}(D^{\text{湿度=正常}}) + \frac{5}{10}\text{Ent}(D^{\text{湿度=高}})\right) = 0.029$$

$$\text{Gain}(D,\text{风}) = \text{Ent}(D) - \left(\frac{2}{10}\text{Ent}(D^{\text{风=强}}) + \frac{8}{10}\text{Ent}(D^{\text{风=弱}})\right) = 0$$

“天气”和“温度”属性的信息增益最大且相同，这里选择温度属性进行样例的划分，得到结果如图 5-11 所示。

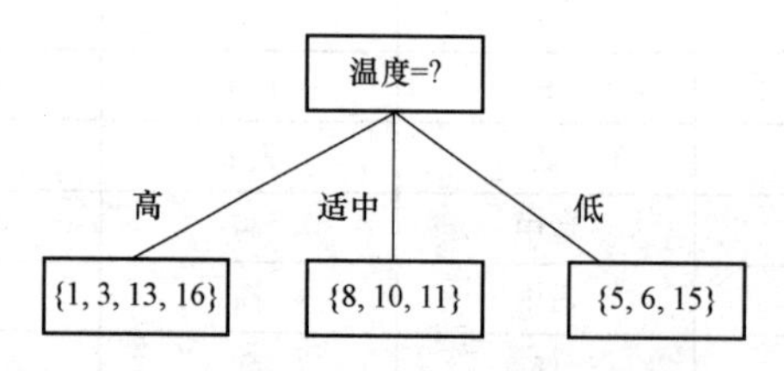

图 5-11 用温度属性生成的预剪枝决策树

3 个分支分别包含编号为{1，3，13，16}、{8，10，11}、{5，6，15}的训练样本，先不对分支进行划分，直接将最多的类别作为叶。{1，3，13，16}这 4 个样本中包含 3 个“否”和 1 个“是”，因此这个分支标记为“否”的叶结点。{8，10，11}中包含 2 个“是”，1 个“否”，根据最多类别原则，该分支标记为“是”的叶结点。{5，6，15}中包含 2 个“是”和 1 个“否”，因此该分支被标记为“否”。此时，验证集中编号为{2，4，7，9，12}的样例被分类正确，另外 2 个样例分类错误，于是，验证集精度为$\frac{5}{7}\times 100\% = 71.4\%$。而由前面计算得知，如果不划分的时候，验证集的精度为 57.1%。于是，划分的精度大于不划分的精度，因此用“温度”进行划分得以确定，如图 5-12 所示。

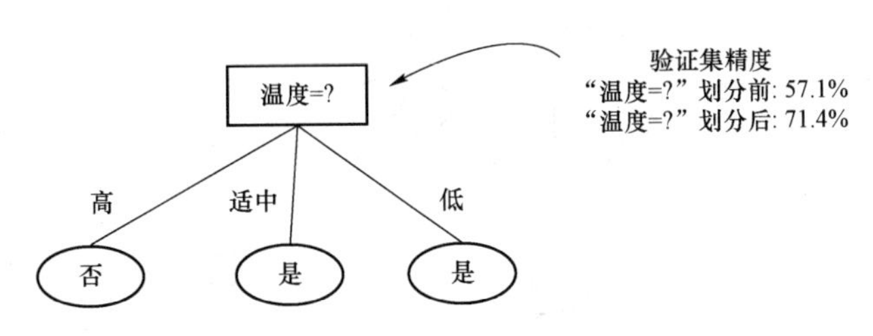

图 5-12　预剪枝第 1 次划分过程

然后，决定是否对“温度=高”的分支进行划分。由于验证集中“温度=高”的样本只有编号为 2 的 1 个样例，而且已经分类正确，由于划分后不会增加验证集的精度，故不再进行划分。

接下来决定是否对“温度=适中”进行划分。在划分前，验证集中“温度=适中”分支有 3 个结点，其类别为 2 个“是”和 1 个“否”。如果不对“温度=适中”分支进行划分，图 5-12 中的决策树在验证集上的精度为 71.4%，如果划分，则计算各个属性的信息增益如下：

$$\text{Ent}(D^{温度=适中})=-\left(\frac{2}{3}\text{lb}\frac{2}{3}+\frac{1}{3}\text{lb}\frac{1}{3}\right)=0.918\,3$$

$$\text{Gain}(D,天气)=\text{Ent}(D^{温度=适中})-\left(\frac{2}{3}\text{Ent}(D^{天气=晴})+\frac{1}{3}\text{Ent}(D^{天气=雨})\right)=0.251\,6$$

$$\text{Gain}(D,湿度)=\text{Ent}(D^{温度=适中})-\left(\frac{2}{3}\text{Ent}(D^{湿度=正常})+\frac{1}{3}\text{Ent}(D^{湿度=高})\right)=0.918\,3$$

$$\text{Gain}(D,风)=\text{Ent}(D^{温度=适中})-\left(\frac{2}{3}\text{Ent}(D^{风=弱})+\frac{1}{3}\text{Ent}(D^{风=强})\right)=0.251\,6$$

“湿度”的信息增益最大，故选择“湿度”进行划分，划分结果如图 5-13 所示。

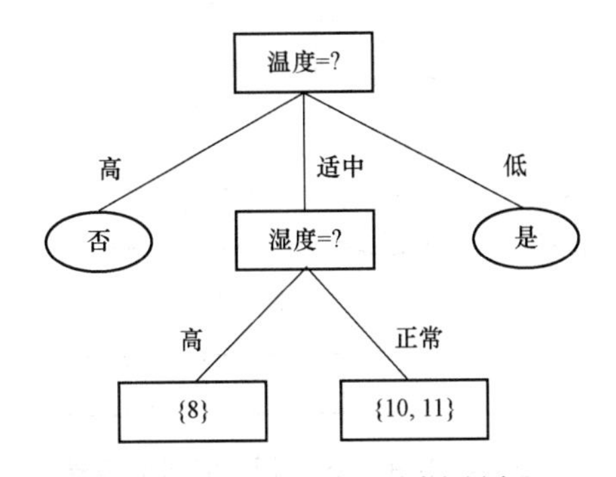

图 5-13　预剪枝第 2 次划分过程

在图 5-13 中，采用湿度进行第二次划分后，训练集被分割为 2 个分支，将样本类别出现最多的类别作为叶结点，可以得到第二次预剪枝决策树，如图 5-14 所示。

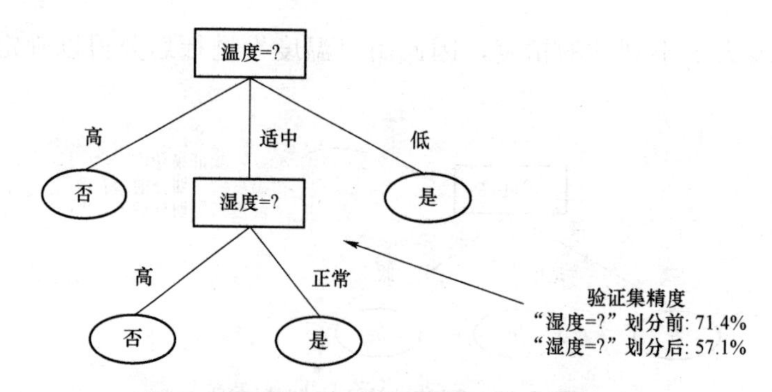

图 5-14 采用“湿度”进行划分后的决策树

用图 5-14 中的决策树在验证集上分类，此时，验证集中编号为{2，7，9，14}的样例分类正确，另外 3 个样例分类错误，于是，验证集精度为$\frac{4}{7}\times100\% = 57.1\% < 71.4\%$，由于划分导致验证集精度降低，因此不用“湿度”进行划分。

接下来决定是否对“温度=低”进行划分。假设划分，则先计算各个属性的信息增益如下：

$$\text{Ent}(D^{温度=低}) = -\left(\frac{2}{3}\text{lb}\frac{2}{3}+\frac{1}{3}\text{lb}\frac{1}{3}\right)=0.918\,3$$

$$\text{Gain}(D,天气) = \text{Ent}(D^{温度=低}) - \left(\frac{2}{3}\text{Ent}(D^{天气=雨})+\frac{1}{3}\text{Ent}(D^{天气=阴})\right)=0.251\,6$$

$$\text{Gain}(D,湿度) = \text{Ent}(D^{温度=低}) - \left(\frac{2}{3}\text{Ent}(D^{湿度=正常})+\frac{1}{3}\text{Ent}(D^{湿度=高})\right)=0.251\,6$$

$$\text{Gain}(D,风) = \text{Ent}(D^{温度=低}) - \left(\frac{2}{3}\text{Ent}(D^{风=弱})+\frac{1}{3}\text{Ent}(D^{风=强})\right)=0.918\,3$$

故选择具有最大信息增益的“风”进行划分，划分结果如图 5-15 所示。

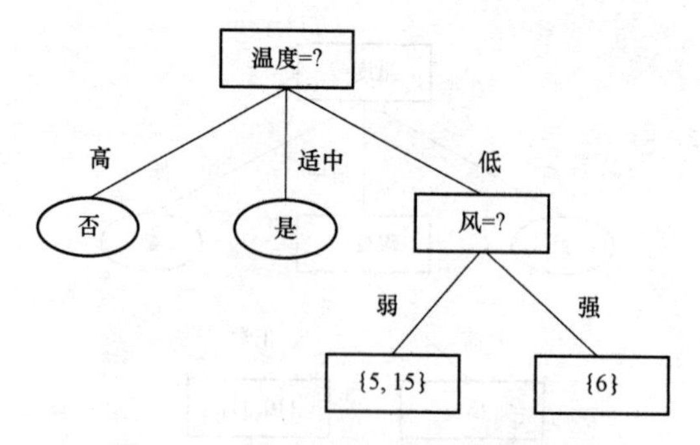

图 5-15 采用“风”进行划分的过程

“温度=低”分支，按“风”划分后，两个分支分别包含编号为{5，15}、{6}的训练样本，因此这两个结点分别被标记为叶结点“是”和“否”。此时，验证集中编号为{2，4，9，12，17}的样例分类正确，另外 2 个样例分类错误，于是，验证集精度为

$\frac{5}{7}\times 100\% = 71.4\% = 71.4\%$，于是，用“风”划分取消。

故预剪枝的最终结果如图 5-16 所示。

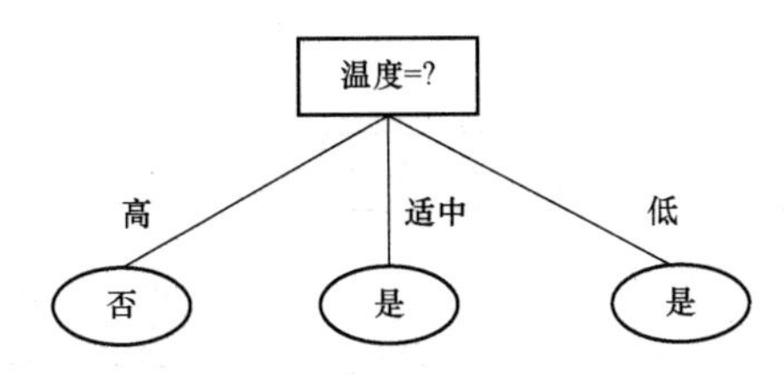

图 5-16　预剪枝最终的决策树

5.3.2　后剪枝

后剪枝先从训练集生成一棵完整的决策树，根据表 5-12 中的训练集，构造的完全生长的决策树如图 5-17 所示。容易判断，该决策树在验证集上的分类精度为 71.4%。

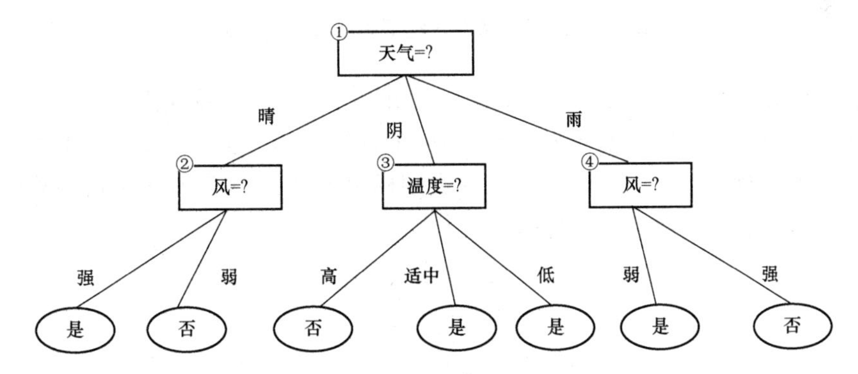

图 5-17　根据表 5-12 中的训练集构建的完全生长的决策树

后剪枝首先考虑结点 4，若将其余分支剪除，则相当于把结点 4 替换为叶结点，如图 5-18 所示。替换后的叶结点包含编号为{5,6,10}的训练样本，选择这几个样本中最多的类别作为叶结点的标签。于是，该叶结点的类别标记为“是”，此时决策树的验证集精度下降为 42.9%，于是，结点 4 得到保留。

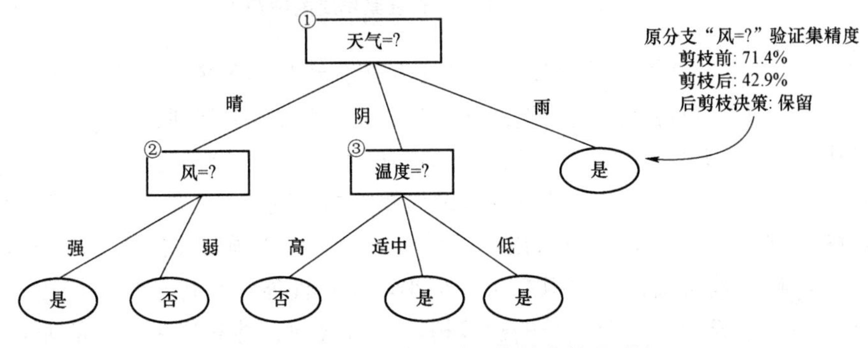

图 5-18　剪枝结点 4 验证集精度前后对比

接下来考虑是否剪掉结点 3，若将其余分支剪除，则相当于把结点 3 替换为叶结点，如图 5-19 所示。替换后的叶结点包含编号为{3,13,15}的训练样本，于是，该叶结点的类别标记为“是”，此时决策树的验证集精度仍为 71.4%，没有得到改善，于是，结点 3 得到保留。

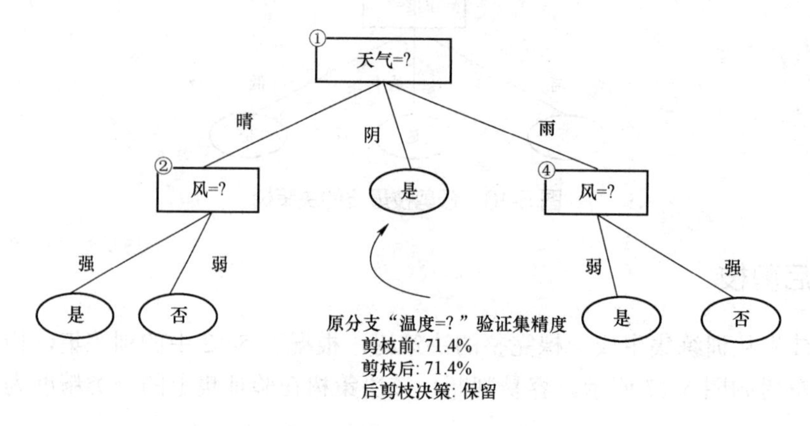

图 5-19　剪枝结点 3 验证集精度前后对比

然后考虑结点 2，若将其余分支剪除，则相当于把结点 2 替换为叶结点，如图 5-20 所示。替换后的叶结点包含编号为{1,8,11,16}的训练样本，选择这几个样本中最多的类别作为结点的叶标签，于是，该叶结点的类别标记为“否”，此时决策树的验证集精度提高为 85.7%，于是，结点 2 被剪掉。

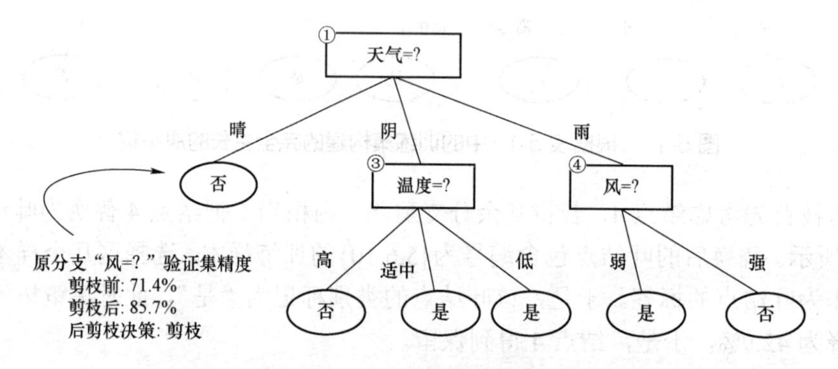

图 5-20　剪枝结点 2 验证集精度前后对比

对于结点 1，如果将其分支剪除，结点 1 包含训练集中的所有样本，类别为“是”和“否”都为 5 个，则将叶结点的类别标记为“是”(当样本类别最多的类不唯一时，可任选其中一类)，所得到的决策树的验证集精度下降到 57.1%。于是，结点 1 保留。

最终，基于后剪枝策略所生成的决策树如图 5-21 所示。

对比图 5-16 和图 5-21，可以看出，后剪枝的决策树比预剪枝的决策树分支更多。一般情况下，后剪枝决策树的欠拟合风险很小，泛化性能往往优于预剪枝的决策树。但后剪枝需要先生成一棵完全生长的决策树，再自底向上地对树中所有的非叶结点进行逐一判断，因此其训练过程中的时间开销比预剪枝决策树大很多。

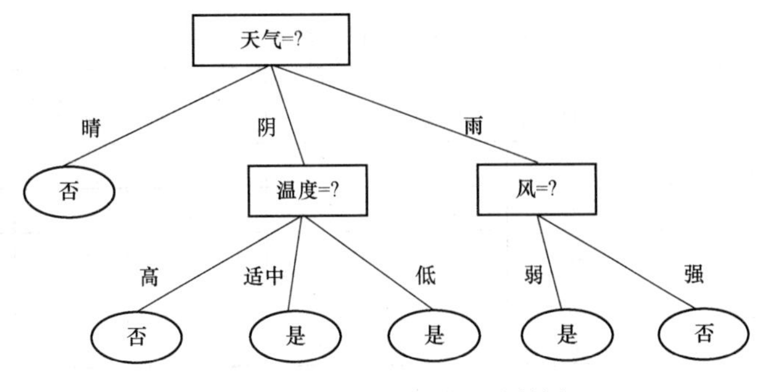

图 5-21 最终的后剪枝决策树

5.3.3 连续属性的处理

在前面讨论决策树的构造过程中，所采用的属性的取值都是离散类型数据。实际中经常会遇到属性值为连续的情况。连续属性的取值是无限可能的，没有办法像离散属性那样计算信息增益。此时，可以将连续属性离散化处理，最简单的策略是选择一个阈值，将连续属性二分（bi-partition）成离散属性。C4.5 算法就是采用的这种方法。

假设样本集 D 中的某个属性 a 为连续属性，其在数据集 D 中有 n 个取值。将全部的取值按从小到大的顺序排列，记为 $\{a^1, a^2, \cdots, a^n\}$，选择 a_i 与 a_{i+1} 平均数 $t_i = \frac{a_i + a_{i+1}}{2}$ 作为阈值，将数据集 D 划分成 2 部分，$D_{t_i}^-$ 表示属性 a 取值小于等于 t_i 的样本的集合，$D_{t_i}^+$ 表示属性 a 取值大于 t_i 的样本的集合。这样数据就被离散化了，可以计算信息增益了。t_i 的取值共有 $n-1$ 个，计算每一个阈值对应的信息增益，再选择最大的信息增益构造决策树。

下面以表 5-14 为例说明连续属性的离散化方法。为了方便说明，表 5-14 中只给出了 5 个样本。

表 5-14 含有连续属性的天气与打球数据

编号	天气	温度	$PM_{2.5}$	湿度	风	打球
1	晴	高	130	高	弱	否
2	晴	高	89	高	强	否
3	雨	低	20	正常	弱	是
4	雨	低	67	正常	强	否
5	阴	低	95	正常	强	是

在表 5-14 中，$PM_{2.5}$ 值为连续数值属性。将其取值按从小到大的顺序排列，分别为：{20，67，89，95，130}。先计算划分点，为排序好的相邻两数的平均数，分别为：{43.5，78，92，112.5}。那么可以分别按这些划分点去划分数据，得到表 5-15。

表 5-15　将连续属性离散化后处理

编号	天气	温度	$PM_{2.5}$（>43.5）	$PM_{2.5}$（>78）	$PM_{2.5}$（>92）	$PM_{2.5}$（>112.5）	湿度	风	打球
1	晴	高	是	是	是	是	高	弱	否
2	晴	高	是	是	否	是	高	强	否
3	雨	低	否	否	否	否	正常	弱	是
4	雨	低	是	否	否	是	正常	强	否
5	阴	低	是	是	是	是	正常	强	是

表 5-14 中的连续属性经过离散化，变成表 5-15。离散化处理后，可以将 $PM_{2.5}$（>43.5）、$PM_{2.5}$（>78）、$PM_{2.5}$（>92）、$PM_{2.5}$（>112.5）均看作一个单独的属性，采用前面介绍的方法计算信息增益，再选择最大信息增益的点作为根结点，不断构造决策树。

5.4 决策树的应用

5.4.1 绘制决策树的方法

sklearn 中提供了绘制决策树的函数 plot_tree()，该函数在 sklearn.tree 子库中。函数的形式如下：

```
sklearn.tree.plot_tree(decision_tree,*,max_depth=None,feature_names=None,class_names
=None, label='all', filled=False, impurity=True, node_ids=False, proportion=False, rounded=
False, precision=3, ax=None, fontsize=None)
```

主要参数如下。

- decision_tree：指定绘制的决策树对象。
- feature_names：字符串数组。每个特征的名称，如果不指定即使用 X[0]、X[1] 表示对应的属性名。
- class_names：字符串数组。目标类的名称。用于表示分支结点的类别。

5.4.3 节中例 5-1 使用了以上 3 个参数绘制决策树。

5.4.2 sklearn 中的决策树函数

sklearn 中的决策树都在 sklearn.tree 子库中。决策树的函数原型如下：

```
sklearn.tree.DecisionTreeClassifier(criterion='gini',splitter='best',max_depth=None,min_
samples_split=2,min_samples_leaf=1,min_weight_fraction_leaf=0.0,max_features=None,
random_state=None,max_leaf_nodes=None,min_impurity_decrease=0.0,min_impurity_sp
lit=None,class_weight=None, presort=False)
```

- 主要参数
  - criterion：构造决策树的依据。sklearn 中提供了两种构造决策树的选择——entropy 和 gini。entropy 是根据信息增益构造决策树，gini 是根据基尼指数来构造决策树。
  - random_state：设置分支中的随机数种子，默认为 None，在高维度时随机性会表现得更明显，低维度的数据随机性几乎不会显现。输入任意整数，会一直长出同一棵树，让模型稳定下来。
  - splitter：控制决策树中的随机选项，有两种输入值，输入“best”，决策树在分支时虽然随机，但还是会优先选择更重要的特征进行分支（重要性可以通过属性 feature_importances_查看）；输入“random”，决策树在分支时会更加随机，决策树会因为含有更多的不必要信息而更深更大，并因这些不必要信息而降低对训练集的拟合。这也是防止过拟合的一种方式。该参数用来帮助降低决策树建成之后过拟合的可能性。
  - max_depth，整型，树的最大深度。如果没有，则结点将展开，直到所有叶都是纯叶，或者直到所有叶都包含少于 min_samples_split samples 参数指定的值。用来防止过拟合。
  - min_samples_split：整数或实数，默认值为 2。拆分内部结点所需的最小样本数：如果为整数，则 min_samples_split 为划分结点所需要的最小样本数量；如果该参数为实数，min_samples_split 是比例分数，min_samples_split*样本总数为划分结点所需要的最小样本数量。
  - min_samples_leaf：用来设置叶结点上的最少样本数量，用于对树进行修剪。

还有其他参数，详情参考以下网址：

https://scikit-learn.org/stable/modules/generated/sklearn.tree.DecisionTreeClassifier.html

- 主要方法
  - 训练（拟合）：fit(train_x, train_y)；
  - 预测：predict(X)返回标签、predict_proba(X)返回概率；
  - 评分（返回平均准确度）：score(test_x, test_y)。等效于准确率。

5.4.3 决策树应用实例

例 5-1 基于决策树的鸢尾花分类。鸢尾花数据集介绍参见附录 A。代码如下：

```
from sklearn.datasets import load_iris
from sklearn.tree import DecisionTreeClassifier, plot_tree
from sklearn.model_selection import train_test_split
import matplotlib.pyplot as plt
# 导入数据
iris = load_iris()
X = iris['data']
```

```
y = iris['target']
feature_names = iris['feature_names']   # 获取数据的属性名
target_names = iris['target_names']   # 获取数据的类别名
X_train, X_test, y_train, y_test = train_test_split(X, y, test_size=0.3, random_state=11)
# 分割数据
clf_entropy = DecisionTreeClassifier(criterion='entropy')   # 构造决策树
clf_entropy.fit(X_train, y_train)   # 训练决策树
print(clf_entropy.score(X_test, y_test))   # 计算测试集上分类准确率并输出
fig = plt.figure(dpi=200)   # 指定图像的质量
# 显示决策树
a = plot_tree(clf_entropy,   # 要绘制的决策树对象
              feature_names=feature_names,   # 每个特征的名称
              class_names=target_names)   # 每个类别的名称
plt.savefig(r'C:\Users\Administrator\Desktop\1.png')   # 保存在桌面上
plt.show()
```

在上述代码中，采用 Python 自带的鸢尾花数据集，70%的数据作为训练，30%的数据作为测试，采用“entropy”构造决策树，测试集上的分类准确率为 1，也就是 100%正确。构造的决策树如图 5-22 所示。

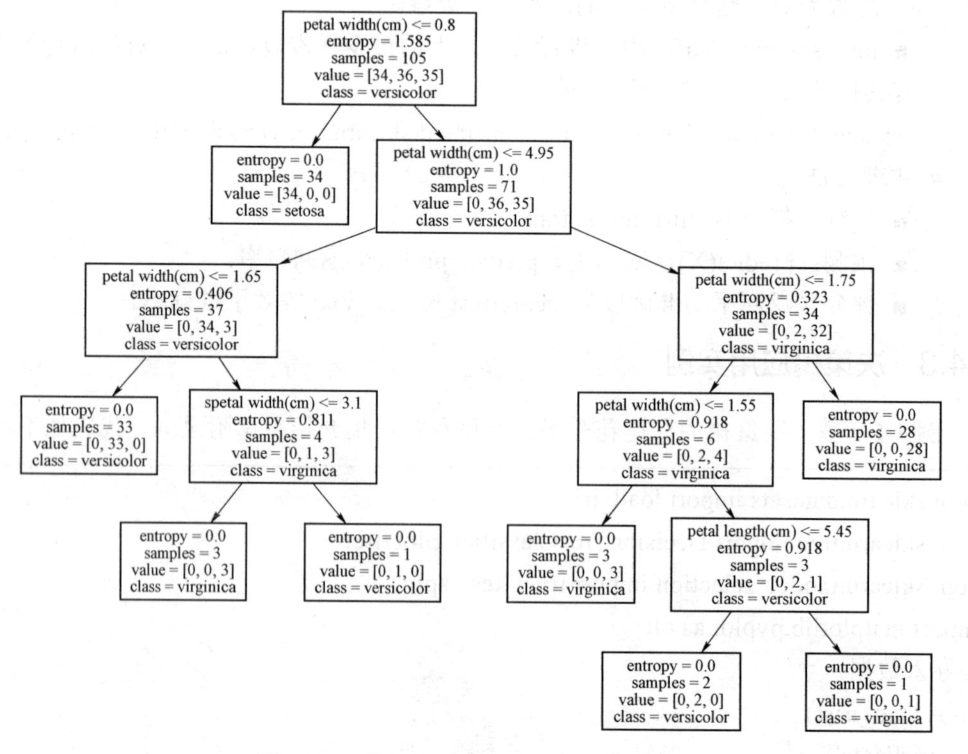

图 5-22　鸢尾花数据集的 entropy 决策树

例 5-2 基于决策树的手写字符分类

```
from sklearn.datasets import load_digits
from sklearn.model_selection import train_test_split
from sklearn.tree import DecisionTreeClassifier
import matplotlib.pyplot as plt
X, y = load_digits(return_X_y=True)
X_train, X_test, y_train, y_test = train_test_split(X, y, test_size=0.3, random_state=42)
# 分割数据
acc_entopy=[]
acc_gini=[]
for i in range(1,20):
    clf_entropy = DecisionTreeClassifier(criterion='entropy',max_depth=i)
    clf_gini = DecisionTreeClassifier(criterion='gini',max_depth=i)
    clf_entropy.fit(X_train, y_train)  # 训练 entropy 决策树
    clf_gini.fit(X_train, y_train)  # 训练 gini 决策树
    acc_entopy.append(clf_entropy .score(X_test, y_test))  # 保留 entropy 树准确率
    acc_gini.append(clf_gini.score(X_test, y_test))  # 保留 gini 决策树准确率
plt.plot(range(1,20),acc_entopy,'r--*',range(1, 20),acc_gini,'b-.')
plt.xlabel('max depth of decision tree')
plt.ylabel('accuracy')
plt.legend(['entropy','gini'])
plt.show()
```

上述代码讨论了不同的决策树深度对手写字符识别分类准确率的影响。代码中一共包含 2 种决策树：基于 gini 和基于 entropy 的决策树，决策树深度从 1 变化到 19，上述代码结果如图 5-23 所示。

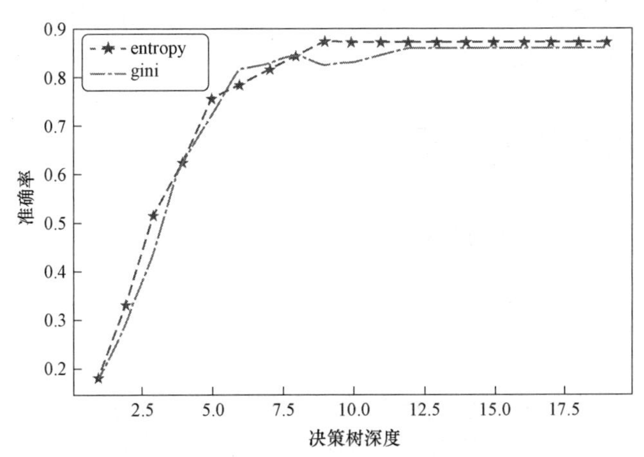

图 5-23 决策树的深度对手写字符分类准确率的影响

6 贝叶斯方法

6.1 引言

某一天，同事让我给她讲下贝叶斯方法。我说："假设某活动现场有100个嘉宾，99个男嘉宾，1个女嘉宾。抽奖环节有1名幸运嘉宾中奖，你来猜猜幸运嘉宾是男的还是女的？"

"男嘉宾！"同事毫不犹豫地说。

"为什么呢？"

"因为男嘉宾人多！"

"领奖的时候我注意到，中奖的嘉宾梳马尾辫，穿白色裙子，那么现在猜猜中奖的是男嘉宾还是女嘉宾？"

"女嘉宾！"

"女嘉宾只有一个呀，你为什么猜测是女嘉宾中奖呢？"

"因为男的不太可能梳马尾辫，穿白色裙子啊。"

我笑着说："对，你看，这就是贝叶斯呀！第一次你预测男嘉宾中奖，是因为现场男嘉宾人特别多，中奖为男嘉宾的概率是$\frac{99}{100}$了，这个概率是没观测到特征时男女分布的概率，称为先验概率。但是我说了中奖人的特征（梳马尾辫，穿白色裙子）后，明显具有该特征的人是女性的概率更大，这叫条件概率，也就是在梳马尾辫，穿白色裙子的条件下，中奖人性别的概率。你做出决策的依据是先验概率和条件概率综合考虑的结果。"

同事恍然大悟。其实道理我们都懂，只是，我们不会用数学的语言去描述……

好吧，我们先从介绍几个概念开始。

6.2 贝叶斯方法基本原理

贝叶斯方法是用于对类别和属性间不确定性进行建模的方法。在讲解贝叶斯方法之前，我们先来了解几个基本概念。

假设X为特征空间的n维特征向量的集合，$Y=\{c_1,c_2,\cdots,c_K\}$为类别标记的集合。

1. 先验概率

在样本空间中，类别所出现的概率称为先验概率。就是指在没有观测到任何特征的情况下，只是某个类别出现的概率，记为：

$$P(Y=c_k) \quad k=1,2,\cdots,K \tag{6-1}$$

如在本章开篇的例子中，我们要预测的类别是：男或女。在不考虑发型、衣服等其他因素的情况下，只看男、女的分布，其先验概率为：

$$P(Y=男)=\frac{99}{100} \qquad P(Y=女)=\frac{1}{100}$$

2. 条件概率

某“类别”出现某“特征”的概率。记作：

$$P(X|Y) \tag{6-2}$$

在本章开篇的例子中的条件概率为：

$$P(穿白色裙子|Y=男)、P(穿白色裙子|Y=女)、P(梳马尾辫|Y=男)、$$
$$P(梳马尾辫|Y=女)$$

3. 后验概率

当观察到某个“特征”时，样本属于某个“类别”的概率。记作：

$$P(Y|X) \tag{6-3}$$

贝叶斯公式告诉我们，式（6-1）、式（6-2）、式（6-3）中的概率有以下关系：

$$P(X,Y)=P(Y|X)\times P(X)=P(X|Y)\times P(Y) \tag{6-4}$$

我们在观测到特征 X 的时候，要预测到类别 Y 的概率，从式（6-4）可知，有：

$$P(Y|X)=\frac{P(X|Y)\times P(Y)}{P(X)} \tag{6-5}$$

贝叶斯定理告诉我们，先验概率和数据决定了后验概率。从式（6-5）可以看出，$P(Y|X)$ 是后验概率，其由条件概率 $P(X|Y)$ 和类别出现的先验概率 $P(Y)$ 及特征出现的概率 $P(X)$ 共同决定。就本章开篇的例子来说，根据式（6-5）有：

$$\begin{aligned}&P(Y=男|梳马尾辫，穿白色裙子)\\&=\frac{P(梳马尾辫，穿白色裙子|Y=男)\times P(Y=男)}{P(梳马尾辫，穿白色裙子)}\end{aligned} \tag{6-6}$$

$$\begin{aligned}&P(Y=女|梳马尾辫，穿白色裙子)\\&=\frac{P(梳马尾辫，穿白色裙子|Y=女)\times P(Y=女)}{P(梳马尾辫，穿白色裙子)}\end{aligned} \tag{6-7}$$

显然，只要计算出观测到特征“梳马尾辫，穿白裙子”的两个后验概率，如式（6-6）、式（6-7），然后比较这两个后验概率哪个大，如果 $P(Y=男|梳马尾辫，穿白色裙子)$ 大，也就是说，在该观测特征下，类别属于“男”的概率更大，那么我们就预测为“男”，反之，预测为“女”。

我们注意到，式（6-6）和式（6-7）中的分母都是 $P(梳马尾辫，穿白色裙子)$，因此比较式（6-6）和式（6-7）的大小，只需要比较分子就可以了。在分子中，$P(Y=男)$ 和 $P(Y=女)$ 是先验概率，可以直接用训练样本中类别分布来估计。关键是计算

P（梳马尾辫，穿白色裙子$|Y=$女）和P（梳马尾辫，穿白色裙子$|Y=$男）。朴素贝叶斯方法假设多个特征之间是彼此独立的，因此：

$$P(\text{梳马尾辫，穿白色裙子}|Y=\text{女})$$
$$=P(\text{梳马尾辫}|Y=\text{女})\times P(\text{穿白色裙子}|Y=\text{女})$$

同理，有：

$$P(\text{梳马尾辫，穿白色裙子}|Y=\text{男})$$
$$=P(\text{梳马尾辫}|Y=\text{男})\times P(\text{穿白色裙子}|Y=\text{男})$$

这两个式子中的条件概率，就可以从数据集中估计出来了。下面以一个例子来说明贝叶斯方法的决策过程。

6.3 朴素贝叶斯方法决策过程

在 6.2 节的计算中，假设了多个特征（或者属性）之间是独立的。在此假设下，才能把某个类别下多个特征联合出现的概率转化为某个类别下单个特征概率的乘积，这就是朴素贝叶斯（naive Bayes）的思想。也就是说，朴素贝叶斯方法假设所有属性相互独立。下面以表 5-1 中的数据来说明贝叶斯方法决策的过程，我们把表 5-1 的数据复制过来，为了方便说明，我们编号为表 6-1。

表 6-1 天气与打球数据集

编号	天气	温度	湿度	风	打球
1	晴	高	高	弱	否
2	晴	高	高	强	否
3	阴	高	高	弱	否
4	雨	适中	高	弱	是
5	雨	低	正常	弱	是
6	雨	低	正常	强	否
7	阴	低	正常	强	是
8	晴	适中	高	弱	否
9	晴	低	正常	弱	是
10	雨	适中	正常	弱	是
11	晴	适中	正常	强	是
12	阴	适中	高	强	是
13	阴	高	高	弱	是
14	雨	适中	高	强	否
15	阴	低	高	弱	是
16	晴	高	正常	弱	否
17	雨	低	高	强	否

现在观测到某一天的天气特征为（天气=晴，温度=低，湿度=高，风=弱），预测会不会去打球，采用朴素贝叶斯分类器，需要计算在该特征出现的条件下“打球=是”与“打球=否”的概率，进而进行决策。根据贝叶斯公式（6-5）有：

$$P(\text{打球}=\text{是}|\text{天气}=\text{晴，温度}=\text{低，湿度}=\text{高，风}=\text{弱})$$
$$=\frac{P(\text{天气}=\text{晴，温度}=\text{低，湿度}=\text{高，风}=\text{弱}|\text{打球}=\text{是})\times P(\text{打球}=\text{是})}{P(\text{天气}=\text{晴，温度}=\text{低，湿度}=\text{高，风}=\text{弱})}$$

上式分子中的 $P(\text{天气}=\text{晴，温度}=\text{低，湿度}=\text{高，风}=\text{弱}|\text{打球}=\text{是})$ 根据朴素贝叶斯的属性独立性假设原则，可以分解为 $P(\text{天气}=\text{晴}|\text{打球}=\text{是})$、$P(\text{温度}=\text{低}|\text{打球}=\text{是})$、$P(\text{湿度}=\text{高}|\text{打球}=\text{是})$ 和 $P(\text{风}=\text{弱}|\text{打球}=\text{是})$ 4 个条件概率的乘积。接着根据表 6-1 的数据集来估计该 4 个条件概率的值。从表 6-1 可以看出，“打球=是”的样本一共有 9 个，见表 6-2。

表 6-2 “打球=是”的样本

编号	天气	温度	湿度	风	打球
4	雨	适中	高	弱	是
5	雨	低	正常	弱	是
7	阴	低	正常	强	是
9	晴	低	正常	弱	是
10	雨	适中	正常	弱	是
11	晴	适中	正常	强	是
12	阴	适中	高	强	是
13	阴	高	高	弱	是
15	阴	低	高	弱	是

从表 6-2 中可以看出，“天气=晴”的样本有 2 个，因此：

$$P(\text{天气}=\text{晴}|\text{打球}=\text{是})=\frac{2}{9}$$

同理，可以计算出：

$$P(\text{温度}=\text{低}|\text{打球}=\text{是})=\frac{4}{9}$$

$$P(\text{湿度}=\text{高}|\text{打球}=\text{是})=\frac{4}{9}$$

$$P(\text{风}=\text{弱}|\text{打球}=\text{是})=\frac{6}{9}$$

而先验概率，我们采用训练集上类别出现的频率来估计，表 6-1 中的数据，“打球=是”的样本有 9 个，“打球=否”的样本有 8 个，因此先验概率为：

$$P(\text{打球}=\text{是})=\frac{9}{17}$$

$$P(打球=否)=\frac{8}{17}$$

因此，有：

$$P(打球=是 \mid 天气=晴，温度=低，湿度=高，风=弱)$$
$$=\frac{P(天气=晴，温度=低，湿度=高，风=弱 \mid 打球=是)\times P(打球=是)}{P(天气=晴，温度=低，湿度=高，风=弱)}$$
$$=\frac{\frac{2}{9}\times\frac{4}{9}\times\frac{4}{9}\times\frac{6}{9}\times\frac{9}{17}}{P(天气=晴，温度=低，湿度=高，风=弱)}$$

同理，根据“打球=否”的数据集（见表 6-3），可以计算出打球为否的概率。

表 6-3 “打球=否”的数据集

编号	天气	温度	湿度	风	打球
1	晴	高	高	弱	否
2	晴	高	高	强	否
3	阴	高	高	弱	否
6	雨	低	正常	强	否
8	晴	适中	高	弱	否
14	雨	适中	高	强	否
16	晴	高	正常	弱	否
17	雨	低	高	强	否

$$P(打球=否 \mid 天气=晴，温度=低，湿度=高，风=弱)$$
$$=\frac{P(天气=晴，温度=低，湿度=高，风=弱 \mid 打球=否)\times P(打球=否)}{P(天气=晴，温度=低，湿度=高，风=弱)}$$
$$=\frac{\frac{4}{8}\times\frac{2}{8}\times\frac{6}{8}\times\frac{4}{8}\times\frac{8}{17}}{P(天气=晴，温度=低，湿度=高，风=弱)}$$

根据朴素贝叶斯方法分类器，我们在训练样本集上算出了出现该特征（天气=晴，温度=低，湿度=高，风=弱）时“打球=是”和“打球=否”的后验概率。接着根据后验概率的大小来预测类别。但是我们看到，两个类别的后验概率的分母是相同的，比较分子就可以了。也就是比较$\frac{4}{8}\times\frac{2}{8}\times\frac{6}{8}\times\frac{4}{8}\times\frac{8}{17}=0.022$和$\frac{2}{9}\times\frac{4}{9}\times\frac{4}{9}\times\frac{6}{9}\times\frac{9}{17}=0.015$。由计算得出，$P(打球=否 \mid 天气=晴, 温度=低, 温度=高, 风=弱)$的概率更大，根据朴素贝叶斯分类准则，当出现特征为（天气=晴，温度=低，湿度=高，风=弱）的时候，预测打球为“否”。

上述的计算可能会存在问题。就是我们对条件概率的计算都是用训练集上属性的频率来得到的。如果在训练样本中，当某种属性的某个取值没有出现的时候，会导致条件概率出现零概率的情况。由于我们把多个条件概率乘起来，以此计算后验概率，那么只要其中某个条件概率为 0，别的条件概率再大也没用，乘出来的结果都是 0。而条件概率为 0 可能仅仅因为我们收集的样本不够全面，并非是真的概率为 0。为了解决零概率问题，在计算概率时不直接采用频率值，而是采用“拉普拉斯修正法”。即：

$$\hat{P}(c)=\frac{|D_c|+1}{|D|+N} \tag{6-8}$$

$$\hat{P}(x_i|c)=\frac{|D_{c,x_i}|+1}{|D|+N_i} \tag{6-9}$$

其中，N 表示数据集 D 中的类别数，N_i 表示第 i 个属性取值的数量。例如，在根据天气预测打球的例子中，有两个类别，分别为“是”和“否”，类别数 N=2，因此：

$$\hat{P}(\text{打球}=\text{是})=\frac{9+1}{17+2}=\frac{10}{19} \qquad \hat{P}(\text{打球}=\text{否})=\frac{8+1}{17+2}=\frac{9}{19}$$

同理，由于“天气”的取值有 3 个：晴、阴、雨，因此“打球=是”的时候天气的条件概率的估计值为：

$$\hat{P}(\text{天气}=\text{晴}|\text{打球}=\text{是})=\frac{2+1}{9+3}=\frac{3}{12}$$

类似地，有：

$$\hat{P}(\text{温度}=\text{低}|\text{打球}=\text{是})=\frac{4+1}{9+3}=\frac{5}{12}$$

$$\hat{P}(\text{湿度}=\text{高}|\text{打球}=\text{是})=\frac{4+1}{9+2}=\frac{5}{11}$$

$$\hat{P}(\text{风}=\text{弱}|\text{打球}=\text{是})=\frac{6+1}{9+2}=\frac{7}{11}$$

显然，采用“拉普拉斯修正”后，避免了数据集中因训练样本收集不充分而导致的零概率问题。

6.4 朴素贝叶斯方法实战

朴素贝叶斯方法一共有 3 种方法，分别是高斯朴素贝叶斯方法、伯努利朴素贝叶斯方法、多项式分布朴素贝叶斯方法。

6.4.1 高斯朴素贝叶斯方法

高斯朴素贝叶斯方法常用于特征为连续值的情况。特征变量是连续变量，假设符合高斯分布。

Sklearn 中的高斯朴素贝叶斯方法函数如下：

sklearn.naive_bayes.GaussianNB(priors=None)

- 参数：

priors：先验概率大小，如果没有给定，模型则根据样本数据自己计算（利用极大似然法）。

- 属性：
  - class_prior_：每个样本的概率；
  - class_count：每个类别的样本数量；
  - theta_：每个类别中每个特征的均值；
  - sigma_：每个类别中每个特征的方差。

下面给出用高斯朴素贝叶斯方法进行鸢尾花分类的例子。鸢尾花数据集介绍详见附录 A。

```
from sklearn.datasets import load_iris
from sklearn.model_selection import train_test_split
from sklearn.naive_bayes import GaussianNB
import matplotlib.pyplot as plt
from mlxtend.plotting import plot_decision_regions
from sklearn.metrics import accuracy_score
# 加载鸢尾花数据集
X, y = load_iris(return_X_y=True)
# 构建高斯朴素贝叶斯
gnb = GaussianNB()
# 目标选择的特征索引
feature_groups = [[0, 2], [0, 3], [1, 2], [1, 3]]
# 获取属性列表
feature_name = load_iris().feature_names
# 构造子图
fig, axarr = plt.subplots(2, 2, figsize=(10, 8))
for feature_group, ax in zip(feature_groups, axarr.flat):
    # 根据目标属性进行数据划分
    X_train, X_test, y_train, y_test = train_test_split(X[:, feature_group], y,
test_size=0.3, random_state=0)
    # 拟合训练集，预测测试集
    y_pred = gnb.fit(X_train, y_train).predict(X_test)
    # 计算准确度，
    acc = round(accuracy_score(y_test, y_pred), 3)
    # 绘制分类边界
    plot_decision_regions(X_train, y_train, gnb, legend=2, ax=ax)
    # 设置 X 轴 Y 轴标签
```

```
    ax.set_xlabel('{}'.format(feature_name[feature_group[0]]))
    ax.set_ylabel('{}'.format(feature_name[feature_group[1]]))
    ax.set_title('acc: {}'.format(str(acc)))
plt.tight_layout()
plt.show()
```

上述代码的实验结果如图 6-1 所示。

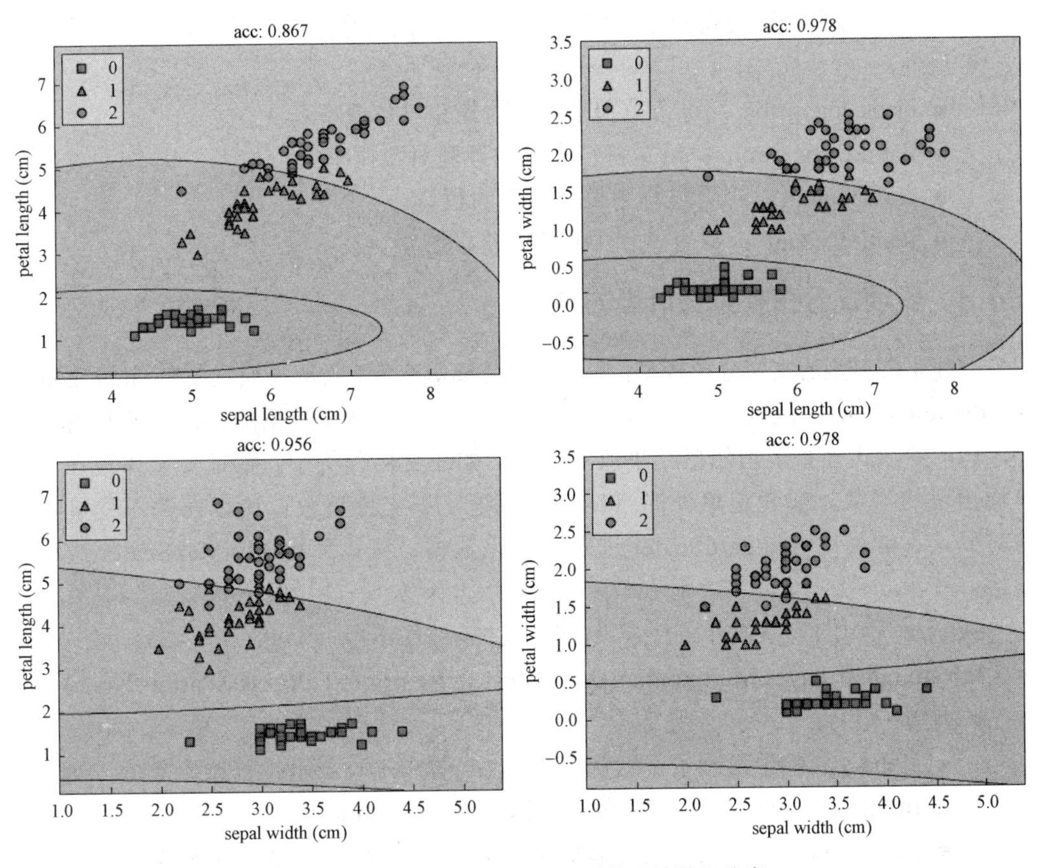

图 6-1 采用高斯朴素贝叶斯对鸢尾花进行分类

6.4.2 伯努利朴素贝叶斯方法

伯努利朴素贝叶斯方法常用于文本分类问题。假设每个特征都是只有 0，1 两种取值，满足伯努利分布，如果不是二值变量，该模型可以先对变量进行二值化。例如，在文档分类中，判断特征单词是否出现。如果该单词在某文件中出现了即为 1，否则为 0。

Sklearn 中的伯努利贝叶斯方法函数如下：

sklearn.naive_bayes.BernoulliNB(alpha=1.0, binarize=0.0, fit_prior=True, class_prior=None)

- 参数说明：
  - alpha：平滑因子，与多项式中的 alpha 一致。
  - binarize：样本特征二值化的阈值，默认是 0。如果不输入，则模型会认为所有特征都已经是二值化形式了；如果输入具体的值，则模型会把大于该值的部分归为一类，小于该值的部分归为另一类。
  - fit_prior：是否去学习类的先验概率，默认是 True。
  - class_prior：各个类别的先验概率，如果没有指定，则模型会根据数据自动学习，每个类别的先验概率相同，等于类标记总个数 N 分之一。
- 属性：
  - class_log_prior_：每个类别平滑后的先验对数概率。
  - feature_log_prob_：给定特征类别的经验对数概率。
  - class_count_：拟合过程中每个样本的数量。
  - feature_count_：拟合过程中每个特征的数量。

6.4.3　多项式分布朴素贝叶斯方法

一种非常典型的文本分类模型，假设特征是离散变量，服从多项式分布（multinomial distribution）。多项式分布是二项式分布的推广，二项式分布是指随机结果值只有两个（0，1），多项式分布是指随机结果值有多个。如在文档分类中，特征变量体现在一个单词出现的次数，或者是单词的 TF-IDF 值等。不支持负数，所以在输入变量特征的时候，不能使用 StandardScaler 进行标准化数据，可以使用 MinMaxScaler 进行归一化。

Sklearn 库中的多项式分布朴素贝叶斯方法函数如下：

sklearn.naive_bayes.MultinomialNB(alpha=1.0, fit_prior=True, class_prior=None)

- 参数：
  - alpha：先验平滑因子，默认等于 1，当等于 1 时表示拉普拉斯平滑。
  - fit_prior：是否去学习类的先验概率，默认是 True。
  - class_prior：各个类别的先验概率，如果没有指定，则模型会根据数据自动学习，每个类别的先验概率相同，等于类标记总个数 N 分之一。
- 属性：
  - class_log_prior_：每个类别平滑后的先验概率。
  - intercept_：是朴素贝叶斯对应的线性模型，其值和 class_log_prior_ 相同。
  - feature_log_prob_：给定特征类别的对数概率（条件概率）。特征的条件概率=（指定类下指定特征出现的次数+alpha）/（指定类下所有特征出现次数之和+类的可能取值个数*alpha）。
  - coef_：是朴素贝叶斯对应的线性模型，其值和 feature_ log_prob 相同。
  - class_count_：训练样本中各类别对应的样本数。
  - feature_count_：每个类别中各个特征出现的次数。

6.4.4 朴素贝叶斯方法应用实例

例 6-1 采用 3 种朴素贝叶斯方法分类器进行鸢尾花分类。数据集描述见附录。代码如下：

```
from sklearn.naive_bayes import MultinomialNB, GaussianNB, BernoulliNB
from sklearn.datasets import load_iris
from sklearn.model_selection import cross_val_score
X, y = load_iris().data, load_iris().target
gn1 = GaussianNB()  # 高斯朴素贝叶斯方法
gn2 = MultinomialNB()  # 多项式分布朴素贝叶斯方法
gn3 = BernoulliNB()  # 伯努利朴素贝叶斯方法
for model in [gn1, gn2, gn3]:
    scores = cross_val_score(model, X, y, cv=10, scoring='accuracy')
    print("Accuracy:{:.4f}".format(scores.mean()))
```

上述代码的运行结果为：

```
Accuracy:0.9533  # 高斯朴素贝叶斯方法的分类准确率
Accuracy:0.9533  # 多项式分布朴素贝叶斯方法的分类准确率
Accuracy:0.3333  # 伯努利朴素贝叶斯方法的分类准确率
```

例 6-2 利用朴素贝叶斯方法对威斯康星州乳腺癌数据集进行分类，数据集描述见附录 A。代码如下：

```
from sklearn.naive_bayes import MultinomialNB, GaussianNB, BernoulliNB
from sklearn.datasets import load_breast_cancer
from sklearn.model_selection import cross_val_score
X, y = load_breast_cancer().data, load_breast_cancer().target
nb1 = GaussianNB()
nb2 = MultinomialNB()
nb3 = BernoulliNB()
for model in [nb1, nb2, nb3]:
    scores = cross_val_score(model, X, y, cv=10, scoring='accuracy')
    print("Accuracy:{:.4f}".format(scores.mean()))
```

上面程序运行结果为：

```
Accuracy:0.9368  # 高斯朴素贝叶斯方法的分类准确率
Accuracy:0.8928  # 多项式分布朴素贝叶斯方法的分类准确率
Accuracy:0.6274  # 伯努利朴素贝叶斯方法的分类准确率
```

7 支持向量机

7.1 引言

假设有两类样本，分别用“+”和“−”表示，其散点图如图 7-1 所示。我们要画一条线（构造各线性分类器），将这两类分开。就图 7-1 中的数据来说，有无数种画法，那么，究竟哪一种画法是最好的呢？图中给出了两条线：C_1 和 C_2，这两条线哪条线好呢？

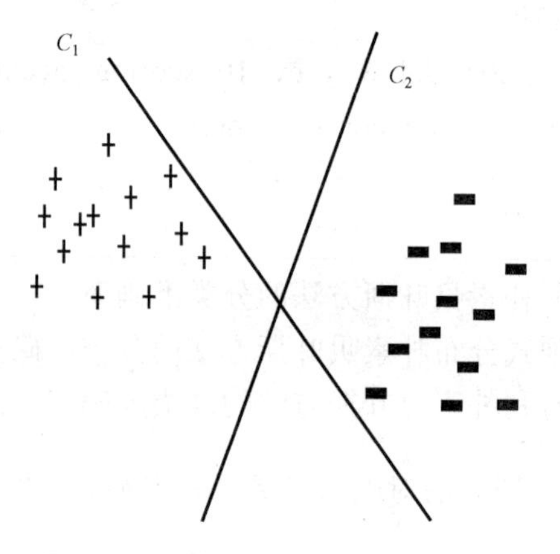

图 7-1 训练样本集上二分类的例子

要说哪条线好，首先得给出个好的标准。对于图 7-1 中给出的样本点来说，无论是 C_1 还是 C_2，都将两类完完全全地分开了。如果将图中的样本看作训练样本的话，分类器 C_1 和 C_2 在训练样本集上都达到了 100%的准确率。似乎这两个分类器都很完美。

但是（敲黑板！），一定要注意，我们追求的不只是训练集上的准确率。实际上，在任何问题中，我们能收集到的训练样本都只是很少很少的一部分。就像我们教小孩认识苹果，我们只能拿给孩子有限数量的苹果去教他。苹果树每年都在产苹果，无穷无尽。我们教孩子的目的，并不是为了认识有限的这几个苹果样本，而是真正地学会苹果的概念，即使遇到从来没见过的苹果，孩子也能一眼认出来。用术语说，我们建模追求的是模型在新样本上的泛化性能最好。

那么，从追求泛化能力的角度来说，图 7-1 中的两条线，哪条线好呢？

我们知道，同一类样本，一般比较相似，而不同类样本，一般不太相似（类内距离近，类间距离远），这是机器学习能成功使用的前提。也就是说，同一类样本在特征空间上，应该是比较集中分布的。现在新加入了一些样本（用浅色+和−表示），如图 7-2 所示，C_1 就不能做到 100%准确了，而 C_2 依然可以。这是为什么呢？

仔细看！原来，是因为 C_1 距离+类和–类样本都太近了。在图 7-1 中，C_1 虽然将两类完美地分开了，但是在这两类中，都有一些样本距离 C_1 很近。由于每类样本附近还有可能有大量同类未知样本分布，所以，对于未知样本，C_1 很容易错分。两类中所有的样本与 C_2 都隔得比较远，因此 C_2 泛化性能就好。图 7-2 为引入了新样本之后的情形。

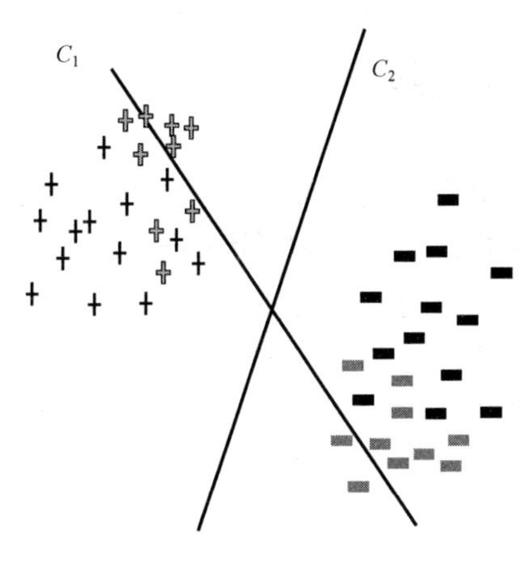

图 7-2　引入了新样本之后

经过前面的分析，我们似乎掌握了分类器“好”的标准了。与两类样本间隔最远的那条线，就是最好的线。图 7-3 所示为间隔与支持向量。

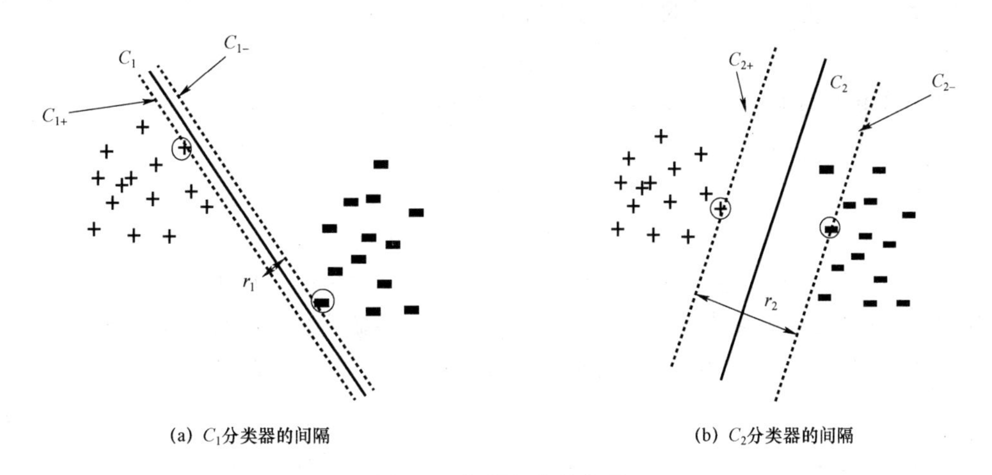

(a) C_1分类器的间隔　　(b) C_2分类器的间隔

图 7-3　间隔与支持向量

我们做分类器 C_1 的 2 条平行线，分别向+类和–类的方向移动。遇到第一个“+”类样本时，记录该线为 C_{1+}，遇到第一个“–”类样本时，记录该线为 C_{1-}，同时把遇到的第一个样本圈起来，称作支持向量（support vector）。C_{1+}和 C_{1-}之间的距离记为 r_1，称为间隔。同样的方法，可以得到 C_{2+}和 C_{2-}及 r_2。可以看出，间隔只与线性分类器的方向有关。对于确定的训练样本，每个方向都只有一个间隔（margin）。我们就是要找到最大的间隔所对应的方向，然后在该方向上支持向量的正中间的线（多维空间中叫超平面），就是我们要求的最优分类器。

支持向量机（support vector machine）是由 Cortes 和 Vapnik 于 1995 年首先提出的，是一种在特征空间上以“最大间隔”为目标的线性二分类器，在解决小样本、非线性及高维模式识别中具有许多特有的优势。当然，支持向量机在“核技巧”的辅助下可以解决线性不可分问题，也可以利用 one-vs-rest 技术解决多分类问题，下面详细说明。

7.2 支持向量与最大间隔

支持向量机的道理好简单呀，我们都懂，是不是？我们懂了道理，就是不会把我们懂的道理用数学的语言来描述。终于到了不得不写公式的时候了，让我们一起来体会下数学的奇妙！数学不好的同学可以略过本段直接去看应用。

还记得我们的目标吗？要找到距离两类样本间隔最大的超平面（二维空间中是直线）。我们先假设在线性可分的情况下，d 维样本空间中可以将训练样本完全分类的超平面方程为：

$$\boldsymbol{w}^{\mathrm{T}}\boldsymbol{x}+b=0 \tag{7-1}$$

那么对于正类来说，$\boldsymbol{w}^{\mathrm{T}}\boldsymbol{x}+b>0$；对于负类来说，$\boldsymbol{w}^{\mathrm{T}}\boldsymbol{x}+b<0$。

假设通过正类支持向量的超平面方程为：

$$\boldsymbol{w}^{\mathrm{T}}\boldsymbol{x}+b=+1 \tag{7-2}$$

假设通过负类支持向量的超平面方程为：

$$\boldsymbol{w}^{\mathrm{T}}\boldsymbol{x}+b=-1 \tag{7-3}$$

那么对于正类来说，$\boldsymbol{w}^{\mathrm{T}}\boldsymbol{x}+b\geqslant+1$；对于负类来说，$\boldsymbol{w}^{\mathrm{T}}\boldsymbol{x}+b\leqslant-1$。

（为什么要假设等于+1 或–1 呢？等于别的可以吗？当然，等于什么都可以，只是为了讨论问题方便。后面我们会看到，这只是个常数，不影响优化结果。）

式中，$\boldsymbol{x}=(x_1,x_2,\cdots,x_d)$ 为 d 维样本中间中的一个点；$\boldsymbol{w}=(w_1,w_2,\cdots,w_d)$ 为超平面的法向量，决定了超平面的方向；b 为位移，决定了超平面与原点的距离。显然，任意超平面可以用 $(\boldsymbol{w},b)$ 来唯一确定，下面将式（7-1）所确定的超平面记为超平面 $(\boldsymbol{w},b)$。

为了理解方便，以二维空间为例。在二维空间中，直线的方程为：

$$Ax+By+c=0 \tag{7-4}$$

根据点到直线距离公式，任意一点（x,y）到超平面的距离为：

$$r=\frac{|Ax+By+c|}{\sqrt{A^2+B^2}} \tag{7-5}$$

推广到 d 维：

$$r=\frac{|\boldsymbol{w}^{\mathrm{T}}\boldsymbol{x}+b|}{\|\boldsymbol{w}\|} \tag{7-6}$$

其中 $\|\boldsymbol{w}\|=\sqrt{\sum_{i=1}^{d}w_i^2}$

假设超平面(w,b)能将所有的训练样本正确分类，即：令(x_i,y_i)为训练集中的某个样本。（x_i是第i个训练样本的特征向量；y_i是第i个训练样本的类别标签，正类用+1表示，负类用–1表示）

如果(x_i,y_i)是正样本，则其真实的类别$y_i=+1$，超平面(w,b)能将其正确分类，也就是说，如果将x_i代入式（7-1），则有$w^{\mathrm{T}}x_i+b \geqslant +1$；如果$(x_i,y_i)$是负样本，则其真实的类别$y_i=-1$，超平面$(w,b)$能将其正确分类，即如果将$x_i$代入式（7-1），则有$w^{\mathrm{T}}x_i+b \leqslant -1$；写成统一公式，为：

$$\begin{cases} w^{\mathrm{T}}x_i+b \geqslant +1, & y_i=+1 \\ w^{\mathrm{T}}x_i+b \leqslant -1, & y_i=-1 \end{cases} \tag{7-7}$$

距离超平面最近的几个支持向量，使得式（7-7）中的等号成立。

某个正类的支持向量到超平面的距离为：

$$r=\frac{\left|w^{\mathrm{T}}x+b\right|}{\|w\|}=\frac{1}{\|w\|} \tag{7-8}$$

由于超平面位于正类支持向量、负类支持向量的正中间，因此，一对正负支持向量到超平面的距离之和为：

$$\gamma=\frac{1}{\|w\|}+\frac{1}{\|w\|}=\frac{2}{\|w\|} \tag{7-9}$$

这里称γ为“间隔”（margin）。

至此，采用超平面(w,b)进行分类，两类之间的间隔γ就用数学公式表示出来了。从式（7-9）可知，这个间隔只与超平面的法向量w有关，也就是只与超平面的方向有关，而与位移b无关。

要找到具有“最大间隔”的超平面，也就是找到将所有训练样本正确分类，且γ最大的参数。即满足式（7-7）的γ最大值。

将式（7-7）进一步化简，将不等式的两边同时乘y_i，则有：

$$y_i(w^{\mathrm{T}}x_i+b) \geqslant 1, \quad i=1,2,\cdots,m \tag{7-10}$$

神奇的事情发生了！训练集中的m个样本全部被正确分类，写成数学式即为式（7-10）！两类样本之间的间隔写成式（7-9）！而求能够将所有训练样本正确分类，且间隔最大的超平面，写成公式就是：

$$\begin{aligned} &\max_{w,b} \frac{2}{\|w\|} \\ &\text{s.t.} \quad y_i(w^{\mathrm{T}}x_i+b) \geqslant 1, \quad i=1,2,\cdots,m \end{aligned} \tag{7-11}$$

受限制于式（7-11）就是在满足$y_i(w^{\mathrm{T}}x_i+b) \geqslant 1, \quad i=1,2,\cdots,m$的条件下求使得$\frac{2}{\|w\|}$为最大值的$(w,b)$参数。

求$\frac{2}{\|w\|}$取得最大值，等价于求$\|w\|^2$的最小值，为了方便求导，再加上个$\frac{1}{2}$系数，因此式（7-11）可以重写为：

$$\begin{aligned}&\min_{w,b}\frac{1}{2}\|w\|^2\\&\text{s.t.}\quad y_i(w^{\mathrm{T}}x_i+b)\geqslant 1,\quad i=1,2,\cdots,m\end{aligned}\tag{7-12}$$

式（7-12）就是支持向量机的基本模型。

现在看，之前假设通过支持向量的超平面方程为$w^{\mathrm{T}}x+b=+1$和$w^{\mathrm{T}}x+b=-1$，或者其他别的值，影响的也只是式（7-11）中分子的常数项不同而已，对于最终的式（7-12）没有任何影响。

感叹数学如此美妙！只要求解出参数(w,b)，分类界面就确定了。下面要做的，就是条件极值问题了。

在讲如何求解参数之前，先介绍下支持向量机理论的联合创建人 Vladimir Naumovich Vapnik 大神。Vapnik 是俄罗斯统计学家、数学家。他是统计学习理论（statistical learning theory）的主要创建人之一，该理论也被称作 VC 理论（Vapnik chervonenkis theory）。他的著作《统计学习理论》对机器学习的理论界及各个应用领域都有极大的贡献。

7.3 对偶问题

要求解最优超分类平面，需求优化式（7-12）。这是一个带不等式约束的条件极值问题。求极值怎么做？当然是用梯度下降法呀！等等，前面的是无条件求极值的时候，我们用的是梯度下降法。而式（7-12）带了约束条件，而且还是不等式约束！

在高等数学中，我们学习过采用拉格朗日乘数法来解决等式约束的极小值求解问题，简单来回顾一下：

$$\begin{aligned}&\min f(x_1,x_2,\cdots,x_n)\\&\text{s.t.}\quad h_k(x_1,x_2,\cdots,x_n)=0\quad k=1,2,\cdots,l\end{aligned}\tag{7-13}$$

式（7-13）是在满足l个等式约束下求解函数$f(x_1,x_2,\cdots,x_n)$极小值问题，高等数学告诉我们，先构造拉格朗日函数，把条件极值问题转换为无条件的极值问题。

$$L(x,\lambda)=f(x)+\sum_{k=1}^{l}\lambda_k h_k(x)\tag{7-14}$$

然后利用极值点处导数为 0 即可以找到极值点：

$$\begin{cases}\dfrac{\partial L}{\partial x_i}=0 & i=1,2,\cdots,n\\[2ex]\dfrac{\partial L}{\partial \lambda_k}=0 & k=1,2,\cdots,l\end{cases}\tag{7-15}$$

式（7-14）和式（7-15）为等式约束下求函数极小值的方法。我们的优化目标式（7-12）带了不等式约束，可以修改下约束，变成带不等式约束的基本的形式，如：

$$\min_{w,b}\frac{1}{2}\|w\|^2 \quad (7\text{-}16)$$
$$\text{s.t.} \quad 1-y_i(w^{\mathrm{T}}x_i+b)\leqslant 0, \quad i=1,2,\cdots,m$$

此时，可以采用拉格朗日乘数法来求解式（7-16），先构造拉格朗日函数：

$$L(w,b,\alpha)=\frac{1}{2}\|w\|^2+\sum_{i=1}^{m}\alpha_i(1-y_i(w^{\mathrm{T}}x_i+b)) \quad (7\text{-}17)$$

其中，m 为训练样本个数，$\alpha=(\alpha_1;\alpha_2;\cdots;\alpha_m)$为约束条件的拉格朗日乘子。

由于引入了拉格朗日乘子，优化目标转化为：$\min\limits_{w,b}\max\limits_{\alpha_i\geqslant 0}L(w,b,\alpha)$。和最大熵模型是一样的，这个优化函数满足 KKT 条件，也就是说，可以通过拉格朗日对偶将优化问题转化为等价的对偶问题来求解。如果对凸优化和拉格朗日对偶不熟悉，建议阅读鲍德所著的《凸优化》。

也就是说，把 $\min\limits_{w,b}\max\limits_{\alpha_i\geqslant 0}L(w,b,\alpha)$ 问题转化为 $\max\limits_{\alpha_i\geqslant 0}\min\limits_{w,b}L(w,b,\alpha)$，即式（7-16）中的优化问题转化为先求优化函数对于 w 和 b 的极小值，接着再求拉格朗日乘子 α 的极大值。

求极小值，$L(w,b,\alpha)$ 对 w 和 b 求偏导，再令导数等于 0，于是有：

$$w=\sum_{i=1}^{m}\alpha_i y_i x_i \quad (7\text{-}18)$$

$$0=\sum_{i=1}^{m}\alpha_i y_i \quad (7\text{-}19)$$

将式（7-18）、式（7-19）代入式（7-17）中，有：

$$\begin{aligned}
L(w,b,\alpha)&=\frac{1}{2}\|w\|^2-\sum_{i=1}^{m}\alpha_i(y_i(w^{\mathrm{T}}x_i+b)-1)\\
&=\frac{1}{2}w^{\mathrm{T}}w-w^{\mathrm{T}}\sum_{i=1}^{m}\alpha_i y_i x_i-b\sum_{i=1}^{m}\alpha_i y_i\sum_{i=1}^{m}\alpha_i\\
&=\frac{1}{2}w^{\mathrm{T}}\sum_{i=1}^{m}\alpha_i y_i x_i-w^{\mathrm{T}}\sum_{i=1}^{m}\alpha_i y_i x_i-b\bullet 0+\sum_{i=1}^{m}\alpha_i\\
&=\sum_{i=1}^{m}\alpha_i-\frac{1}{2}\left(\sum_{i=1}^{m}\alpha_i y_i x_i\right)^{T}\sum_{i=1}^{m}\alpha_i y_i x_i\\
&=\sum_{i=1}^{m}\alpha_i-\frac{1}{2}\sum_{i=1}^{m}\sum_{j=1}^{m}\alpha_i\alpha_j y_i y_j x_i^{T}x_j
\end{aligned}$$

接着，再对 $L(w,b,\alpha)$ 求极大值，即：

$$\max_{\alpha}\sum_{i=1}^{m}\alpha_i-\frac{1}{2}\sum_{i=1}^{m}\sum_{j=1}^{m}\alpha_i\alpha_j y_i y_j x_i x_j$$
$$\text{s.t.} \quad \sum_{i=1}^{m}\alpha_i y_i=0, \quad \alpha_i\geqslant 0, \quad i=1,2,\cdots,m \quad (7\text{-}20)$$
$$\alpha_{\mathrm{i}}\geqslant 0$$

求解式（7-20）的极大值，加个符号，等价于极小化问题：

$$\min_{\alpha}\frac{1}{2}\sum_{i=1}^{m}\sum_{j=1}^{m}\alpha_i\alpha_j y_i y_j x_i^{\mathrm{T}} x_j-\sum_{i=1}^{m}\alpha_i$$

$$\text{s.t.}\quad \sum_{i=1}^{m}\alpha_i y_i=0,\quad \alpha_i\geqslant 0,\quad i=1,2,\cdots,m \tag{7-21}$$

$$\alpha_i\geqslant 0$$

只要求出式（7-21）极小化时对应的α向量就可以求出w和b了。具体怎么极小化式（7-21）得到对应的α，需要用到 SMO 算法，感兴趣的读者自行查阅资料。我们假设解出了α，则分类器模型为：

$$f(x)=w^{\mathrm{T}}x+b=\sum_{i=1}^{m}\alpha_i y_i x_i^{\mathrm{T}}x+b \tag{7-22}$$

也就是说，从对偶问题求解出来的α_i是式（7-17）中的拉格朗日乘子，在式（7-22）中，恰好对应训练样本(x_i,y_i)。由于式（7-16）是一个带不等式约束的优化问题，采用拉格朗日乘数法解决的时候，需要满足 KKT 条件：

$$\begin{cases}\alpha_i\geqslant 0\\ y_i f(x_i)-1\geqslant 0\\ \alpha_i(y_i f(x_i)-1)=0\end{cases} \tag{7-23}$$

$\alpha_i(y_i f(x_i)-1)=0$，则对任意训练样本(x_i,y_i)，总有$\alpha_i=0$或$y_i f(x_i)-1=0$中的一个成立。若$\alpha_i=0$，则其对应的训练样本不会在式（7-22）的求和中出现，也就是说，不会对分类器模型有任何影响。若$\alpha_i>0$，则必有$y_i f(x_i)-1=0$，$y_i f(x_i)=1$，也就是所对应的样本点正好落在最大间隔的边界上，是一个支持向量。换句话说，支持向量机模型的构建，只和支持向量有关，非支持向量，其对应的$\alpha_i=0$，并不会出现在模型构建中。这是支持向量机的一个重要的性质，即最终模型，只与支持向量有关。

7.4 线性不可分问题——核技巧

在本章前面的讨论中，我们假设训练集是线性可分的。即存在一个超平面，能将所有的训练样本正确分类。可实际上，我们遇到的问题往往不是线性可分的，这时候，可以通过核技巧，把数据从低维空间映射到高维空间。低维空间线性不可分的问题，在高维空间就可以线性可分了，如图 7-4 所示。

从图 7-4 可以看出，原始数据图 7-4（a）是线性不可分的，但是采用高斯函数将原始数据升维到三维空间后，如图 7-4（b）所示，就能找到一个超平面，将两类数据直接分开，变成线性可分问题，这时就可以用支持向量机来解决了。

令$\phi(x)$表示将x映射到新的空间，如果在该空间中样本线性可分，那么该特征空间中的分类器模型可以表示为：

$$f(x)=w^{\mathrm{T}}\phi(x)+b \tag{7-24}$$

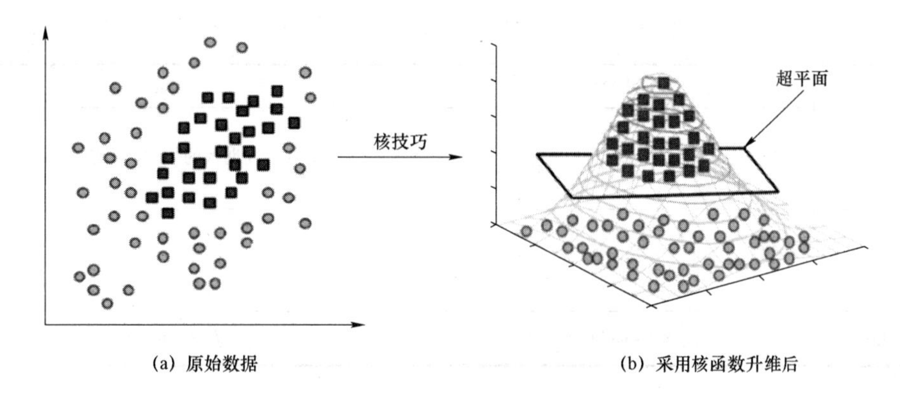

(a) 原始数据　　(b) 采用核函数升维后

图 7-4　核技巧示意图（高斯核）

类似于式（7-12），优化目标为：

$$\begin{aligned}&\min_{w,b}\frac{1}{2}\|w\|^2\\&\text{s.t.}\quad y_i(w^{\mathrm{T}}\phi(x_i)+b)\geqslant 1,\quad i=1,2,\cdots,m\end{aligned}\tag{7-25}$$

类似于式（7-20），其对偶问题为：

$$\begin{aligned}&\max_{\alpha}\sum_{i=1}^{m}\alpha_i-\frac{1}{2}\sum_{i=1}^{m}\sum_{j=1}^{m}\alpha_i\alpha_j y_i y_j[\phi(x_i)]^{\mathrm{T}}\phi(x_j)\\&\text{s.t.}\quad \sum_{i=1}^{m}\alpha_i y_i=0,\quad \alpha_i\geqslant 0,\quad i=1,2,\cdots,m\\&\alpha_i\geqslant 0\end{aligned}\tag{7-26}$$

求解式（7-26）需要计算 $\phi(x_i)^{\mathrm{T}}\phi(x_j)$。这是样本 x_i 与样本 x_j 映射到新空间后对应向量的内积。如果将原始空间中的样本点全部采用 $\phi(x)$ 函数映射到新空间后（空间的维度可能很高），然后对新空间中每两个样本点再做内积，那么时间复杂度就太高了。

实际上，无需将所有样本点都映射到高维空间，由于只使用高维空间中点的内积，因此，可以假设存在这样一种函数，直接在原始空间计算高维空间中的内积，即：

$$\kappa(x_i,x_j)=\phi(x_i)^{\mathrm{T}}\phi(x_j)\tag{7-27}$$

也就是说，直接映射后高维空间中点的内积，可以通过低维空间中原始点通过 $\kappa(x_i,x_j)$ 直接来实现，就会大大节省时间，称 $\kappa(x_i,x_j)$ 为核函数。

在实际问题中，核函数是否一定存在呢？用什么函数做核函数好呢？由于无法事先知道采用哪种升维方式处理后，样本点才能线性可分，因此，核函数是支持向量机最大的变数，只能去做试验来尝试。表 7-1 给出了 5 种常见的核函数。

表 7-1　常用的核函数

名称	表达式	参数
线性核	$\kappa(x_i,x_j)=x_i^{\mathrm{T}}x_j$	
多项式核	$\kappa(x_i,x_j)=(x_i^{\mathrm{T}}x_j)^{\mathrm{d}}$	$d\geqslant 1$ 为多项式的次数

续表

名称	表达式	参数
高斯核	$\kappa(x_i,x_j)=\exp\left(-\frac{\|x_i-x_j\|^2}{2\delta^2}\right)$	$\delta>0$ 为高斯核的方差，影响核的宽度
拉普拉斯核	$\kappa(x_i,x_j)=\exp\left(-\frac{\|x_i-x_j\|}{\delta}\right)$	$\delta>0$
S 型核	$\kappa(x_i,x_j)=\tanh(\beta x_i^{\mathrm{T}}x_j+\theta)$	$\beta>0,\theta<0$

7.5 软间隔与正则化

在前面的讨论中，一直假设训练样本是完全线性可分的：在原始空间线性可分或经过核技巧处理后线性可分，即存在这样一个超平面，能将训练样本中不同的类别完全分开。但是实际上，很难遇到完全线性可分的情况，即使能完全线性可分，按完全可分的方法去构造出来的分类器泛化性能也未必好，如图 7-5 所示。

在图 7-5 中，训练样本中的 A 点是正类，但是偏离正类的数据很远，却与负类相距较近（经常会遇到这种情况，也就是训练数据中有噪声，或者离群点）。这时候如果我们按照在训练集上百分之百的分类正确去构造分类器，会导致两类之间的间隔很小，如图 7-5（a）所示，这种间隔称为“硬间隔”。这样的分类器在训练样本上性能很高，但是很显然泛化性能不会好。在图 7-5（b）中，容许在训练样本上有些样本被分错（如点 A），这时候构造出来的分类器间隔会比较大，称为软间隔。

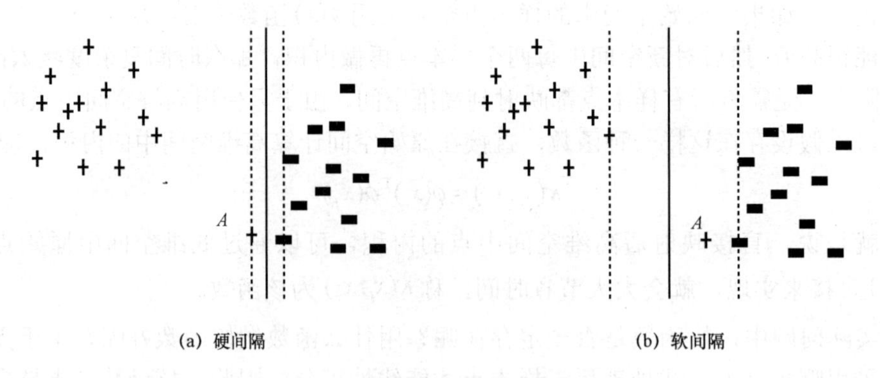

图 7-5　硬间隔、软间隔示意图

也就是说，为了让不同类样本之间的间隔够大，可以适当让训练样本中的数据不满足约束：

$$y_i(w^{\mathrm{T}}x_i+b)\geqslant 1 \tag{7-28}$$

当然，在优化最大间隔的时候，不满足约束的样本（训练集上被错分的样本）应该尽可能的少。于是，优化目标可以写为：

$$\min_{w,b}\frac{1}{2}\|w\|^2+C\sum_{i=1}^{m}\ell_{0/1}(y_i(w^{\mathrm{T}}x_i+b)-1) \tag{7-29}$$

其中 $C>0$ 是一个常数，$\ell_{0/1}$ 是“0/1 损失函数”：

$$\ell_{0/1}=\begin{cases}1, & z<0\\ 0, & z\geqslant 0\end{cases} \tag{7-30}$$

式（7-29）怎么理解呢？式（7-29）包含两部分：一部分是 $\frac{1}{2}\|w\|^2$，是为了找到最大间隔的分类器；另一部分是 $\ell_{0/1}(y_i(w^{\mathrm{T}}x_i+b)-1)$ 的值，要么为 0，要么为 1。当样本被正确分类时，也就是 $y_i(w^{\mathrm{T}}x_i+b)-1\geqslant 0$ 时，$\ell_{0/1}$ 为 0，也就是没损失。而当样本被错误分类，也就是式（7-28）不成立，或者说当 $y_i(w^{\mathrm{T}}x_i+b)-1<0$ 时，$\ell_{0/1}$ 的值为 1。所以，$\sum_{i=1}^{m}\ell_{0,1}(y_i(w^{\mathrm{T}}x_i+b)-1)$ 的值，其实就是超平面在训练样本上分错的样本总数。因此，式（7-29）中的优化目标，第一部分，间隔要尽可能的大，第二部分，训练样本集上的损失要尽可能的小。C 是一个常数。

式（7-30）的 0/1 损失函数非凸、不连续，使得式（7-29）不容易直接求解，因此一般采用“替代损失函数”来代替式（7-30）。下面给出 3 种常见的“替代损失函数”：

$$\text{hinge 损失：}\ \ell_{\text{hinge}}(z)=\max(0,1-z) \tag{7-31}$$

$$\text{指数损失：}\ \ell_{\exp}(z)=\exp(-z) \tag{7-32}$$

$$\text{对数损失：}\ \ell_{\log}(z)=\log(1+\exp(-z)) \tag{7-33}$$

采用 hinge 损失函数后，式（7-29）变成：

$$\min_{w,b}\frac{1}{2}\|w\|^2+C\sum_{i=1}^{m}\max(0,1-y_i(w^{\mathrm{T}}x_i+b)) \tag{7-34}$$

引入“松弛变量” $\xi_i\geqslant 0$，可以将式（7-34）改写为：

$$\begin{aligned}&\min_{w,b}\frac{1}{2}\|w\|^2+C\sum_{i=1}^{m}\xi_i\\ &\text{s.t.}\ \begin{array}{l}y_i(w^{\mathrm{T}}x_i+b)\geqslant 1-\xi_i\\ \xi_i\geqslant 0,\quad i=1,2,\cdots,m\end{array}\end{aligned} \tag{7-35}$$

这就是常见的软支持向量机。关于式（7-35）的优化，还得继续采用拉格朗日乘数法，感兴趣的读者自行查阅资料，本书不赘述。

7.6 支持向量机应用

枯燥的数学公式一定让你头痛不已，来看看应用吧。毕竟，如何使用支持向量机解决问题可比推导支持向量机建模过程简单多了。这当然离不开强大的 sklearn 库。

7.6.1 支持向量机的特点

（1）支持向量机的优势如下。

- 在高维空间中非常高效；
- 即使在数据维度比样本数量大的情况下仍然有效；
- 在构造分类超平面的时候，只用到了支持向量；
- 样本数量很少的时候，支持向量机也可以很有效。

（2）缺点如下。

- 如果特征数量比样本数量大得多，在选择核函数时要避免过拟合，而且正则化项是非常重要的；
- 支持向量机不直接提供概率估计。

7.6.2 支持向量机分类

sklearn 提供了 3 种基本的支持向量机分类方法：SVC，NuSVC 和 LinearSVC。在这 3 个分类器中，SVC 和 NuSVC 差不多，区别仅仅在于对损失的度量方式不同，而 LinearSVC 是线性分类，也就是不支持各种低维到高维的核函数，仅仅支持线性核函数，对线性不可分的数据不能使用。

如果知道数据是线性可以分的，那么使用 LinearSVC 去分类 ，它们不需要慢慢地调参去选择各种核函数及对应参数，速度也快。如果对数据分布没有什么经验，一般使用 SVC 去分类，这就需要选择核函数及对核函数调参了。什么特殊场景需要使用 NuSVC 分类呢？如果对训练集训练的错误率或者说支持向量的百分比有要求的时候，可以选择 NuSVC，它由一个参数来控制这个百分比。下面分别介绍。

1. sklearn.svm.SVC

全称是 C-Support Vector Classification，是一种基于 libsvm 的支持向量机，由于其时间复杂度为 $O(n^2)$，所以当样本数量超过 1 万个时难以实现。这是 sklearn.svm.SVC 的官网源码：

```
1  sklearn.svm.SVC(C=1.0, kernel='rbf', degree=3, gamma='auto', coef0=0.0, shrinking=True,
2                  probability=False, tol=0.001, cache_size=200, class_weight=None,
3                  verbose=False, max_iter=-1, decision_function_shape='ovr',
4                  random_state=None)
```

- 主要参数如下（其他参数读者自行查阅资料）：
  - C（float 参数 默认值为 1.0）。表示错误项的惩罚系数 C 越大，即对分错样本的惩罚程度越大，因此在训练样本中准确率越高，但是泛化能力降低；相反，减小 C 的话，容许训练样本中有一些误分类错误样本，泛化能力强。对于训练样本带有噪声的情况，一般采用后者，把训练样本集中错误分类的样本作为噪声。
  - kernel（str 参数，默认为 rbf）。该参数用于选择模型所使用的核函数，算法中常用的核函数有：linear（线性核函数）；poly（多项式核函数）；rbf（径向基核函数/高斯核）；sigmoid（sigmoid 核函数）；precomputed（核矩阵），该矩阵表示自己事先计算好的，输入后算法内部将使用所提供的矩阵进行计算。

■ probability（bool 参数，默认为 False）。该参数表示是否启用概率估计。这必须在调用 fit()之前启用，并且会使 fit()方法速度变慢。

- 主要方法
  - svc.decision_function(X)：样本 X 到分离超平面的距离；
  - svc.fit(X, y[, sample_weight])：根据给定的训练数据拟合 SVM 模型；
  - svc.get_params([deep])：获取此估算器的参数并以字典形式储存；
  - svc.predict(X)：根据测试数据集进行预测；
  - svc.score(X, y[, sample_weight])：返回给定测试数据和标签的平均精确度；
  - svc.predict_log_proba(X_test)，svc.predict_proba(X_test)：当 sklearn.svm.SVC (probability=True)时，才会有这两个值，分别得到样本的对数概率及普通概率。

例 7-1 采用 sklearn.svm.SVC 对鸢尾花进行分类，对比不同核函数和惩罚系数的效果。

```
from sklearn import svm
from sklearn import datasets
import numpy as np
from sklearn.model_selection import train_test_split as split
import matplotlib.pyplot as plt

# import our data
iris = datasets.load_iris()
X = iris.data
y = iris.target
np.random.seed(30)
X_train,X_test,y_train,y_test = split(X,y,test_size=0.3)   # 训练样本和测试样本比例 7:3
rbf_score,linear_score,poly_score=[],[],[]

c_values=np.linspace(0.1,1,20)   # 惩罚系数的取值范围
for c in c_values :
    # rbf 核
    clf_rbf = svm.SVC(C=c,kernel='rbf',random_state=100)
    clf_rbf.fit(X_train,y_train)
    rbf_score.append( clf_rbf.score(X_test,y_test))
    # 线性核
    clf_linear = svm.SVC(C=c,random_state=100,kernel='linear')
```

```
    clf_linear.fit(X_train,y_train)
    linear_score.append( clf_linear.score(X_test,y_test))
    # 多项式核
    clf_poly = svm.SVC(C=c,random_state=100,kernel='poly')
    clf_poly.fit(X_train,y_train)
    poly_score.append(clf_poly.score(X_test,y_test))
# 画图
plt.plot(c_values,rbf_score,'--',c_values,linear_score,'-.',c_values,poly_score,'-+')
plt.legend(['rbf','linear','poly'])
plt.xlabel('C')
plt.ylabel('accuracy')
plt.title('Iris classification by SVC')
```

上述代码运行结果如图 7-6 所示

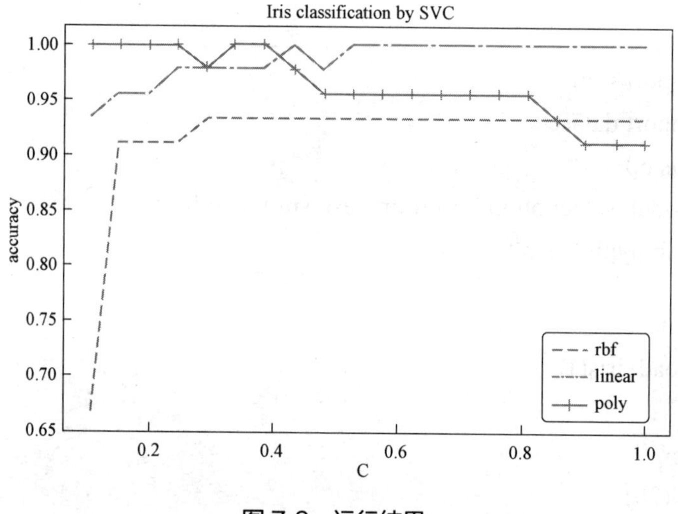

图 7-6 运行结果

2. sklearn.svm.LinearSVC()

可以进行二分类和多分类，其核函数为 linear，与 sklearn.svm.SVC 中的 linear 核功能类似，但是基于 liblinear 库实现。训练集实例数量大（大于 1 万个）时也可以很好地进行归一化，既支持稠密输入矩阵也支持稀疏输入矩阵。其函数原型为：

class Sklearn.svm.LinearSVC(penalty='l2', loss='squared_hinge', dual=True, tol=0.0001, C=1.0, multi_class='ovr', fit_intercept=True, intercept_scaling=1, class_weight=None, verbose=0, random_state=None, max_iter=1000)

- 主要参数如下（其余参数自行查阅资料）：
  - ■ C：惩罚参数，同 sklearn.svm.SVC；
  - ■ loss：字符串。表示损失函数。可取值为'hinge'：合页损失函数；'squared_hinge'：

合页损失函数的平方；

- penalty：字符串。可取值为'l1'和'l2'，分别对应 1 范数约束和 2 范数约束；
- dual 选择对偶算法或原始算法解决优化问题。当 n_samples> n_features 时，首选 dual = False。

- 属性
  - coef_：一个数组，它给出了各个特征的权重；
  - intercept_：一个数组，它给出了截距，即决策函数中的常数项。
- 主要方法
  - fix(X,y)：训练模型；
  - predict(X)：用模型进行预测，返回预测值；
  - score(X,y[, sample_weight])：返回在(X, y)上预测的准确率。

3. sklearn.svm.NuSVC()

函数原型为：

class sklearn.svm.NuSVC(nu=0.5, kernel='rbf', degree=3, gamma='scale', coef0=0.0, shrinking=True, probability=False, tol=0.001, cache_size=200, class_weight=None, verbose=False, max_iter=- 1, decision_function_shape='ovr', break_ties=False, random_state=None）

- 主要参数如下（其余参数自行查阅资料）：
  - nu：float，optional（默认值=0.5）；
  - 训练误差分数的上限和支持向量分数的下限，应该在区间（0,1）；
  - 其余参数与 sklearn.svm.SVC 用法基本相同。

7.6.3 支持向量机回归

支持向量机除了可以解决分类问题外，也可以解决回归问题。sklearn 提供了 3 种支持向量机回归模型，分别为：SVR, NuSVR, LinearSVR。其用法与分类算法类似，不做赘述。感兴趣的读者可自行查阅官网文档。

8 人工神经网络

8.1 神经元模型

人工神经网络（artificial neural network，ANN）也简称为神经网络（NN）或称作连接模型（connection model），它是一种模仿动物神经网络行为特征，进行分布式并行信息处理的算法数学模型。这种网络依靠系统的复杂程度，通过调整内部大量结点之间相互连接的关系，从而达到处理信息的目的。

人工神经网络的灵感来自其生物学对应物。生物神经网络使大脑能够以复杂的方式处理大量信息。大脑的生物神经网络由大约 1 000 亿个神经元组成，这是大脑的基本处理单元。神经元通过彼此之间巨大的连接（称为突触）来执行其功能。

人体神经元模型如图 8-1 所示。

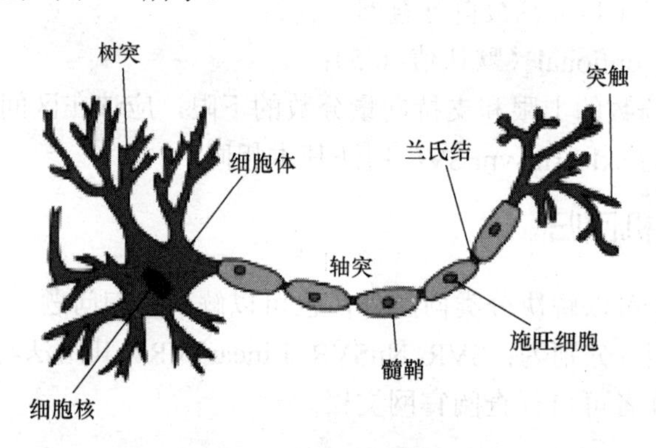

图 8-1 人体神经元模型

神经元包含以下几个部分。

- 接收区（receptive zone）：树突接收到输入信息。
- 触发区（trigger zone）：位于轴突和细胞体交接的地方，决定是否产生神经冲动。
- 传导区（conducting zone）：由轴突进行神经冲动的传递。
- 输出区（output zone）：神经冲动的目的就是要让神经末梢、突触的神经递质或电力释出，才能影响下一个接受的细胞（神经元、肌肉细胞或腺体细胞），称为突触传递。

那么，什么是人工神经网络呢？有关人工神经网络的定义有很多。这里用芬兰计算机科学家托伊沃·科霍宁（Teuvo Kohonen）给出的定义：人工神经网络是一种由具有自适应性的简单单元构成的广泛并行互联的网络，它的组织结构能够模拟生物神经系统，对真实世界所做出的交互反应。该定义中“具有自适应性的简单单元”称为神经元，是人工神经网络中最基本的成分。神经元是多输入、单输出的信息处理单元，具有空间整合性和阈值性，输入分为兴奋性输入和抑制性输入。按照这个原理，科学家提出了 M-P 模型（取自两个提出者的姓名首字母），M-P 模型是对生物神经元的建模，作为人工神经网络中的一个神经元。M-P 神经元模型结构如图 8-2 所示。

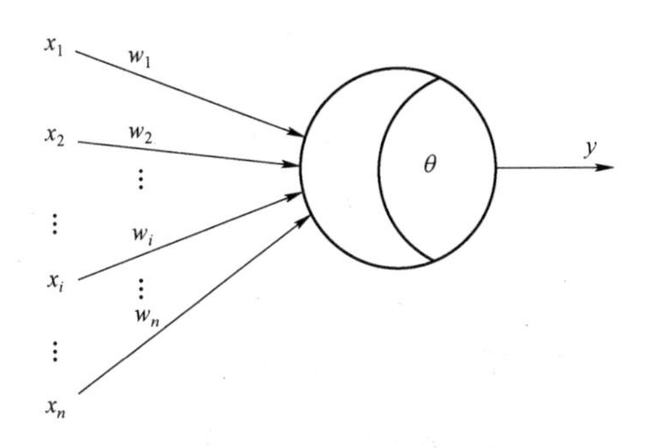

图 8-2 M-P 神经元模型结构

在图 8-2 中，左侧的 $\boldsymbol{x}=(x_1,x_2,\cdots,x_i,\cdots,x_n)^{\mathrm{T}}$ 为神经元的输入，$\boldsymbol{w}=(w_1,w_2,\cdots,w_i,\cdots,w_n)^{\mathrm{T}}$ 为每个输入对应的权重，$\boldsymbol{\theta}$ 为阈值，y 为神经元的输出。输入和输出之间的关系为：

$$y=f\left(\sum_{i=1}^{n}w_i x_i-\theta\right) \tag{8-1}$$

令 $w_0=-\theta$，$x_0=1$，因此，式（8-1）可以写为：

$$y=f\left(\sum_{i=0}^{n}w_i x_i\right) \tag{8-2}$$

8.2 激活函数

式（8-2）是单个神经元模型，其中 $\boldsymbol{X}=(1,x_1,x_2,\cdots,x_i,\cdots,x_n)$ 为输入数据，是已知的，$\boldsymbol{W}=(w_0,w_1,\cdots,w_i,\cdots,w_n)$ 为模型参数，是神经网络训练的时候待求解的目标。f 为激活函数。激活函数可以看作滤波器，接收外界各种各样的信号，通过调整函数，输出期望值。如果 f 为线性函数，则式（8-2）退化为线性模型；如果 f 为 S 型函数，式（8-2）退化为逻辑回归模型。常见的激活函数有以下几类。

1. 符号函数

$$f(x)=\begin{cases}1, & x\geqslant 0\\ 0, & x<0\end{cases} \tag{8-3}$$

2. S 型函数

$$f(x)=\frac{1}{1+\mathrm{e}^{-x}} \tag{8-4}$$

S 型函数的图像如图 8-3 所示。

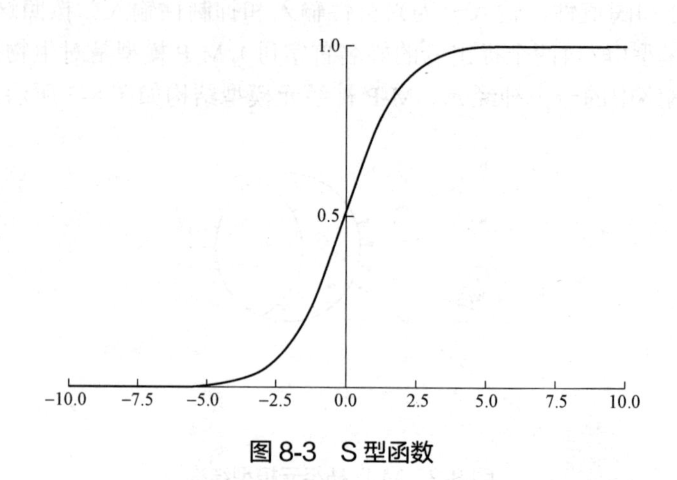

图 8-3　S 型函数

1）S 型函数的优点

它能够把输入的连续实值变换为 0 和 1 之间的输出，特别地，如果是非常小的负数，那么输出就是 0；如果是非常大的正数，输出就是 1。

2）S 型函数的缺点

从图 8-3 可以看出，S 型函数在输入处于[-1,1]之间时，函数值变化敏感，一旦接近或超出区间就失去敏感性，如自变量 x 大于 3 以后，函数值基本接近 1，处于饱和状态，其梯度极小。所以 S 型函数在深度神经网络中梯度反向传递时导致发生梯度消失的概率比较大。

3. 双曲正切函数

$$f(x)=\frac{1-\mathrm{e}^{-x}}{1+\mathrm{e}^{-x}} \tag{8-5}$$

双曲正切函数的图像如图 8-4 所示。

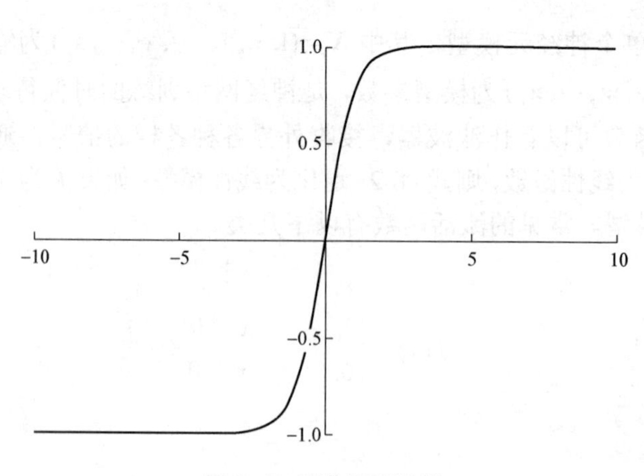

图 8-4　双曲正切函数

双曲正切函数也是一种非常常见的激活函数。与 S 型函数相比，它解决了非零均值化（non-zero-centered）问题，输出均值是 0，因此 tanh 收敛速度要比 S 型函数快，并且可以减少迭代次数。然而，从图 8-4 可以看出，tanh 函数一样具有软饱和性，同样会造成梯度消失。

4. ReLU 激活函数

线性整流函数（rectified linear unit，ReLU），又称修正线性单元，是一种人工神经网络中常用的激活函数（activation function），通常指代以斜坡函数及其变种为代表的非线性函数。ReLU 的表达式为：

$$f(x)=\begin{cases} x & x>0 \\ 0 & x\leqslant 0 \end{cases} \tag{8-6}$$

ReLU 函数的图形如图 8-5 所示。

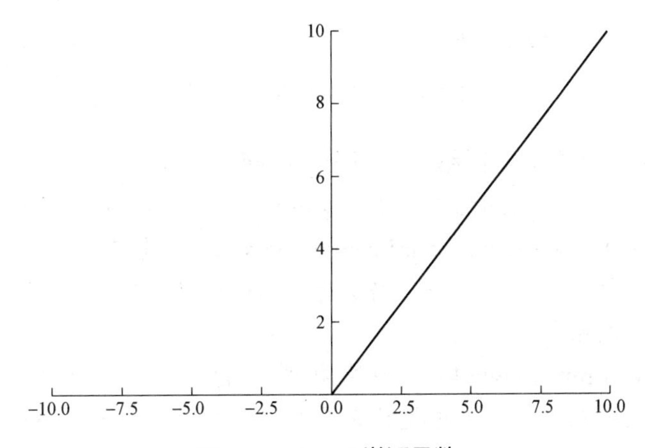

图 8-5　ReLU 激活函数

1）ReLU 函数的优点

相比于线性函数而言，ReLU 的表达能力更强，尤其体现在深度网络中；而对于非线性函数而言，ReLU 由于非负区间的梯度为常数，因此有效地解决了梯度消失的问题（vanishing gradient problem），且收敛速度远快于 S 型和双曲正切这两个激活函数。

2）ReLU 函数的缺点

ReLU 是分段线性函数，它的非线性很弱，因此网络一般要做得很深；ReLU 的输出不是 zero-centered；某些神经元可能永远不会被激活（dead ReLU problem），导致相应的参数永远不能被更新。

8.3　拓扑结构

单个神经元的分类能力是有限的，将多个图 8-2 中的神经元按照一定的层次结构连接起来，就得到了神经网络。按照拓扑结构（神经元之间的连接方式）划分，神经网络分为前向网络和反馈网络。

前向网路（feedforward networks）：神经元分层排列，组成输入层（input layer）、隐含层（hidden layer）和输出层（output layer）。前向神经网络的示意图如图 8-6 所示。

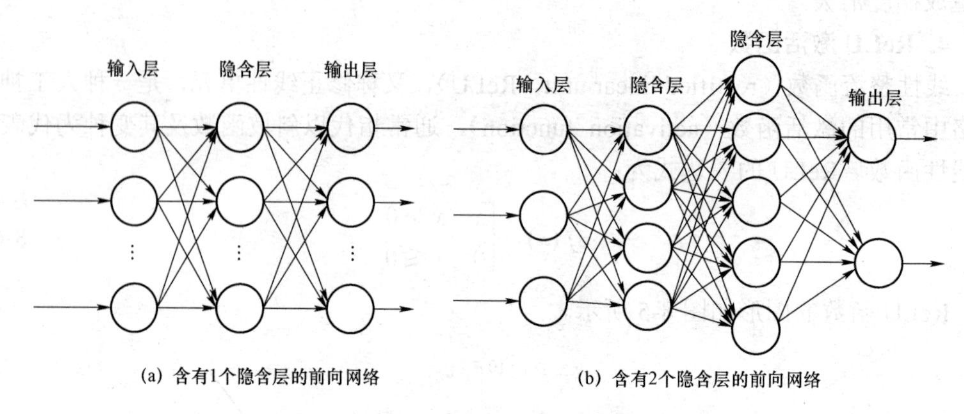

图 8-6 前向网络的示意图

在图 8-6 中包含两个前向网络，这两个前向网络有一个共同特点，都是分层结构，层内的结点无连接，每一层的结点与相邻层的结点之间全连接。这样的结构称为多层前向神经网络（multi-layer feedforward neural networks）。其中，输入层仅仅接受数据输入，并不进行数据处理，隐含层与输出层对数据进行函数加工。在前向网络的拓扑结构中，不存在环或回路。

反馈网络（recurrent networks）：网络内神经元间有反馈，可以用一个无向的完备图表示。这种神经网络的信息处理是状态的变换，可以用动力学系统理论处理。系统的稳定性与联想记忆功能有密切关系。Hopfield 网络、波尔兹曼机均属于这种类型。图 8-7 是一个反馈网络。

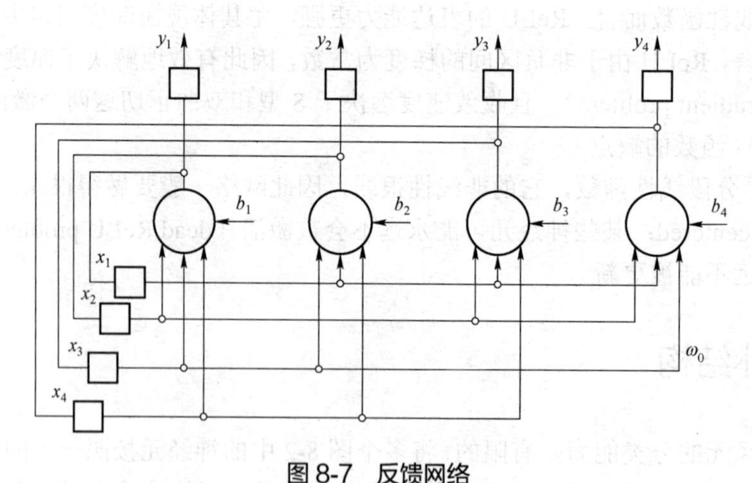

图 8-7 反馈网络

8.4 神经网络的工作原理

本节以前向神经网络为例，介绍人工神经网络的工作原理。假设有下面一个简单的前向神经网络，如图 8-8 所示。

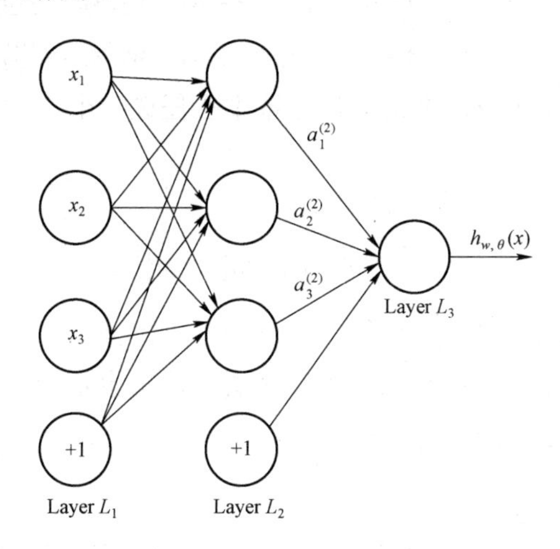

图 8-8 一个简单的前向神经网络

在图 8-8 中，+1 的神经元表示偏置项，也就是式（8-2）中的 x_0。该神经网络中包含 3 层：输入层有 3 个神经元（不包含偏置项），隐含层有 3 个神经元，输出层有 1 个神经元。用 n_l 表示网络的层数，在本例中，$n_l = 3$，将第 l 层标记为 L_l，于是，有 L_1 是输入层，L_{n_l} 是输出层。$w_{ij}^{(l)}$ 是第 l 层的第 j 个神经元与第 $l+1$ 层第 i 个神经元的连接权重（注意标号顺序），$b_i^{(l)}$ 是第 $l+1$ 层第 i 个结点的偏置项，用 s_l 表示第 l 层的结点数量（偏置项不计在内）；$z_i^{(l)}$ 表示第 l 层第 i 个结点的总输入；用 $a_i^{(l)}$ 表示第 l 层第 i 个结点的激活值（也就是输出值）。

基于上面的符号系统，下面介绍神经网络的前向计算和误差的反向传播。

8.4.1 神经网络的前向计算

神经网络的前向计算，即从输入到输出的计算过程。以图 8-8 为例，下面详细介绍神经网络的前向计算方法。具体如下：

当 $l=1$ 时：

$$a_i^{(1)} = x_i, \quad z_i^{(1)} = x_i$$

也就是说，对于第一层来说，第 i 个输入结点的输出值等于输出，都是 x_i。

当 $l=2$ 时：

第 2 层 3 个神经元的总输入分别为：

$$z_1^{(2)} = w_{11}^{(1)} x_1 + w_{12}^{(1)} x_2 + w_{13}^{(1)} x_3 + b_1^{(1)}$$

$$z_2^{(2)} = w_{21}^{(1)} x_1 + w_{22}^{(1)} x_2 + w_{23}^{(1)} x_3 + b_2^{(1)}$$

$$z_3^{(2)} = w_{31}^{(1)}x_1 + w_{32}^{(1)}x_2 + w_{33}^{(1)}x_3 + b_3^{(1)}$$

第 2 层 3 个神经元的总输出分别为：

$$a_1^{(2)} = f(z_1^{(2)}) = f(w_{11}^{(1)}x_1 + w_{12}^{(1)}x_2 + w_{13}^{(1)}x_3 + b_1^{(1)})$$
$$a_2^{(2)} = f(z_2^{(2)}) = f(w_{21}^{(1)}x_1 + w_{22}^{(1)}x_2 + w_{23}^{(1)}x_3 + b_2^{(1)})$$
$$a_3^{(2)} = f(z_3^{(2)}) = f(w_{31}^{(1)}x_1 + w_{32}^{(1)}x_2 + w_{33}^{(1)}x_3 + b_3^{(1)})$$

其中 f 为激活函数，在 8.2 节的激活函数中去任选一个。

当 $l=3$ 时：

第 3 层只有一个神经元，其总输入为：

$$z_1^{(3)} = w_{11}^{(2)}a_1^{(2)} + w_{12}^{(2)}a_2^{(2)} + w_{13}^{(2)}a_3^{(2)}$$

第 3 层神经元的总输出为 $a_1^{(3)} = f(z_1^{(3)}) = f(w_{11}^{(2)}a_1^{(2)} + w_{12}^{(2)}a_2^{(2)} + w_{13}^{(2)}a_3^{(2)})$

对于图 8-8 中的简单神经网络来说，第三层的输出也是最终的输出，则有：

$$h_{w,b}(x) = a_1^{(3)} = f(z_1^{(3)}) = f(w_{11}^{(2)}a_1^{(2)} + w_{12}^{(2)}a_2^{(2)} + w_{13}^{(2)}a_3^{(2)})$$

由此，完成了从输入到输出的过程。

如果有多层的话，可以一直这样计算下去。将上面的步骤称为神经网络的前向传播。不断地计算每一层的输入，再计算该层的输出，同时，该层的输出又作为下一层的输入，一直这么计算下去，第 l 层的激活值 $a^{(l)}$ 和第 $l+1$ 层的激活值 $a^{(l+1)}$ 之间的关系为：

$$\begin{aligned} z^{(l+1)} &= w^{(l)}a^{(l)} + b^{(l)} \\ a^{(l+1)} &= f(z^{(l+1)}) = f(w^{(l)}a^{(l)} + b^{(l)}) \end{aligned} \tag{8-7}$$

初始值：

$$\begin{aligned} z^{(1)} &= x \\ a^{(1)} &= x \end{aligned} \tag{8-8}$$

结束值：

$$h_{w,b}(x) = a^{(n_l)} \tag{8-9}$$

x 为输入的样本特征。前向计算过程，就是从式（8-8）开始，不断按照式（8-7）迭代计算的过程。在前向计算过程中，激活函数 f 一旦选定，那么网络的参数就只有 w,b 了，如果能求解出系数 w,b，神经网络模型就确定了，对于任意给定的输入 x，就可以按照式（8-7）、式（8-8）、式（8-9）计算出输出了。也就是说，可以预测了。那么该如何求解 w,b 呢？接着看下面的介绍。

8.4.2 前向神经网络的代价函数

前面介绍了人工神经网络的前向计算方法。有个问题没有解决，就是不知道众多的参数 w,b 到底取什么合适。很显然，只要给了一组 w,b，就可以确定一个具有预测能力的人工神经网络模型，当然，不同的 w,b 对应的网络，其预测性能不一样。当然希望找到性能最好的那组参数 w,b 。（是不是很熟悉？先假设一个模型，然后确定一个优化目标来作为衡量好的标准，求解优化目标得到参数。线性回归、逻辑回归、支持向量机、决策树、贝叶斯都是这个套路！实际上，有监督机器学习模型基本上都是这个套路！）

那么接下来该做什么呢？

当然是确定一个衡量模型"好"的标准。

现在手里有 m 个训练样本，分别为：$\{(x_1,y_1),(x_2,y_2),\cdots,(x_m,y_m)\}$ 。在第 i 个训练样本 (x_i,y_i) 中，x_i 是特征向量，y_i 为其对应的真实输出值。将第 i 个训练样本的特征向量 x_i 输入到神经网络中，通过前向计算，得到的预测值为 $\hat{y}_i=h_{w,b}(x_i)$ 。那么，这个神经网络对 x_i 的预测结果好吗？最简单的办法是对比一下 x_i 对应的真实值。x_i 对应的真实值是 y_i，预测值是 $\hat{y}_i$，所以在这 1 个训练样本上，神经网络模型的误差为 $\|\hat{y}_i-y_i\|$（注意，这两条竖线的含义是模，不是绝对值。模的计算方法类似于两点间距离公式，详细的知识自行查阅）。在训练集中所有的训练样本上的神经网络的平均误差为 $\frac{1}{m}\sum_{i=1}^{m}\|\hat{y}_i-y_i\|$，由于这样计算误差时存在开方运算，不利于后续求解参数，将误差平方再求和，即用 $\frac{1}{m}\sum_{i=1}^{m}\|(\hat{y}_m-y_m)\|^2$ 来表示训练样本集上的平均误差。为了方便求导，不妨再做些改变，令误差函数为 $\frac{1}{2m}\sum_{i=1}^{m}\|\hat{y}_i-y_i\|^2$（这样求导的时候，2 倍和 $\frac{1}{2}$ 正好约掉了）。

经过上面的一系列讨论，确定代价函数为：

$$J(W,b)=\frac{1}{2m}\sum_{i=1}^{m}\|\hat{y}_i-y_i\|^2=\frac{1}{2m}\sum_{i=1}^{m}\|h_{w,b}(x_i)-y_i\|^2 \tag{8-10}$$

式（8-10）就是参数 (W,b) 所对应的人工神经网络在 m 个训练样本上的平均误差。当然希望在训练集上误差越小越好，所以，目标是求解使得式（8-10）取得最小值的参数 (W,b)，等等，好像有点问题。还记得支持向量机中的软间隔么？为什么要采用软间隔呢？这是因为过于追求训练集上百分之百的准确率会导致过拟合！对于神经网络来说，也是一样的，除了要求模型在训练样本集上误差尽量小之外，还不能为了追求准确率把模型设计得过于复杂（要找个代价函数真是太难了）。所以，得给式（8-10）加点料，限制模型的复杂度，如式（8-11）所示：

$$J(W,b)=\frac{1}{2m}\sum_{i=1}^{m}\|h_{w,b}(x_i)-y_i\|^2+\frac{\lambda}{2}\sum_{l=1}^{n_l-1}\sum_{i=1}^{s_l}\sum_{j=1}^{s_{l+1}}(W_{ji}^{(l)})^2 \tag{8-11}$$

衡量模型"好"的标准终于确定了。式（8-11）就是前向人工神经网络的终极代价函数。下面仔细看看这是什么。$J(W,b)$ 分为两部分：前面的部分为训练样本上的均方误差；后面一部分，$\frac{\lambda}{2}\sum_{l=1}^{n_l-1}\sum_{i=1}^{s_l}\sum_{j=1}^{s_{l+1}}(W_{ji}^{(l)})^2$ 是模型中所有权重参数的平方和，称为正则化项，也叫作权重衰减项。想象一下，如果为了达到训练集上的准确率，把模型设计得特别复杂（也就是每一维度上都设计了划分，换句话说，每个权重系数都有值），那么后面的正则化项就会大，而我们要求的是两个和最小的结果，因此，过拟合的模型就不会被挑出来。而当权重W很稀疏的时候（也就是好多特征维度上的权重都为0），那么模型就会比较简单，发生过拟合的可能性就比较小。λ是参数，用于控制式（8-11）中两项的相对重要性。这样说吧，如果我们觉得模型简单特别重要，而训练集上的犯错大点也能接受，那么就把λ的值设置大一些。

代价函数确定了，接下来就要想办法求解式（8-11）的最小值所对应的参数(W,b)了。误差反向传播算法终于来了。

8.4.3 误差反向传播算法

在前面的学习中知道，要想求式（8-11）的极小值所对应的参数，需要强大的学习算法。误差反向传播算法（error back propagation）就是其中最杰出的代表。1974年，P. Werbos在其博士论文中提出了第一个适合多层网络的学习算法，但是该算法并没有受到足够的重视和广泛的应用。直到1986年，美国加利福尼亚的PDP（parallel distributed procession）小组出版了*Parallel Distributed Procession*一书，将该算法应用于神经网络研究，才使之成为迄今为止最著名的算法。

根据前面的经验，参数的求解要采用不断迭代的方式来进行，迭代方法如式（8-12）所示：

$$w \leftarrow w + \Delta w \tag{8-12}$$

根据梯度下降法，有

$$\Delta w_{ji} = -\eta \frac{\partial J}{\partial w_{ji}} \tag{8-13}$$

$\frac{\partial J}{\partial w_{ji}}$可以采用误差反向传播算法来实现。具体可参考周志华教授的《机器学习》一书。

8.5 人工神经网络编程实例

8.5.1 sklearn库中的人工神经网络分类器

sklearn中神经网络算法做分类算法为neural_network.MLPClassifier，做回归的算法为neural_network.MLPRgression。本处介绍neural_network.MLPClassifier的参数及使用方法，回归与之类似，不赘述。

MLPClassifier是sklearn中多层人工神经网络分类算法，其中MLP代表multi-layer perception。其原型和参数说明如下：

sklearn.nueral_network.MLPClassifier()

- 主要参数：
  - hidden_layer_sizes：隐藏层的形状。要求为元组类型做参数。例如，hidden_

layer_sizes=(50, 20)，表示有两层隐藏层，第一层隐藏层有 50 个神经元，第二层隐藏层有 20 个神经元。

- activation：激活函数,{'identity', 'logistic', 'tanh', 'relu'}，默认 relu。
  - identity：f(x) = x
  - logistic：其实就是 sigmod,f(x) = 1 / (1 + exp(-x)).
  - tanh：f(x) = tanh(x).
  - relu：f(x) = max(0, x)
- solver：优化方法，也就是求解神经网络中权重的各种梯度下降法。取值范围为{'lbfgs', 'sgd', 'adam'}。默认 solver 为'adam'，在相对较大的数据集上效果比较好（几千个样本或更多），对小数据集来说，lbfgs 收敛更快效果也更好。
- alpha：float，默认 0.0001，L2 惩罚项（正则化项）的系数，用于防止模型过拟合的，取值小于 1。
- batch_size：int 类型。默认为 auto。每次优化迭代过程中使用的样本个数。在讲神经网络训练时，采用梯度下降法迭代更新权重，每次迭代时都要计算训练样本集上的误差。当训练样本数量较多的时候，利用全部训练样本去计算误差的开销极大，因此，实际中，每次迭代只选择部分样本来计算误差，选择样本的数量就是 batch_size。
- learning_rate：学习率，用于权重更新，只有当 solver 为'sgd'时使用，其值可以是以下几种：{'constant', 'invscaling', 'adaptive'}，默认 constant 。
  - 'constant'：有'learning_rate_init'给定的恒定学习率
  - 'incscaling'：随着时间 t 使用'power_t'的逆标度指数不断降低学习率 learning_rate_，effective_learning_rate = learning_rate_init / pow(t, power_t)
  - 'adaptive'：只要训练损耗在下降，就保持学习率为'learning_rate_init'不变，当连续两次不能降低训练损耗或验证分数停止升高至少 tol 时，将当前学习率除以 5。
- power_t：double，可选，default 0.5，只有当 solver='sgd'时使用，是逆扩展学习率的指数，当 learning_rate='invscaling'时，用来更新有效学习率。
- max_iter：int，可选，默认 200，最大迭代次数。
- random_state：int 或 RandomState，可选，默认 None，随机数生成器的状态或种子。
- shuffle：bool，可选，默认 True，只有当 solver='sgd'或'adam'时使用，判断是否在每次迭代时对样本进行清洗。
- verbose：bool，可选，默认 False，是否将训练过程输出到控制台。如果想将训练过程显示出来，可以将该参数修改为 True。

• 主要方法说明：

- fit(X,y)：模型的训练（也称模型拟合）；
- get_params([deep])：获取参数；
- predict(X)：使用 MLP 进行预测；

- predic_log_proba(X)：返回对数概率估计；
- predic_proba(X)：概率估计；
- score(X,y[,sample_weight])：返回给定测试数据和标签上的平均准确度；
- set_params(**params)：设置参数。

8.5.2 人工神经网络应用实例

基于人工神经网络的手写字符分类，实验数据采用 sklearn 自带的 MNIST 数据集，详情参考附录数据集介绍。代码如下：

```
from sklearn.neural_network import MLPClassifier
from sklearn.datasets import load_digits
from sklearn.model_selection import train_test_split
import matplotlib.pyplot as plt
my_data=load_digits()
x=my_data.data
y=my_data.target
X_train, X_test, y_train, y_test = train_test_split(x, y, test_size=0.33, random_state=42)
score_logistic=[]
score_relu=[]
score_tanh=[]
for i in range(10,50,2):

clf_logistic=MLPClassifier(hidden_layer_sizes=(i,),activation='logistic',random_state=0)
      clf_relu=MLPClassifier(hidden_layer_sizes=(i,),activation='relu',random_state=0)
      clf_tanh=MLPClassifier(hidden_layer_sizes=(i,),activation='tanh',random_state=0)
      score_logistic.append( clf_logistic.fit(X_train,y_train).score(X_test,y_test))
      score_relu.append( clf_relu.fit(X_train,y_train).score(X_test,y_test))
      score_tanh.append( clf_tanh.fit(X_train,y_train).score(X_test,y_test))
plt.plot(range(10,50,2),score_logistic,'r-.',range(10,50,2),score_relu,'r--*',range(10,50,2),sc
ore_tanh,'b-.o')
plt.xlabel('numbers of hidden layers')
plt.ylabel('accuracy')
plt.legend(['logistic','relu','tanh'])
```

上述代码中设计了含有一个隐藏层的神经网络，隐藏层计算数为 i，其取值范围为[10,50)区间的偶数。神经网络激活函数采用了 3 种，分别为：'logistic'、'relu'、'tanh'。对比了隐藏层结点数量与激活函数对手写字符识别准确率的影响，实验结果如图 8-9 所示。

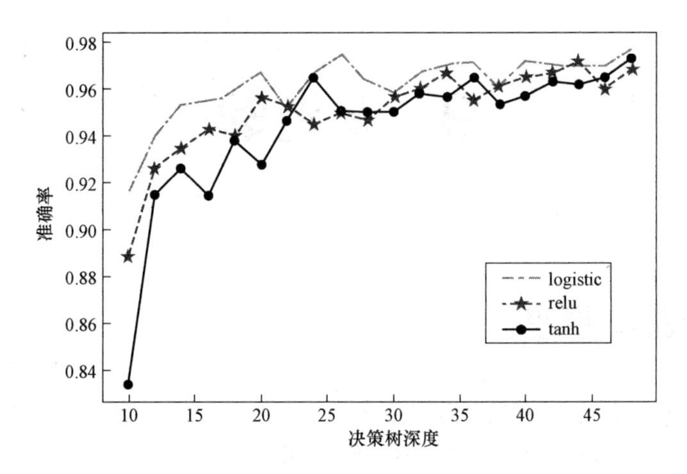

图 8-9 人工神经网络中隐藏层结点数量与激活函数对手写字符识别的影响

从图 8-9 可以看出，随着隐藏层结点数量的增加，无论采用哪种激活方式，分类准确率均有明显的提升，其中，在 MNIST 数据集上，当采用 logistic 激活函数时，模型性能最好。

9 k-近邻

9.1 k-近邻基本原理

k-近邻是一种最简单的有监督学习算法。*k* 近邻算法，即给定一个训练数据集，输入新的实例，在训练数据集中找到与该实例最邻近的 *k* 个实例，这 *k* 个实例的多数属于某个类，就把该输入实例分类到这个类中。3-近邻的示意图如图 9-1 所示。

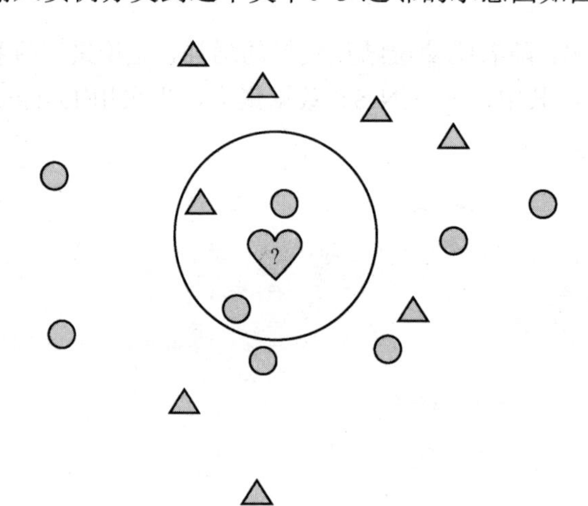

图 9-1　3-近邻示意图

在图 9-1 中，训练样本有两个类别，分别用三角形和圆形表示。对于新输入的测试样本（用心形表示），计算所有训练样本与新样本的距离，找到与新样本最近的 3 个邻居，本例中是 2 个圆形和 1 个三角形。由于在新样本的 3-近邻中，属于圆形样本的数量多，因此，将新样本的类别预测为圆形。

在 *k*-近邻算法中，当训练集、*k* 值、距离度量确定后，任何一个新输入的样本都会对应一个唯一的类别。其中计算两个样本之间的距离是 *k*-近邻中最重要的部分。

9.2 距离度量方法

在特征空间中两个实例点的距离是两个实例相似程度的反映。两个实例越相似，其距离越小。距离度量方式有很多种，也可以定义自己的距离度量。

设有两个样本的特征向量为 $\boldsymbol{x}_i=(x_{i1},x_{i2},\cdots,x_{in})$ 和 $\boldsymbol{x}_j=(x_{j1},x_{j2},\cdots,x_{jn})$，其闵可夫斯基距离（Minkowski distance）定义如下：

$$L_p(x_i,x_j)=\left(\sum_{l=1}^{n}\left|x_{il}-x_{jl}\right|^p\right)^{\frac{1}{p}}\text{。这里，}p\geqslant 1\text{。} \tag{9-1}$$

当 $p=1$ 时，称为曼哈顿（Manhattan distance）距离，又称街区距离。即：

$$L_1(x_i,x_j)=\sum_{l=1}^{n}\left|x_{il}-x_{jl}\right| \tag{9-2}$$

当 $p=2$ 时，称为欧氏距离（Euclidean distance），即：

$$L_2(x_i,x_j)=\left(\sum_{l=1}^{n}|x_{il}-x_{jl}|^2\right)^{\frac{1}{2}} \tag{9-3}$$

当 $p=\infty$ 时，称为棋盘距离，即：

$$L_\infty(x_i,x_j)=\max_l|x_{il}-x_{jl}| \tag{9-4}$$

假设有两个样本 $P_1(3，8)$、$P_2(10，6)$，则 P_1 和 P_2 之间的曼哈顿距离为：

$$L_1(P_1,P_2)=|10-3|+|6-8|=7+2=9$$

P_1 和 P_2 之间的棋盘距离为：

$$L_\infty(P_1,P_2)=\max(|10-3|,|6-8|)=7$$

P_1 和 P_2 之间的欧式距离为：

$$L_2(P_1，P_2)=\sqrt{(10-3)^2+(6-8)^2}=\sqrt{49+4}=\sqrt{53}$$

除了闵可夫斯基距离外，常见的距离还有马氏距离、余弦距离、汉明距离等，感兴趣的读者自行查阅文献。

从图 9-1 可以看出，*k*-近邻的算法思想非常简单，也非常容易理解。只要确定一个距离度量方法，要找到离它最近的 *k* 个实例，统计下哪个类别最多即可。那么是不是 *k*-近邻就可以直接这样简单地应用了呢？当然不可以。

9.3 *k* 值的选择与特征规范化的必要性

9.3.1 选取 *k* 值及它的影响

k-近邻的 *k* 值应该怎么选取呢？如果选取较小的 *k* 值，那么就意味着模型容易过拟合。假设选取 *k*=1 这个极端情况，假设有训练数据和待分类点，如图 9-2 所示。在图 9-2 中有两类样本，圆形样本基本分布在第 2 象限，三角形样本基本分布在第 4 象限，现有某个新样本（矩形样本），要判断它的类别。当 *k*=1 的时候，与矩形样本最接近的样本是三角形样本，因此矩形样本被判断为三角形类。但是从图 9-2 中可以看出，在第 2 象限中的三角形样本明显是个离群点，并不具备三角形样本类的普遍特征，是个噪声数据。如果 *k* 的取值大一点，如 *k*=3 或 *k*=5，那么显然少量的噪声点就不起作用了。

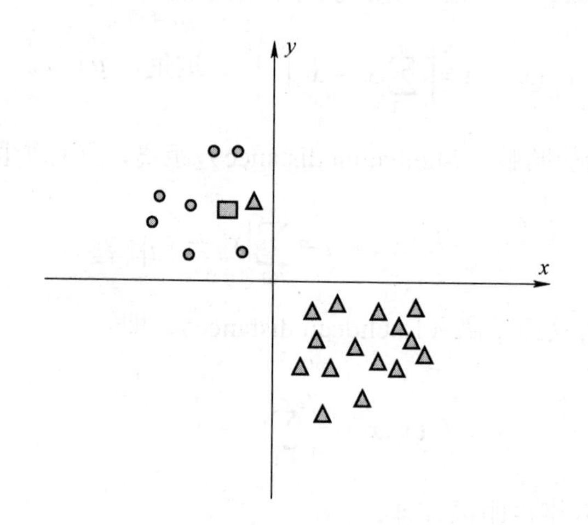

图 9-2　k=1 时，发生过拟合示意图

那么如果 k 的值很大呢？如图 9-3 所示。k 足够大，把所有的样本都包含进来了，显然，由于三角形样本数量远多于圆形的样本，那么新样本就肯定被判断为三角形类别了。

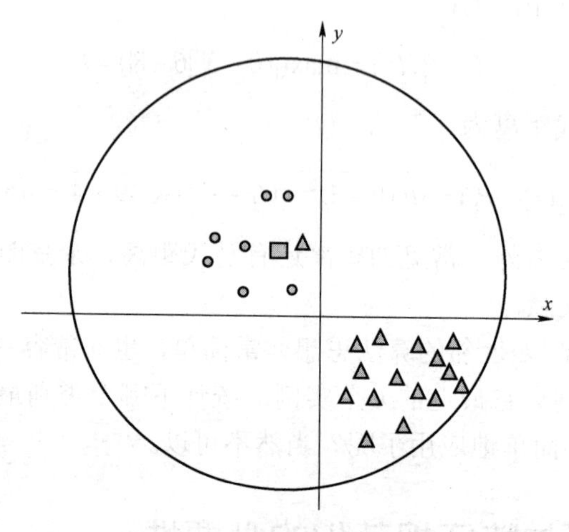

图 9-3　k 过大对分类的影响

因此，k 值既不能过大，也不能过小。

9.3.2　特征规范化

k-近邻分类器是在训练集中找到与该实例最近的 k 个实例，在这 k 个实例中，多数属于哪类，就把该样本判断为哪类。前面定义了几种距离度量方法，下面以欧式距离为例。

假设用身高和体重数据来判断某个人是否肥胖（体重的单位是 kg，身高的单位是 m），那么有样本数据如下：

样本编号	身高/m	体重/kg	类别
A	1.92	85	瘦
B	1.55	70	胖

有个新样本 C(1.88,70)，C、A 之间的距离为 $L_{CA}=\sqrt{(85-70)^2+(1.92-1.88)^2}=$ 225.001 6。

C、B 之间的距离为 $L_{CB}=\sqrt{(70-70)^2+(1.88-1.55)^2}$ =0.108 9。显然，C 与 B 距离更近，那么判断 C 为“胖”。可是，C 真的是“胖”么？哪里出了问题呢？

问题出在，身高的数据和体重的数据不是一个数量级的。身高差 0.5 m，和体重差 0.5 kg，完全不是一个概念。而在计算距离时，身高和体重的重要程度是一样的，由于数据数量级的差异，使得计算距离的时候身高数据的作用基本没有。

因此，在使用 *k*-近邻之前，特征必须规范化到一个数量级才能计算距离。数据规范化的常用方法有 2 种，z-score 规范化方法和 min-max 规范化方法。

设 X 为样本特征矩阵，两种方法示例如下。

（1）z-score 规范化方法如下：

$$X^*=\frac{X-\bar{X}}{\delta} \tag{9-5}$$

即将数据按其属性（按列进行）减去其列均值，并除以其列标准差，得到的结果是，这样标准化之后，对于每个属性/每列来说所有数据都聚集在 0 附近，方差为 1。

数据的标准化可以自己写程序来做，也可以用 sklearn.preprocessing.StandarScaler 和 sklearn.preprocessing.MinMaxScaler 来完成。

（2）min-max 规范化：

$$X^*=\frac{X-\min(X)}{\max(X)-\min(X)} \tag{9-6}$$

例 9-1 采用决策树进行手写字符识别，数据规范化、z-score 规范化、min-max 规范化对比。

```
from sklearn.preprocessing import MinMaxScaler,StandardScaler
from sklearn import datasets
from sklearn.tree import DecisionTreeClassifier
import matplotlib.pyplot as plt
digit=datasets.load_digits()
x=digit.data
y=digit.target
# z-score 规范化
std1=StandardScaler()
x_std=std1.fit_transform(x)
```

```
# Min-max 规范化
std2=MinMaxScaler()
x_min_max=std2.fit_transform(x)
ntrain=1000   # 训练样本数量
rate,rate_std,rate_min_max=[],[],[]
for i in range(6,15):
    # 没规范化
    clf=DecisionTreeClassifier(max_depth=i).fit(x[:ntrain,:],y[:ntrain])
    rate.append(clf.score(x[ntrain:,:],y[ntrain:]))
    # z-score 规范化
    clf_std=DecisionTreeClassifier(max_depth=i).fit(x_std[:ntrain,:],y[:ntrain])
    rate_std.append(clf_std.score(x_std[ntrain:,:],y[ntrain:]))
    # min-max 规范化

clf_min_max=DecisionTreeClassifier(max_depth=i).fit(x_min_max[:ntrain,:],y[:ntrain])
    rate_min_max.append(clf_min_max.score(x_min_max[ntrain:,:],y[ntrain:]))
plt.plot(range(6,15),rate,'-',range(6,15),rate_std,'--',range(6,15),rate_min_max,'-.')
plt.xlabel('depth of decision tree')
plt.ylabel('accuracy')
plt.legend(['raw data','zscore','min_max'])
```

以上程序的运行结果如图 9-4 所示。

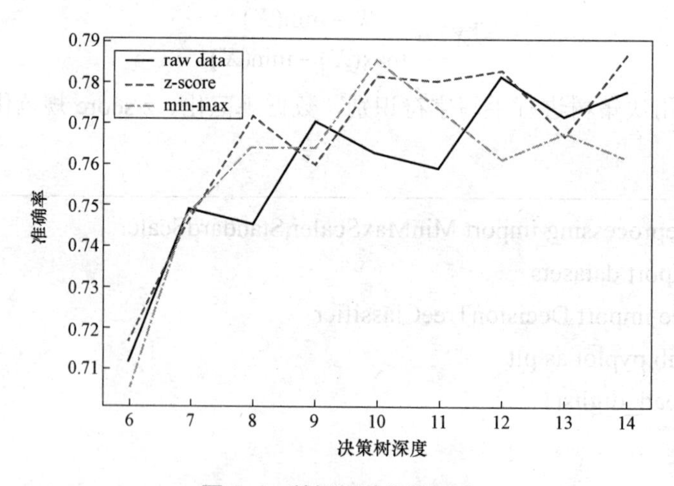

图 9-4 数据规范化的影响

从图 9-4 可以看出，对于 MNIST 数据集来说，数据规范化后分类准确率有了明显的改善。

9.4 k 维树

9.4.1 k 维树的构造

在实现 k 个近邻算法时，需要在所有训练样本中搜索到某测试样本 k 个最近的邻居。那么问题来了，计算测试样本和训练集中的每一个训练样本的距离，然后进行排序。数据量少的时候完全没有问题，可是当数据量大的时候，这根本做不到啊！这时候，聪明的前辈就提出了 k 维树（k-dimensional tree）。这是一棵什么样的树呢？k 维树可以帮助我们很快地找到与测试样本最邻近的 k 个训练样本，而不再需要计算测试样本和训练集中的每一个样本的距离。

注意，k 维树中的 k 是指特征的维度为 k，不是样本数量为 k。下面给出 k 维树的构造方法。

输入：k 维空间中的数据集 $T=\{x_1,x_2,\cdots,x_N\}$，该数据集中有 N 个样本点，$\boldsymbol{x}_i=\left(x_i^{(1)},x_i^{(2)},\cdots,x_i^{(k)}\right)$ 表示第 i 个样本点，其维度为 k。

输出：k 维树。

（1）选择 $x^{(1)}$ 为坐标轴。以 T 中所有样本的 $x^{(1)}$ 坐标的中位数为切分点。将超矩形区域切割成两个子区域。将落在该切分超平面上的样本点作为根结点，由根结点生出深度为 1 的左右子结点，左结点对应 $x^{(1)}$ 坐标小于切分点，右结点对应 $x^{(1)}$ 坐标大于切分点。

（2）重复：对深度为 j 的结点，选择 $x^{(l)}$ 为切分的坐标轴，$l=j(\bmod k)+1$，以该结点区域中所有数据 $x^{(l)}$ 坐标的中位数作为切分点，将区域分为两个子区域，切分由通过切分点并与坐标轴 $x^{(l)}$ 垂直的超平面实现。由该点生成深度为 $j+1$ 的左、右子结点。左结点对应 $x^{(l)}$ 坐标小于切分点，右结点对应 $x^{(l)}$ 坐标大于切分点。将落在该切分超平面上的样本点作为根结点。

（3）重复步骤（2），直到两个子区域没有样本数据存在为止。

例 9-2 假设有二维数据｛(6,5), (1,−3), (−6,−5), (−4,−10), (−2,−1), (−5,12), (2,13), (17,−12), (8,−22), (15,−13), (10,−6),(7,15),(14,1)｝。将它们在坐标系表示如图 9-5 所示。

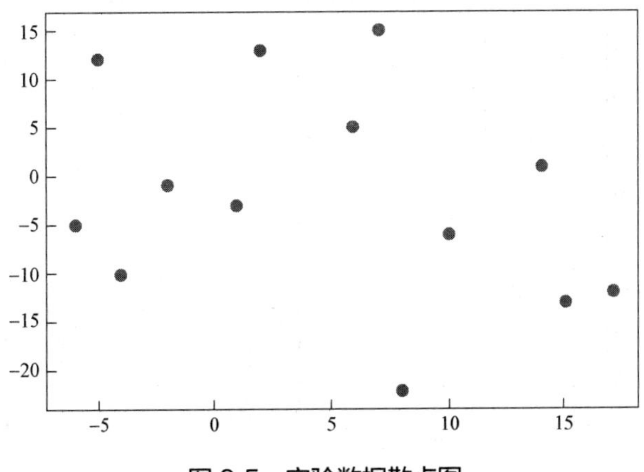

图 9-5　实验数据散点图

首先，$x^{(1)}$为坐标轴，其中位数为 6，即把(6,5)作为切分点，如图 9-6 与图 9-7 所示。

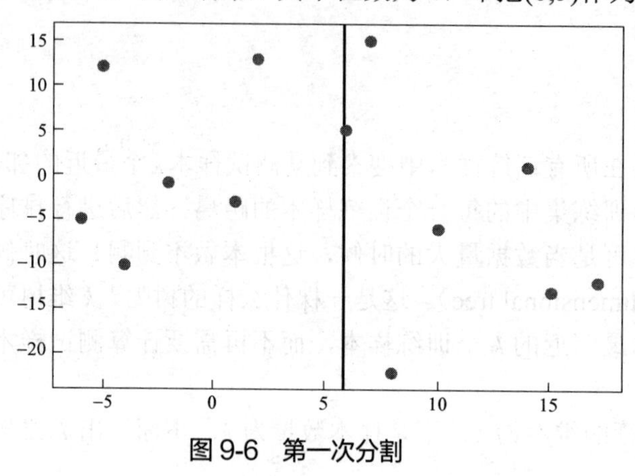

图 9-6　第一次分割

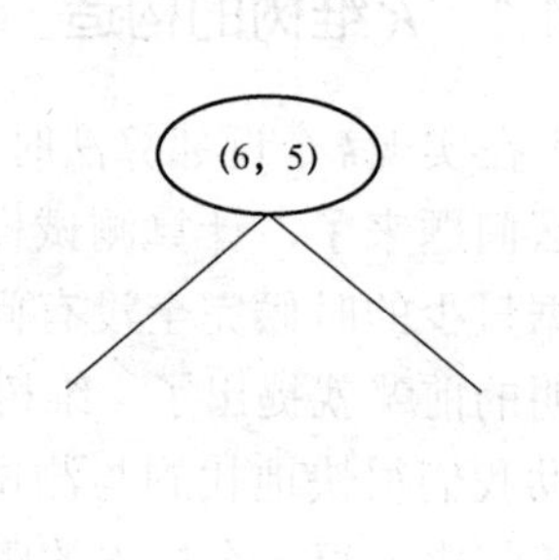

图 9-7　第一次分割后的 k 维树

其次划分，以 $x^{(2)}$ 为坐标轴，选择中位数。可知，左侧区域中位数为–3，右侧区域中位数为–12，左边区域切分点分别为（1，–3），右边区域切分点坐标为（17，–12），如图 9-8 与图 9-9 所示。

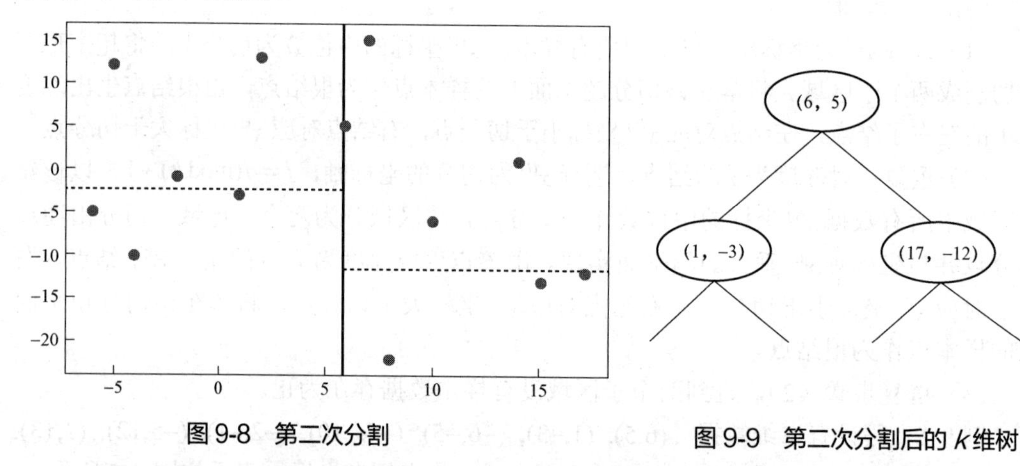

图 9-8　第二次分割　　图 9-9　第二次分割后的 k 维树

再次对区域划分，同上一步，可以得到切分点如图 9-10 与图 9-11 所示。

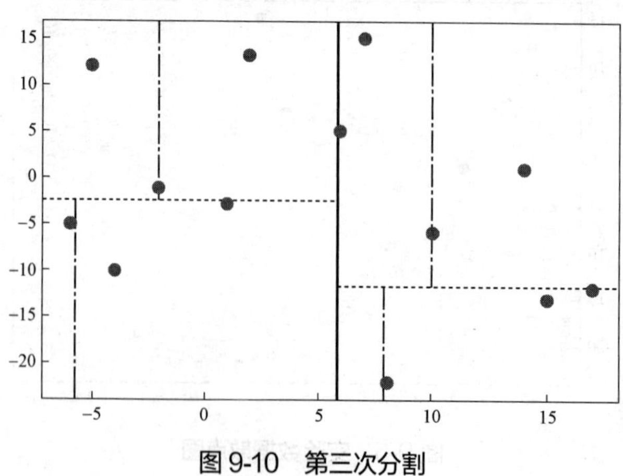

图 9-10　第三次分割

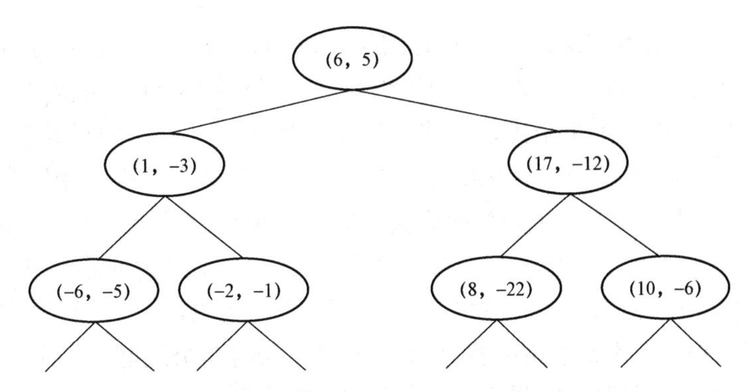

图 9-11 第三次分割后的 *k* 维树

最后分割区域只剩下一个点或没有点，得到最终的 k 维树，如图 9-12 所示。

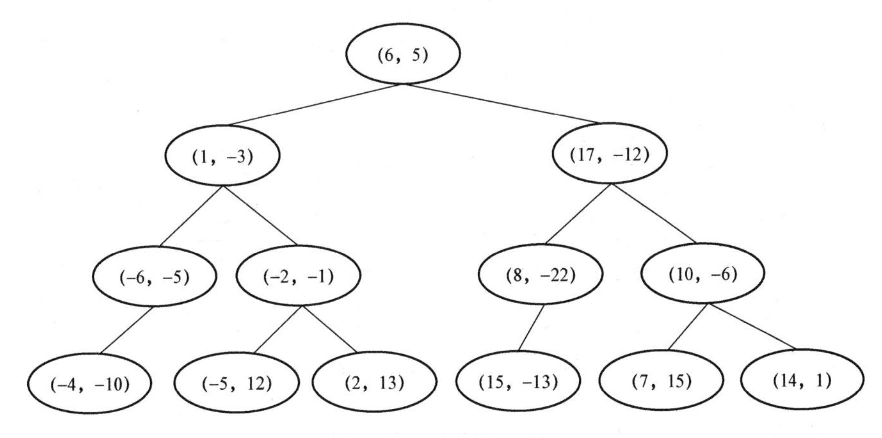

图 9-12 最终的 *k* 维树

9.4.2 *k* 维树的搜索

在训练集中的数据以二叉树的形式存储在 k 维树中之后，如何利用 k 维树搜索测试样本的 k 个最近的邻居呢？

为了说明方便，采用二维数据的例子。假设现在要寻找 $p(x, y)$ 点的 k 个近邻点，也就是距离 p 点最近的 k 个点。设 S 是存放这 k 个点的容器。

k 维树的搜索算法如下。

输入：已经构造的 k 维树和目标点 p。

输出：目标点 p 的 k 个近邻。

（1）从根结点出发，如果树的结点是以 $x^{(l)}=c$ 来切分的，那么如果 p 的第 l 维坐标小于 c，则移动到左子结点，否则移动到右子结点。直到移动到叶结点为止。

（2）到达叶结点时，将其标记为已访问。如果 S 中不足 k 个点，则将该结点加入到 S 中；如果 S 不空且当前结点与 p 点的距离小于 S 中最长的距离，则用当前结点替换 S 中离 p 最远的点。

（3）如果当前结点不是根结点，执行①；否则，结束算法。

① 回退到当前结点的父结点，此时的结点为当前结点（回退之后的结点）。将当前结点标记为已访问，执行②和③；如果当前结点已经被访过，再次执行①。

② 如果此时 S 中不足 k 个点，则将当前结点加入到 S 中；如果 S 中已有 k 个点，且当前结点与 p 点的距离小于 S 中最长距离，则用当前结点替换 S 中距离最远的点。

③ 计算 p 点和当前结点切分线的距离。如果该距离大于等于 S 中距离 p 最远的距离并且 S 中已有 k 个点，执行（3）；如果该距离小于 S 中最远的距离或 S 中没有 k 个点，从当前结点的另一子结点开始执行（1）；如果当前结点没有另一子结点，执行（3）。

例 9-3 在图 9-12 的 k 维树中找到 P（−1,−5）点的 3 个近邻。为了说明问题方便，将图 9-12 中的每个结点都用字母表示，如图 9-13 所示。

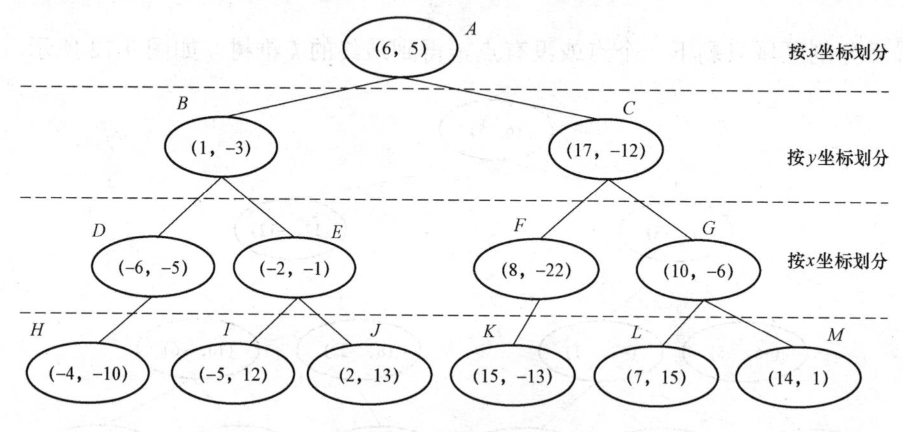

图 9-13 标记好的 k 维树

拿着(−1,−5)寻找 k 维树的叶结点。执行算法（1）：

- p 的第一维坐标−1 与 A 点的 x 坐标 6 比较，小于 6，移动到左子结点 B。B 点是按照 y 坐标划分的，因此，用 P 点的 y 坐标−5 与 B 点的 y 坐标−3 相比较，小于−3，则继续往左走，到达 D 点，继续走，到达 H 点。
- 执行算法（2），标记点 H 已访问，将结点 H 放到 S 中。$\boldsymbol{S=\{H\}}$。
- 执行算法（3），当前结点 H 不是根结点，执行①，回退到父结点 D，将 D 标记为已经访问。
- 执行②，S 中不足 3 个点，将结点 D 加到 S 中，此时 $\boldsymbol{S=\{H, D\}}$。
- 执行③，计算 P 点和结点 D 切分线的距离，由于 D 没有另外一个分支，执行算法（3）。
- 当前结点 D 不是根结点，执行①，退回父结点 B，将 B 标记为已访问。
- 执行②，S 中不足 3 个点，将点 B 加入到 S 中。此时，$\boldsymbol{S=\{H, D, B\}}$。
- 执行③，计算 P 点和结点 B 切分线的距离，B 是按 y=−3 划分的，所以 P 点和结点 B 切分线距离为 $|-5-(-3)|=2$。S 中的 3 个点与 P 的距离分别为：

$$PH=\sqrt{(-1-(-4))^2+(-5-(-10))^2}=\sqrt{34}$$

$$PD=\sqrt{(-1-(-6))^2+(-5-(-5))^2}=5$$

$$PB=\sqrt{(-1-1)^2+(-5-(-3))^2}=\sqrt{8}$$

P 点和结点 B 切分线的距离小于 P 点与 S 中所有点的最大距离，则从 B 点的另一子结点 D 开始执行算法（1）。

- 由于 D 结点是按照 x 坐标划分的，所以比较 P 点 x 坐标–1 与 D 点的 x 坐标–2。大于–2，则向右走，找到叶结点 J，标记为已经访问。
- 执行算法中的（2），S 不空，计算当前结点 J 与 P 点的距离，为 $\sqrt{333}$，大于 S 中的最长距离，因此不将结点 J 放入 S 中。
- 执行算法（3），当前结点 J 不为根结点，执行①，回退到 E，标记为已访问。
- 执行②，S 中已有 3 个点，当前结点 E 与 P 的距离为 $\sqrt{17}$，小于 S 中的最长距离（P 和 H 的距离），将结点 E 替换结点 H，此时，$\boldsymbol{S=\{E,D,B\}}$。
- 执行③，计算 P 点到 E 的切分线的距离。E 的切分线为 $x=-2$，与 P 点的距离为 1，小于 S 中的最长距离，因此从结点 E 的另外一个子结点 I 开始执行算法（1）。
- 结点 I 已经是叶结点，执行算法（2），标记结点 I 为已访问，计算当前点 I 与 P 点的距离为 $\sqrt{305}$，大于 S 中的最大距离，不进行替换。
- 执行算法（3），当前结点 I 不是根结点，执行①，回退到 E，但是 E 已经被访问，再次执行（3），回退到 E 的父结点 B，B 也被标记过访问，再次执行（3），回退到父结点 A，A 没被访问过，标记为已访问。
- 执行②，结点 A 和 P 的距离为 $\sqrt{149}$，大于 S 中的最长距离，不进行替换。
- 执行③，P 点和结点 A 切分线的距离为 7，大于 S 中的最长距离，不进行替换。

执行算法中的（3），则最终 P（–1，–5）点的 3 个近邻为：E（–2，–1）、D（–6，–5）、B（1，–3）。

上面的总结如下。

（1）找到叶结点，看能不能加入到 S 中。

（2）回退到父结点，看父结点能不能加入到 S 中。

（3）看目标点和回退到的父结点切分线的距离，判断另一子结点能不能加入到 S 中。

9.5 *k*-近邻算法的应用

sklearn 库中集成了 *k*-近邻分类器，具体为：sklearn.neighbors.KNeighborsClassifier

1. 参数

- n_neighbors：寻找的邻居数，默认是 5，也就是 *k*-近邻值。
- weights：预测中使用的权重函数。可能的取值有以下几个。“uniform”：统一权重，即每个邻域中的所有点均被加权。“distance”：权重点与其距离的倒数，在这种情况下，查询点的近邻比远处的近邻具有更大的影响力。[callable]：用户定义的函数，该函数接受距离数组，并返回包含权重的相同形状的数组。
- algorithm：用于计算最近邻居的算法：“ball_tree”将使用 BallTree；“kd_tree”将使用 KDTree；“brute”将使用暴力搜索；“auto”将尝试根据传递给 fit 方法的

值来决定最合适的算法。注意：在稀疏输入上进行拟合将使用蛮力覆盖此参数的设置。

- leaf_size：叶大小传递给 BallTree 或 KDTree。这会影响构造和查询的速度，以及存储树所需的内存。最佳值取决于问题的性质，默认为 30。
- p：Minkowski 距离的指标的功率参数。当 p = 1 时，等效于使用 manhattan_distance（l1）和 p=2 时使用 euclidean_distance（l2）。对于任意 p，使用 minkowski_distance（l_p），默认是 2。
- metric：树使用的距离度量。默认度量标准为 Minkowski，p = 2 等于标准欧几里德度量标准。
- metric_params：度量函数的其他关键字参数。
- n_jobs：并行计算数。

2. 属性

- classes_：类别。
- effective_metric_：使用的距离度量。它将与度量参数相同或与其相同，如 metric 参数设置为“minkowski”，而 p 参数设置为 2，则为“euclidean”。
- effective_metric_params_：度量功能的其他关键字参数。对于大多数指标而言，它与 metric_params 参数相同，但是，如果将 valid_metric_属性设置为“minkowski”，则也可能包含 p 参数值。
- outputs_2d_：在拟合的时候，当 y 的形状为（n_samples，）或（n_samples,1）时为 False，否则为 True。

3. 方法

- fit(X, y)：使用 X 作为训练数据和 y 作为目标值拟合模型。
- get_params([deep])：获取此估计量的参数。
- kneighbors([X, n_neighbors, return_distance])：查找点的 *k*-邻近。返回每个点的邻近的索引和与之的距离。
- kneighbors_graph([X, n_neighbors, mode])：计算 X 中点的 *k*-邻近的（加权）图。
- predict(X)：预测提供的数据的类标签。
- predict_proba(X)：测试数据 X 的返回概率估计。
- score(X, y[, sample_weight])：返回给定测试数据和标签上的平均准确度。
- set_params(**params)：设置此估算器的参数。

例 9-4 采用 *k*-近邻算法对鸢尾花进行分类。

```
import numpy as np
import matplotlib.pyplot as plt
from sklearn.neighbors import KNeighborsClassifier   # 导入 k-近邻分类器
from sklearn import datasets
from sklearn.model_selection import train_test_split   # 导入数据集分割算法
# 载入鸢尾花数据集
```

```
# iris 是一个对象类型的数据，其中包括了 data（鸢尾花的特征）和 target（也就是分类标签）
iris = datasets.load_iris()
# 将样本与标签分开
x = iris['data']
y = iris['target']
# 划分数据集
np.random.seed(10)  # 为了避免随机样本分类产生不同的结果，设置随机数种子
x_train, x_test, y_train, y_test = train_test_split(x, y, test_size = 0.2)  # 训练集和测试集 8:2
# 使用 KNeighborsClassifier 来训练模型，使用欧式距离(metric=minkowski & p=2)
acc=[]
for i in range(1,100,2):
    clf = KNeighborsClassifier(n_neighbors=i, p=2, metric="minkowski")  # 建模
    clf.fit(x_train, y_train)  # 训练
    acc.append(clf.score(x_test,y_test))
plt.plot(range(1,100,2),acc,'-*')
plt.xlabel('k')
plt.ylabel('accuracy')
```

以上程序运行结果如图 9-14 所示。

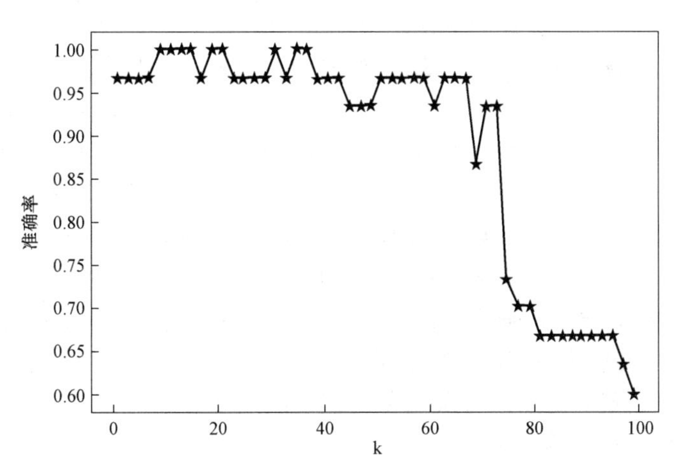

图 9-14　基于 *k*-近邻的鸢尾花分类

在图 9-14 中，横坐标为 *k* 的值，纵坐标为分类准确率。可以看出，*k* 比较小的时候，分类准确率有点低，是由于 *k*-近邻分类器在 *k* 很小的时候容易受到干扰数据的影响，导致过拟合。随着 *k* 值增大，准确率上升，但是当 *k* 值太大的时候，*k*-近邻分类的结果就容易受到样本中类别分布的影响，导致准确率降低。具体参考图 9-3 中的分析。

10 集成学习

10.1 集成学习基本原理

所谓“三个臭皮匠，赛过诸葛亮”，这就是集体的智慧。在机器学习中，也有集体的智慧来进行分类的模型，就是集成学习。

集成学习（ensemble learning），是指通过构建并结合多个分类器来完成学习任务。即通过训练若干个个体分类器，以一定的策略结合，生成一个比单体分类器更稳定并且各方面都更好的模型。

换句话说，使用以前各章介绍的分类器解决问题的时候，都是单个分类器说了算。集成学习，则是多个分类器共同决定输入样本最终的类别。集成学习有两个重点：基分类器和组合策略。

集成学习分为同质集成和异质集成。同质集成中的个体学习器都是同一种类型，如分类器全是决策树。同质集成中的个体学习器被称为“基学习器”，相应的学习算法被称为“基学习算法”，而异质集成中包含不同的个体学习器。异质集成中的个体学习器被称为“组件学习器”，由不同的学习算法生成。集成学习中主要运用同质集成，因为同质分类器的结合具有直接的意义。

并非所有情况下多个基分类器集成都会改善性能，下面看一个例子：图 10-1 是一个二分类的例子。C_1、C_2、C_3 表示 3 个基分类器，s_1、s_2、s_3 表示 3 个样本。√表示分类正确，×表示分类错误。基分类器组合策略是投票。在图 10-1（a）中，3 个分类器都是能正确分类 2 个，错误分类 1 个。3 个分类器的分类结果按投票法，少数服从多数集成后，3 个样本都被正确分类，集成改善了性能。在图 10-1（b）中，3 个基分类器也都是能正确分类 2 个，错误分类 1 个，但是由于 3 个分类器的分类结果是相同的（也就是在相同的样本上分类正确和错误），因此集成后，性能并没有改善。在图 10-1（c）中，3 个分类器结果虽然不同，但是由于 3 个分类器都很差（3 个样本，2 个分类错误，1 个分类正确），在集成之后，分类结果更差。因此，必须是当“好而不同”的分类器进行集成时，才会提升分类性能。

	s_1	s_2	s_3
C_1	√	√	×
C_2	√	×	√
C_3	×	√	√
集成	√	√	√

（a）集成提升性能

	s_1	s_2	s_3
C_1	√	√	×
C_2	√	√	×
C_3	√	√	×
集成	√	√	×

（b）集成不起作用

	s_1	s_2	s_3
C_1	√	×	×
C_2	×	×	√
C_3	×	√	×
集成	×	×	×

（c）集成降低性能

图 10-1　不同个体集成效果

如何产生“好而不同”的基分类器，是集成学习的核心任务。目前由两类方案：自适应提升（boosting）系列算法和自助投票（bagging）方法。

10.2 boosting 系列算法

boosting 是一系列集成学习算法，由若干基分类器按照不同的权重组合成为一个强分类器，这些基分类器之间有依赖关系。在算法开始时，为每一个样本赋上一个相等的权重值，也就是说，最开始的时候，大家都是一样重要的。在每一次训练中得到的模型，会使得数据点的估计有所差异，所以在每一步结束后，需要对权重值进行处理，而处理的方式就是通过增加错分点的权重，这样使得某些点如果老是被分错，那么就会被“严重关注”，也就被赋上一个很高的权重。然后等进行了 N 次迭代，将会得到 N 个简单的基分类器（basic learner），最后将它们组合起来，可以对它们进行加权（错误率越大的基分类器权重值越小，错误率越小的基分类器权重值越大），或者让它们进行投票等得到一个最终的模型。

boosting 系列算法里最著名的算法主要有 AdaBoost 算法和提升树（boosting tree）系列算法。提升树系列算法里面应用最广泛的是梯度提升树（gradient boosting tree）。

10.2.1 AdaBoost 算法

AdaBoost 算法是一种提升方法，将多个弱分类器组合成强分类器。AdaBoost，是英文 adaptive boosting（自适应提升）的缩写，由 Yoav Freund 和 Robert Schapire 在 1995 年提出。

该算法原理如下。

（1）训练样本权重初始化：假设训练样本中有 N 个样本，初始时为训练集中的每个样本赋予相同的权重 $\frac{1}{N}$。

（2）训练弱分类器。用训练样本训练弱分类器，训练好后在训练样本上分类，如果某个样本已经被准确地分类，那么在构造下一个训练集中，它的权重就被降低；相反，如果某个样本点没有被准确地分类，那么它的权重就得到提高。同时，计算该弱分类器对应的权重，该权重决定了将来所有弱分类器集成的时候该分类器的重要程度。然后，利用更新权值后的样本集被用于训练下一个分类器，整个训练过程如此迭代地进行下去，直到达到了预先要求的基分类器数量。

（3）弱分类器的集成：经过上面反复迭代，训练出足够数量的弱分类器后，将若干分类器的分类结果结合起来。在最终的分类结果中，单个分类误差率小的弱分类器的权重较大，其在最终的分类函数中起着较大的决定作用，而分类误差率大的弱分类器的权重，其在最终的分类函数中起着较小的决定作用。换言之，误差率低的弱分类器在最终分类器中占的比例较大，反之较小。

AdaBoost 算法流程如下。

输入：训练集 $T=\{(x_1,y_1),(x_2,y_2),\cdots,(x_N,y_N)\}$，其中 x_i 为第 i 个样本的特征向量，y_i 为第 i 个样本的类别标签{+1、−1}。M 为要训练的分类器个数。G_m 为第 m 轮训练的基分类器。

输出：强分类器 $G(X)$

（1）初始化训练数据的权值，D_1 为第一轮训练时样本的权值，以此类推，有 $D_1=(w_{11},w_{12},\cdots,w_{1N})$，$w_{1i}=\dfrac{1}{N}$，$i=1,2,\cdots,N$。其中 w_{1i} 为第 1 轮第 i 个样本的权值。初始值为 $\dfrac{1}{N}$。

（2）for $m=1,2,\cdots,M$，使用 D_m 去训练基分类器 G_m。

计算 G_m 在训练样本上的分类误差率 e_m：$e_m=\dfrac{G_m\text{分类正确的样本数量}}{\text{训练样本总数量}}$

计算 G_m 的权重：$\alpha_m=\dfrac{1}{2}\ln\dfrac{1-e_m}{e_m}$

更新训练集的权值：$D_{m+1}=(w_{m+1,1},w_{m+1,2},\cdots,w_{m+1,N})$，其中：

$w_{m+1,i}=\dfrac{w_{m,i}}{Z_m}\exp(-\alpha_m y_i G_m(x_i))$，$i=1,2,\cdots,N$，其中 Z_m 是泛化因子，其计算公式如下：

$$Z_m=\sum_{i=1}^{N}w_{m,i}\exp(-\alpha_m y_i G_m(x_i))$$

endfor

（3）构建基本分类器的线性组合:

$$G(x)=\text{sign}\left(\sum_{m=1}^{M}\alpha_m G_m(x)\right)$$

下面给出利用 AdaBoost 分类器来解决手写字符分类问题。数据集采用 Python 自带的 MNIST 数据集，具体介绍详见附录 A。

```
from sklearn import datasets   # 导入数据集
from sklearn.ensemble import AdaBoostClassifier   # 导入 AdaBoost 分类器
from sklearn.tree import DecisionTreeClassifier   # 导入决策树作为基分类器
import matplotlib.pyplot as plt   # 导入画图库
digit=datasets.load_digits()   #读入手写字符数据集
x=digit.data   # 将数据集的特征放入 x
y=digit.target   # 将数据的类别标签放入 y
ntrain=1000   # 训练样本数量
x_train=x[:ntrain,:]   # 训练样本集 x
x_test=x[ntrain:,]   # 测试样本集 x
```

```
y_train=y[:ntrain]  # 训练样本集的标签
y_test=y[ntrain:]  # 测试样本集的标签
result=[]  # 用于存放测试集分类的准确率
for i in range(2,15):
    # 采用决策树作为基分类器，决策树的最大深度设置为变量 i，取值范围是[2,14]
    base_classifier=DecisionTreeClassifier(criterion='gini',max_depth=i)
    # 集成学习，采用 100 个基分类器
    clf=AdaBoostClassifier(base_estimator=base_classifier,n_estimators=100)
    clf.fit(x_train,y_train)  # 训练
    result.append(clf.score(x_test,y_test))  # 训练好的模型在测试集上预测并评分
plt.plot(range(2,15),result,'b-*')  # 画图
plt.xlabel('depth of decisiontree')
plt.ylabel('accuracy')
```

上面程序结果如图 10-2 所示。

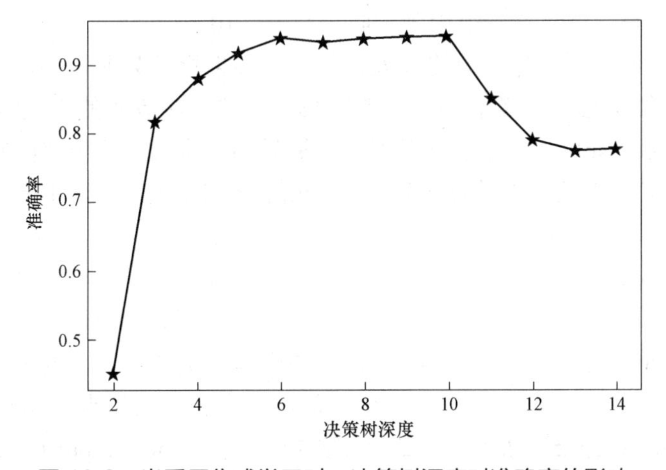

图 10-2 当采用集成学习时，决策树深度对准确率的影响

在本例中，基分类器全部采用决策树，基分类器数量为 100 个。每次采用不同深度的决策树来构造 AdaBoost 分类器。试验结果如图 10-2 所示。从图 10-2 中可以看出，随着决策树深度的增加，AdaBoost 分类的准确率先增加，再平稳，最后下降。当决策树深度为 8 的时候达到最大值。

10.2.2 GBDT 算法

梯度提升决策树（gradient boosting decision tree，GBDT）属于集成算法的一种，基分类器是回归树（分类问题也是回归树，最后再用 S 型或 softmax 函数计算类别），是一种 boosting 算法，即逐步拟合逼近真实值，是一个串行的算法，可以减少误差(bias)

却不能减少偏差（variance），因为每次基本都是全样本参与训练，不能消除偶然性的影响，但每次都逐步逼近真实值，可以减少误差。

这里需要说明下，决策树分为两大类，分类树和回归树。分类树用于分类标签值，如晴天/阴天/雾/雨、用户性别、网页是否是垃圾页面；回归树用于预测实数值，如明天的温度、用户的年龄、网页的相关程度。两者的区别是：分类树的结果不能进行加减运算，晴天 + 晴天没有实际意义；回归树的结果是预测一个数值，可以进行加减运算，如 20 岁 + 3 岁 = 23 岁。GBDT 中的决策树是回归树。

GBDT 包括 3 种基本用法，一是回归，二是二分类，三是多分类。技术细节有点差异，但是整体思路都是一样的，关于 GBDT 算法原理，参考李航的《统计学习方法》一书。本书只介绍其应用。

在 sklearn 中，GradientBoostingClassifier 为 GBDT 的分类树，用于解决分类问题，而 GradientBoostingRegressor 为 GBDT 的回归树，用于解决回归问题。

GradientBoostingClassifier 的参数如下。

- n_estimators：控制弱学习器的数量。
- max_depth：设置树深度，深度越大可能过拟合。
- max_leaf_nodes：最大叶结点数。
- learning_rate：更新过程中用到的收缩步长，(0, 1]。
- max_features：划分时考虑的最大特征数，如果特征数非常多，可以灵活使用其他取值来控制划分时考虑的最大特征数，以控制决策树的生成时间。
- min_samples_split：内部结点再划分所需最小样本数，这个值限制了子树继续划分的条件，如果某结点的样本数少于 min_samples_split，则不会继续再尝试选择最优特征来进行划分。
- min_samples_leaf：叶结点最少样本数，这个值限制了叶结点最少的样本数，如果某叶结点数目小于样本数，则会和兄弟结点一起被剪枝。
- min_weight_fraction_leaf：叶结点最小的样本权重和，这个值限制了叶结点所有样本权重和的最小值，如果小于这个值，则会和兄弟结点一起被剪枝。
- min_impurity_split：结点划分最小不纯度，使用 min_impurity_decrease 替代。
- min_impurity_decrease：如果结点的纯度下降大于了这个阈值，则进行分裂。
- subsample：采样比例，取值为(0, 1]，注意这里的子采样和随机森林不一样，随机森林使用的是放回抽样，而这里是不放回抽样。如果取值为 1，则全部样本都使用，等于没有使用子采样。如果取值小于 1，则只有一部分样本会去做 GBDT 的决策树拟合。选择小于 1 的比例可以减少方差，即防止过拟合，但是会增加样本拟合的偏差，因此取值不能太低，一般在[0.5, 0.8]之间。

下面通过 2 个实例来说明 GBDT 的用法。

例 10-1：基于 GradientBoostingClassifier 的手写字符识别。数据集采用前面介绍的 MNIST 数据集。代码如下：

```
from sklearn import datasets   # 导入数据集
from sklearn.ensemble import GradientBoostingClassifier   # 导入 AdaBoost 分类器
from sklearn.tree import DecisionTreeClassifier   # 导入决策树作为基分类器
import matplotlib.pyplot as plt   # 导入画图库
digit=datasets.load_digits()   # 读入手写字符数据集
x=digit.data   # 将数据集的特征放入 x
y=digit.target   # 将数据的类别标签放入 y
ntrain=1000   # 训练样本数量
x_train=x[:ntrain,:]   # 训练样本集 x
x_test=x[ntrain:,]   # 测试样本集 x
y_train=y[:ntrain]   # 训练样本集的标签
y_test=y[ntrain:]   # 测试样本集的标签
result=[]   # 用于存放测试集分类的准确率
for i in range(2,15):
    clf=GradientBoostingClassifier(max_depth=i,n_estimators=100)
    clf.fit(x_train,y_train)   # 训练
    result.append(clf.score(x_test,y_test))   # 训练好的模型在测试集上预测并评分
plt.plot(range(2,15),result,'b-*')   # 画图
plt.xlabel('depth of decisiontree')
plt.ylabel('accuracy')
```

以上程序运行结果如图 10-3 所示。

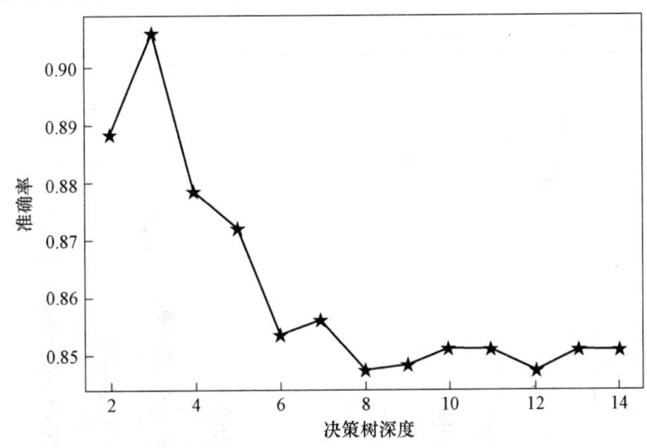

图 10-3　基于 GBDT 的手写字符识别

从图 10-3 可以看出，在树的深度为 3 的时候 GBDT 的效果最好。随着树的深度增加，准确率反而降低，主要是导致了过拟合现象。

例 10-2：基于 GBDT 的波士顿房价预测：直接存储了 505 份房价数据，其中前 13 列为特征值，最后一列为房价。

```
from sklearn import datasets  # 导入数据集
from sklearn.ensemble import GradientBoostingRegressor
import numpy as np
import matplotlib.pyplot as plt  # 导入画图库
import matplotlib
matplotlib.rcParams['font.family']='SimHei'  # 加中文字体
house_data=datasets.load_boston()
x=house_data.data
y=house_data.target
n_train=400
# 数据集分割
x_train=x[:n_train,:]
y_train=y[:n_train]
x_test=x[n_train:]
y_test=y[n_train:]
pos=np.arange(1,11)  # 画柱状图的起始位置
model=GradientBoostingRegressor().fit(x_train,y_train)  # 建模、训练
y_predict=model.predict(x_test)  # 预测房价
plt.bar(pos,y_test[:10],width=0.3,hatch='**')  # hatch 为填充图案
plt.bar(pos+0.3,y_predict[:10],width=0.3)
plt.xlabel('测试样本编号')
plt.ylabel('价格/万美元')
plt.legend(['房价真实值','房价预测值'])
```

上面代码的运行结果如图 10-4 所示。

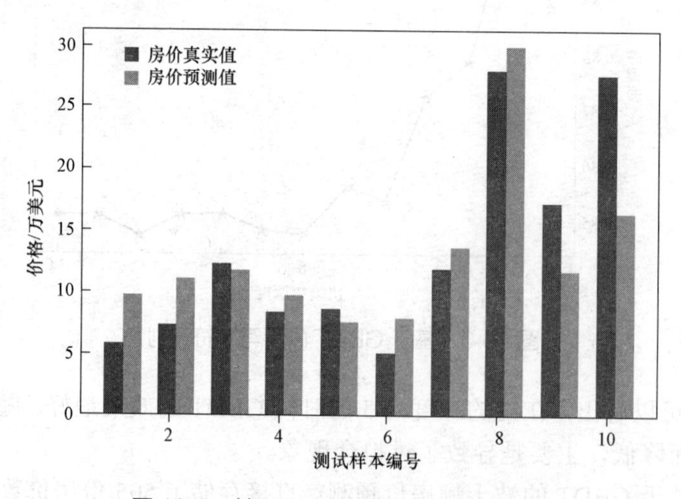

图 10-4　基于 GBDT 的波士顿房价预测

以上代码采用 GBDT 的回归模型来预测波士顿房价，并显示了 10 个测试集上的真实房价与预测房价柱状图。本书中 GBDT 回归模型全部采用默认参数，在测试集上的预测误差就很小了，从图 10-4 可以看出，绝大多数样本的预测值与真实值很接近。

10.3 bagging 方法

bagging 方法是一种可以并行执行的集成学习方法。假设训练集中有 M 个训练样本，可以通过有放回重采样技术，每组有放回重采样 M 次，生成含有 M 个元素的训练集。重复这样做 N 次，则生成 N 个训练集，每个训练集中含有 M 个训练样本。这 N 个训练集可以训练出来 N 个基分类器，再将基分类器的结果结合起来。分类模型采用简单投票法，少数服从多数，将 N 个基分类器的分类结果结合起来，出现两个类收到同样票数的情形，则最简单的做法是随机选择一个作为最终的类别；回归模型采用简单平均法来结合。

随机森林（random forest，RF）是 bagging 的一个扩展变体，RF 在以决策树为基学习器构建 bagging 集成的基础上，进一步在决策树的训练过程中映入了随机属性选择。具体来说，传统的决策树在选择划分属性时，在当前结点选择一个最优属性；而在 RF 中对基决策树的每个结点，先从该结点的属性集合中随机选择一个包含 k 个属性的子集，然后再从这个子集中选择一个最优属性用于划分。在很多例子中表现功能强大，进一步使泛化性能提升，称为“代表集成学习技术水平的方法”。

```
from sklearn import datasets   # 导入数据集
from sklearn.ensemble import BaggingClassifier
from sklearn.ensemble import RandomForestClassifier
from sklearn.tree import DecisionTreeClassifier
import matplotlib.pyplot as plt   # 导入画图库
import matplotlib
matplotlib.rcParams['font.family']='SimHei'

digit=datasets.load_digits()   # 读入手写字符数据集
x=digit.data   # 将数据集的特征放入 x
y=digit.target   # 将数据的类别标签放入 y
ntrain=1000   # 训练样本数量
x_train=x[:ntrain,:]   # 训练样本集 x
x_test=x[ntrain:,]   # 测试样本集 x
y_train=y[:ntrain]   # 训练样本集的标签
y_test=y[ntrain:]   # 测试样本集的标签
result_bagging=[]   # 用于存放测试集分类的准确率
```

```
result_rf=[]   # 用于存放随机森林的结果
for i in range(2,15):
    # bagging 方法
    clf_bagging=BaggingClassifier(base_estimator=DecisionTreeClassifier(max_depth=i
    ),n_estimators=100)
    clf_bagging.fit(x_train,y_train)   # 训练
    result_bagging.append(clf_bagging.score(x_test,y_test))
    # 随机森林的方法
    clf_rf=RandomForestClassifier(max_depth=i,n_estimators=100)
    clf_rf.fit(x_train,y_train)  # 训练
    result_rf.append(clf_rf.score(x_test,y_test))    # 训练好的模型在测试集上预测并
                                                     # 评分
plt.plot(range(2,15), result_bagging,'b-',range(2,15), result_rf,'b-.')   # 画图
plt.xlabel('depth of decisiontree')
plt.ylabel('accuracy')
plt.legend(['bagging','randomforest'])
```

上面代码的运行结果如图 10-5 所示。

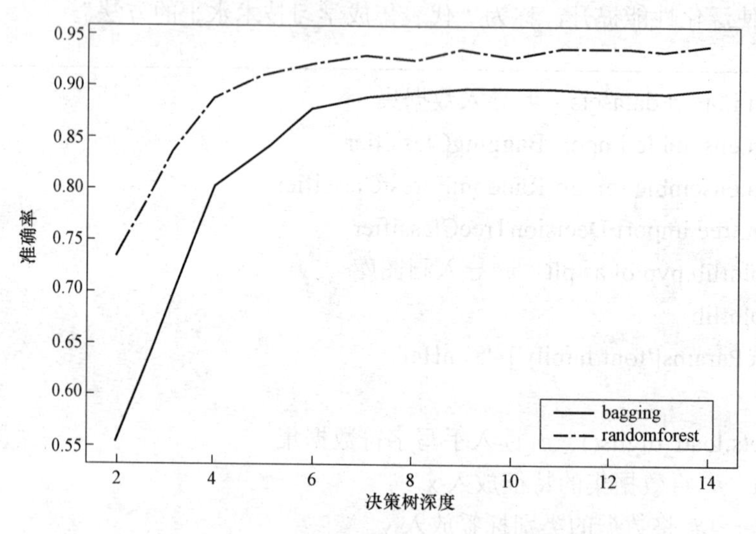

图 10-5　bagging 和随机森林手写字符识别效果对比

从图 10-5 可以看出，同样参数下，随机森林的效果由 bagging 的效果决定。

11 特征提取

前面介绍的线性模型、逻辑回归、决策树、朴素贝叶斯、支持向量机、集成学习、人工神经网络均属于分类器。采用这些分类器解决问题，首先要进行特征提取。特征是输入变量或属性的同义词。通过将“原始”数据转换为一组有用特征，是机器学习成功解决问题的关键。例如，如果要检测一个人是不是得了新冠肺炎，测量病人的身高、体重，利用身高、体重来判断是否是新冠患者很显然是不靠谱的。但是，如果测量身高和体重，以此来判断某个人是否肥胖，这是非常靠谱的。所以说，特征是依赖于具体应用的。好的特征表现在类内差异小，类间差异大，不管选用什么分类器都能很容易分类，但是坏的特征，采用什么分类器都无法得到好的分类结果。

特征提取十分重要，特征提取又极其困难。特征提取一直制约着机器学习的应用。不同的领域，往往特征提取的方法千差万别。例如，自然语言处理领域，常见的特征提取方法有 TF-IDF 法、WordVec 法、FastText 法、Bert 词向量法等；语音识别领域常见的特征提取方法有 MFCC 和 FBank 。由于机器视觉是目前机器学习比较广泛、比较成功的应用领域，因此本章介绍机器视觉领域的一些常见特征提取方法。

机器视觉领域研究对象为图像。图像的特征分为颜色特征、形状特征和纹理特征。颜色特征一般不太鲁棒，容易受到光线明暗程度的影响，所以最常见的特征是纹理特征。纹理特征是一种反映图像中同质现象的视觉特征，它体现了物体表面的具有缓慢变化或周期性变化的表面结构组织排列属性。纹理有 3 个标志：某种局部序列性不断重复、非随机排列、纹理区域内大致为均匀的统一体。纹理不同于灰度、颜色等图像特征，它通过像素及其周围空间邻域的灰度分布来表现，即局部纹理信息。局部纹理信息不同程度的重复性，即全局纹理信息。

纹理特征提取方法种类繁多，本章介绍常见的几种纹理特征提取方法。

11.1 LBP 纹理特征

LBP 方法（local binary patterns，局部二值模式）是计算机视觉中用于图像特征分类的一个方法。它是一种用来描述图像局部纹理特征的算子，具有旋转不变性和灰度不变性等显著的优点。LBP 方法在 1994 年首先由 T. Ojala, M. Pietikäinen 和 D. Harwood 提出，用于纹理特征提取。

原始的 LBP 算子定义为在 3×3 的窗口内，以窗口中心像素为阈值，将相邻的 8 个像素的灰度值与其进行比较，若周围像素值大于中心像素值，则该像素点的位置被标记为 1，否则为 0。这样，3×3 邻域内的 8 个点经比较可产生 8 位二进制数（通常转换为十进制数即 LBP 码，共 256 种），即得到该窗口中心像素点的 LBP 值，并用这个值来反映该区域的纹理信息。该过程用图像表示如图 11-1 所示。

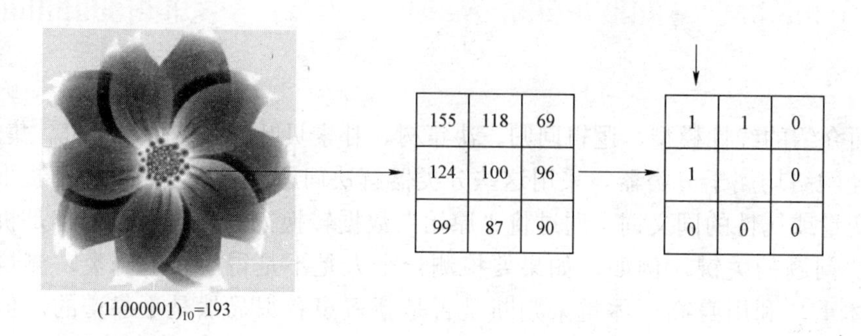

图 11-1 LBP 算子生成过程

原始图像中除了边界像素外，其余每个像素都可以计算出一个 LBP 算子。由于 LBP 算子也是 8 位的，其对应的 10 进制数在 0～255，与图像的灰度范围相同，因此可以将原始图像中每个元素的 LBP 算子计算出来，所有像素的 LBP 算子组成的图像称为 LBP 编码图像。LBP 编码图像的直方图，作为原始图像的特征向量。LBP 特征提取示意图如图 11-2 所示。

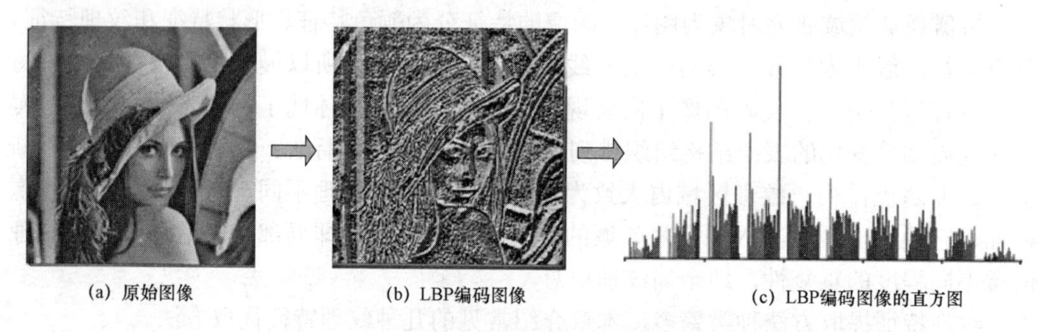

图 11-2 LBP 特征提取示意图

图 11-2（c）的 LBP 编码图像直方图就是原始图像的 LBP 特征向量。

从 LBP 的定义可以看出，LBP 特征对光照是鲁棒的。如图 11-3 所示。从图 11-3 可以看出，不管图像的明暗程度如何，其对应的 LBP 编码图像基本上是一样的，其特征向量当然也基本一样。

LBP 特征具有很多改进版本，常见的有旋转不变 LBP 算子、圆形 LBP 算子、LBP 等价模式等。读者感兴趣可以自行查阅。此外，模仿 LBP 特征提取方法，还有对局部方向进行编码的 LDP 算子等。

在提取 LBP 特征时，可以采用 skimage.feature 库的 local_binary_pattern()方法。

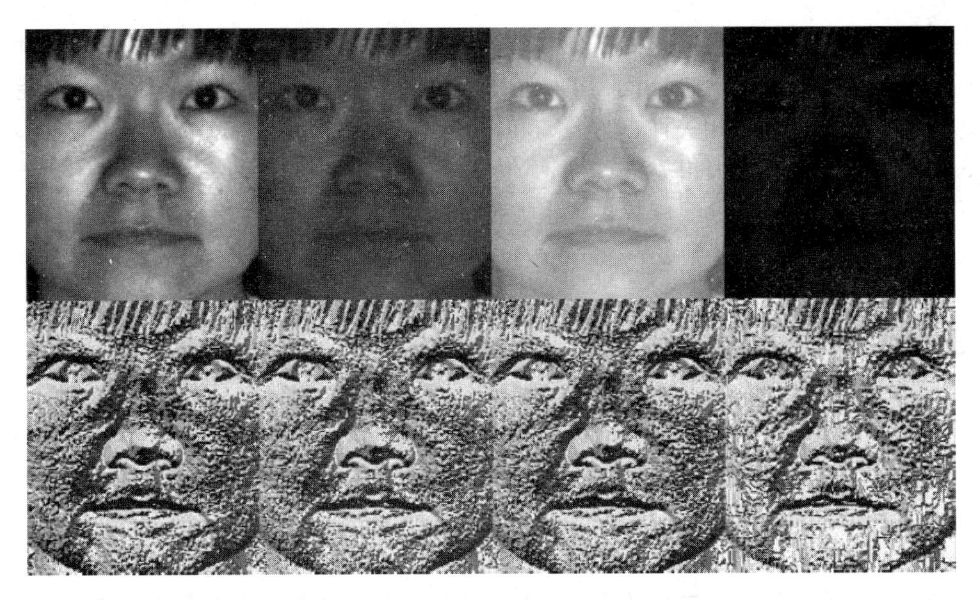

图 11-3 不同光照的 LBP 编码图像

11.2 灰度共生矩阵

灰度共生矩阵是另外一种常见的纹理特征提取方法。灰度共生矩阵的构造方法如图 11-4 所示。左侧的 I 为原始图像的灰度值，右侧 GLCM 为其对应的灰度共生矩阵。在构造灰度共生矩阵时，先选择一个方向（本图中选择 0 度方向），再选择一个步长（图中选择 1），那么统计该方向上距离为该步长的灰度点对出现的次数。在图 11-4 中，0 度方向（水平，从左往右），相邻的两个点（步长为 1）。图 11-4 中右侧的 GLCM 中第 i 行第 j 列的元素 n 表示原始图像 I 中灰度值为 i 和灰度值为 j 在 0 度方向挨着（步长为 1）成对出现 n 次。例如，图像 I 中灰度值 1 和 2 同时出现了 2 次，那么在灰度共生矩阵中第 1 行第 2 列的元素就为 2。

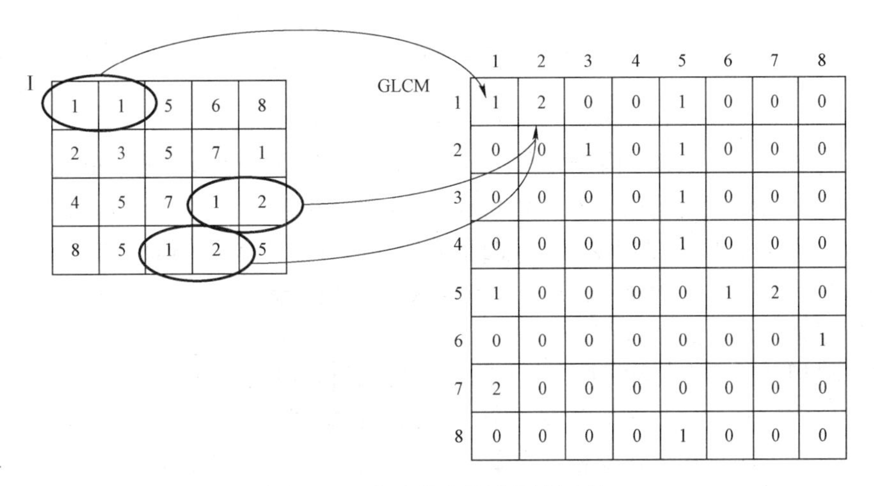

图 11-4 灰度共生矩阵构造过程

灰度共生矩阵并不直接作为区分纹理的特征，而是基于它构建的一些统计量作为纹理分类特征。Haralick 曾提出了 14 种基于灰度共生矩阵计算出来的统计量，即能量、熵、对比度、均匀性、相关性、方差、和平均、和方差、和熵、差方差、差平均、差熵、相关信息测度及最大相关系数。

Python 自带的 skimage 库提供了很方便的灰度共生矩阵计算函数 greycomatrix()，以及计算二次统计量的函数 greycoprops()，需要的读者自行查阅该函数的使用方法。

11.3 HOG 特征提取方法

方向梯度直方图（histogram of oriented gradient，HOG）于 2005 年提出，是一种常用的特征提取方法，HOG+SVM 在行人检测中有着优异的效果。

HOG 具体步骤如下。

（1）先对图像进行灰度化处理。

（2）对灰度图像进行伽马矫正。伽马矫正通常用于电视和监视器系统中重现摄像机拍摄的画面。在图像处理中也可用于调节图像的对比度，减少图像的光照不均和局部阴影。伽马矫正公式为：

$$f(I)=I^{\gamma} \tag{11-1}$$

（3）计算图像的梯度。首先计算图像水平方向和竖直方向的梯度。图像 I 中像素点 (x,y) 处的水平梯度 $G_x(x,y)$ 和竖直梯度 $G_y(x,y)$ 计算方法分别为：

$$\begin{aligned} G_x(x,y)&=I(x+1,y)-I(x-1,y) \\ G_y(x,y)&=I(x,y+1)-I(x,y-1) \end{aligned} \tag{11-2}$$

其中 $I(x,y)$ 表示图像 I 中像素点 (x,y) 的灰度。

接着计算像素点 (x,y) 的梯度幅值和梯度的方向，分别为：

$$G(x,y)=\sqrt{G_x(x,y)^2+G_y(x,y)^2} \tag{11-3}$$

$$\alpha(x,y)=\arctan\left(\frac{G_y(x,y)}{G_x(x,y)}\right) \tag{11-4}$$

其中 $G(x,y)$ 为 (x,y) 点的梯度幅值，$\alpha(x,y)$ 为点 (x,y) 的梯度方向。

（4）为每个单元（cell）构建方向梯度直方图。将图像划分为若干个单元，称为 cell。例如，将梯度的角度离散化为若干个 bin，将图像分成若干个“单元格 cell”，每个 cell 为 6 像素×6 像素，假设采用 9 个 bin 的直方图来统计这 6 像素×6 像素的梯度信息，也就是将 cell 的梯度方向 360° 分成 9 个方向块，然后在 cell 内，将梯度属于同一方向块的梯度进行累加，得到直方图。

（5）将相邻的多个 cell 中的直方图连接起来组合成块（block）。也就是说，一个 block 内包含多个 cell，每个 cell 有一个方向梯度直方图，属于同一个 block 的若干 cell 的方向梯度直方图直接串连起来，构成一个大的直方图，得到该 block 的特征，同时在 block 内归一化为直方图。

（6）构成图像最终的 HOG 特征。最后将图像中所有的 block 的 HOG 特征收集起来，串联成一个大的向量，作为图像最终的 HOG 特征。

Python-OpenCV 中提供了 HOG 特征提取函数，具体应用如下：

```
def HOG_features(im):
    hog = cv2.HOGDescriptor()
    winStride = (8, 8)
    padding = (8, 8)
    hist = hog.compute(im, winStride, padding)
    hist = hist.reshape((-1,))
    return hist
```

HOG 特征具有亮度不变性，同时，由于 HOG 特征按方向收集并统计图像的梯度，能较好地捕捉形状信息。HOG 特征加 SVM 分类器被广泛应用于图像识别中，尤其是在行人检测领域取得了极大的成功。

11.4 Haar-like 特征

11.4.1 Haar-like 特征原理

Haar-like 特征最早是由 Papageorgiou 等应用于人脸表示，Viola 和 Jones 在此基础上，使用 3 种类型 4 种形式的特征。

Haar 特征分为 4 种：边缘特征、线性特征、中心特征和对角线特征（见图 11-5），组合成特征模板。特征模板内有白色和黑色两种矩形，并定义该模板的特征值为白色矩形像素和减去黑色矩形像素和。Haar 特征值反映了图像的灰度变化情况。

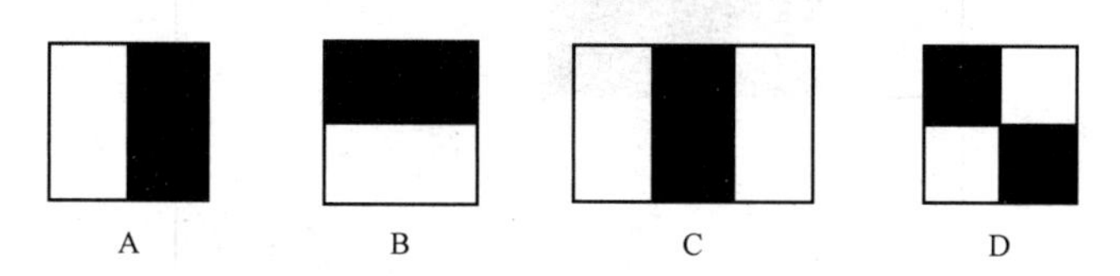

图 11-5 Haar-like 特征的特征模板

对于图 11-5 中的 A、B 和 D 这类特征，特征数值计算公式为白色区域覆盖的像素之和减去黑色区域覆盖的像素之和。而对于 C 来说，计算公式为白色区域覆盖的像素之和减去 2 倍的黑色区域覆盖像素之和。之所以将黑色区域像素和乘 2，是为了使两种矩形区域中像素数目一致。通过改变特征模板的大小和位置，可在图像子窗口中穷举出大量的特征。图 11-5 的特征模板称为“特征原型”。特征原型在图像子窗口中扩展（平移伸缩）得到的特征称为“矩形特征”，矩形特征的值称为“特征值”。矩形特征可位于图像的任意位置，大小也可以任意改变，所以矩形特征值是矩形模版类别、矩形位置和矩形大小这 3 个因素的函数。因此，类别、大小和位置的变化，使得很小的检测窗口含有非常多的矩形特征，例如，在 24 像素×24 像素大小的检测窗口内矩形特征数量可以达到 16 万个。

11.4.2 Haar-like 特征计算——积分图

Haar-like 特征中包含大量的重复区域的求和计算，可以采用积分图来做快速计算。积分图就是只遍历一次图像就可以求出图像中所有区域像素和的快速算法，大大地提高了图像 Haar-like 特征值计算的效率。积分图主要的思想是将图像从起点开始到各个点所形成的矩形区域像素之和作为一个数组的元素保存在内存中，当要计算某个区域的像素和时可以直接索引数组的元素，不用重新计算这个区域的像素和，从而加快了计算（动态规划算法）。积分图能够在多种尺度下，使用相同的时间（常数时间）来计算不同的特征，因此大大提高了检测速度。

图像的积分图构建算法如下。

（1）用 s(i,j)表示行方向的累加和，初始化 s(i,-1)=0。

（2）用 ii(i,j)表示一个积分图像，初始化 ii(-1,i)=0。

（3）逐行扫描图像，递归计算每个像素(i,j)行方向的累加和 s(i,j)与积分图像 ii(i,j)的值

$$s(i,j)=s(i,j-1)+f(i,j)$$

$$ii(i,j)=ii(i-1,j)+s(i,j)$$

（4）扫描一遍图像，当到达图像右下角像素时，积分图像 ii 就构造好了。

在积分图构造好之后，图像中任何矩阵区域的像素累加和都可以通过简单运算得到，如图 11-6 所示。

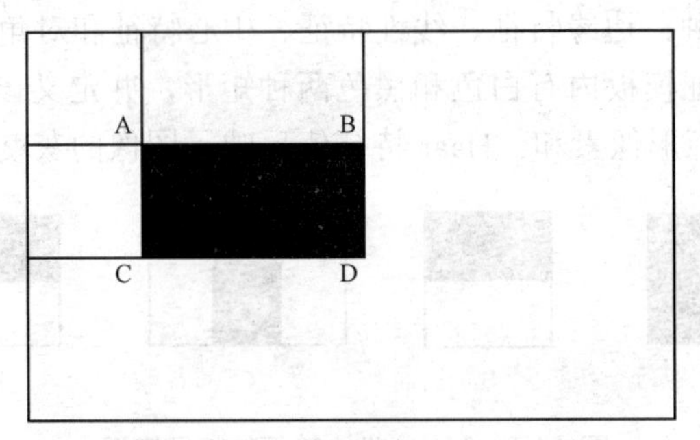

图 11-6 积分图像工作方法

对图 11-6 中阴影区域的求和，可以用阴影区域 4 个顶点 A、B、C、D 的积分图像像素值来计算。具体如下

$$S = ii(A)+ii(D)-ii(B)-ii(C)$$

Haar-like 特征值无非就是两个矩阵像素和与差，利用积分图像可以直接在常数时间内完成。所以矩形特征的特征值计算，只与此特征矩形的端点的积分图有关，不管此特征矩形的尺度变换如何，特征值的计算所消耗的时间都是常量。这样只要遍历图像一次，就可以求得所有子窗口的特征值。

11.4.3 Haar-like 特征的扩展

R. Lienhart 等对 Haar-like 矩形特征库作了进一步扩展，加入了旋转 45° 角的矩形特征。扩展后的特征大致分为 4 种类型：边缘特征、线性特征、圆形环绕中心特征和特定方向的特征，如图 11-7 所示。

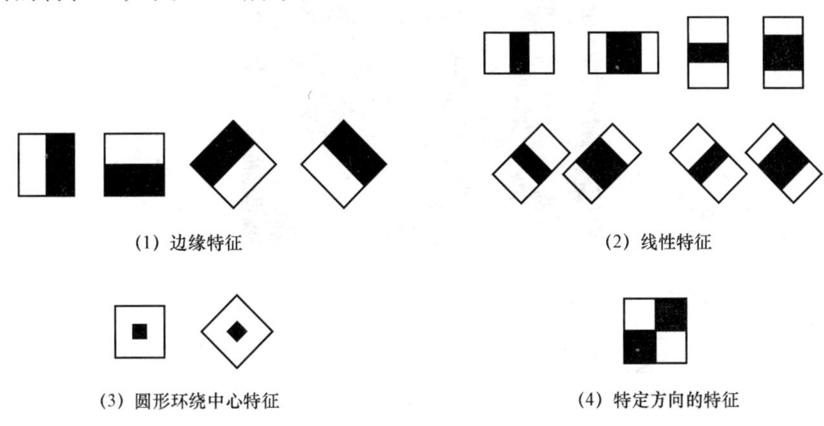

图 11-7 扩展的 Haar-like 特征模板

在特征值的计算过程中，黑色区域的权值为负值，白色区域的权值为正值。而且权值与矩形面积成反比（使两种矩形区域中像素数目一致）。

Haar-like 特征和 AdaBoost 分类器在人脸识别领域取得了巨大的成功。

基于 Haar-like 特征和 AdaBoost 分类器的人脸检测代码如下：

```
import cv2 as cv
# 使用 OpenCV 自带的基于 haar-like 特征的人脸分类器
# haarcascade_frontalface_default.xml
# 位于 Anaconda 3 安装目录下的 Lib\site-packages\cv2\data 文件夹中
face_cascade = cv.CascadeClassifier('haarcascade_frontalface_default.xml')
img = cv.imread('lena.jpg')
gray = cv.cvtColor(img, cv.COLOR_BGR2GRAY)
# 人脸识别
faces = face_cascade.detectMultiScale(gray, 1.3, 3)
for (x, y, w, h) in faces:
    # 对每个人脸识别的结果用方框标记出
    cv.rectangle(img, (x, y), (x + w, y + h), (255, 0, 0), 2)
# 识别结果显示
cv.imshow('img', img)
cv.waitKey(0)
cv.imwrite('recognize.jpg', img)
cv.destroyAllWindows()
```

识别的结果如图 11-8 所示。

图 11-8　Haar-like 特征的脸部识别效果

12 数据降维

在采用机器学习算法解决问题时，收集到的数据特征往往不能直接用来分类。例如，要设计一个区分男人还是女人的分类器，记录眼睛的个数，鼻子的个数，这些数据就没什么用。为什么没用呢？因为不管是男人还是女人，都有两只眼睛一个鼻子。要分类的类别标签（男、女）在鼻子数量、眼睛数量上是没有差异的，因此，这些特征是没用的。不但类别间没差距的特征是没用的，类别之间差异较小的特征也是没用的。在分类时，方差大的属性，往往含有比较有用的信息。无用的特征，不但对分类没有任何好处，还会有坏的影响。因此，在进行分类之前，需要对特征进行降维处理。然而有的时候，对于每维特征而言，方差都很大，似乎都很有用，但是，由于特征之间存在相关性，实际上存在冗余。

通常来说，当通过数据处理得到了一组变量（特征）之后，并不会直接将这些变量输入某种统计模型（如 SVM）。因为第一，数据中存在冗余，训练实例并不是均匀地分布在所有维度上，许多特征几乎是恒定不变的，不仅使训练变得极其缓慢，而且还会使找到好的解决方案变得更加困难。例如，在 MNIST 数据集中，存在几列的像素值都为 0。第二，在处理实际问题中，多个变量之间可能存在一定的相关性，当变量的个数较多且变量之间存在复杂的关系时，增加了问题分析的难度。如果一股脑将全部变量都输入模型可能会影响模型的精度。因此，需要首先对特征进行降维处理。数据降维实际上是对输入特征的一次精简。

在数据降维方法中，典型的方法为主成分分析法，下面介绍其原理。

12.1 主成分分析法

主成分分析法（principal component analysis，PCA）是一种常见的降维算法，常用于高维数据的降维，通过对数据进行主成分分析，选取能够保留绝大多数信息的若干主成分后，将原始数据重新投影到新的坐标轴上，将原来众多具有一定相关性的变量重新组合成一种新的相互无关的综合变量，而且选择的主成分的数量小于原始数据的维度，实现剔除冗余特征和维度的降低。

12.2 主成分分析原理

12.2.1 投影

两个向量的点积为 $(x_1, y_1) \cdot (x_2, y_2) = x_1x_2 + y_1y_2$，点积运算的结果是将两个向量映射

为了一个实数，现在，从几何学的角度来看向量的内积，假设 $\boldsymbol{a}=(x_1,y_1)$ 和 $\boldsymbol{b}=(x_2,y_2)$ 为二维向量，则

$$\boldsymbol{a}\cdot\boldsymbol{b}=|\boldsymbol{a}||\boldsymbol{b}|\cos\alpha \tag{12-1}$$

其中 α 为向量 $\boldsymbol{a}$ 和 $\boldsymbol{b}$ 的夹角，假设向量 $\boldsymbol{b}$ 为一个单位向量，则式（12-1）变成了 $\boldsymbol{a}\cdot\boldsymbol{b}=|\boldsymbol{a}|\cos\alpha$，也就是说，两向量的内积值为向量 $\boldsymbol{a}$ 向 $\boldsymbol{b}$ 这个单位向量所在直线投影的标量大小。

在直角坐标系中，其实默认了一组以 x 轴和 y 轴正方向上长度为 1 的向量为标准，如向量(3,2)就是在 x 轴上投影为 3，y 轴上投影为 2 的一个向量，将这种单位向量称为一组基，由此可以得出一个结论，如果要描述一个向量，就必须确定一组基，然后给出向量在基上的投影值。为了方便，一般选择一组正交的单位向量作为基，称为正交基。

12.2.2 基变换的矩阵表示

举一个矩阵的例子：

$$(3,2)\begin{pmatrix}\frac{1}{\sqrt{2}} & -\frac{1}{\sqrt{2}}\\ \frac{1}{\sqrt{2}} & \frac{1}{\sqrt{2}}\end{pmatrix}=\left(\frac{5}{\sqrt{2}},\ \frac{-1}{\sqrt{2}}\right)$$

上式的第二个矩阵由两列单位向量组成，根据 12.2.1 节的结论可知，得到两个结果为(3,2)在两个单位向量的方向的投影值，也就在一组基向量下的投影，由这个式子可得到发生了基变换，几何上来说坐标轴发生了旋转，这个向量重新映射到了一个新的基向量上，这样做与 PCA 有什么关系？PCA 技术就是将原始的数据投影到一个合适的超平面上，并且保留数据的最大差异性，正因为有了差异性，算法才能更好的学习。而且，若式（12-2）的基向量矩阵为一列，神奇的事情发生了，一个二维的向量经过基变换后维度就为 1 了。由此可得出一个结论，如果基向量的个数少于向量本身的维数，则可以达到降维的效果。

12.2.3 方差和协方差

上面讨论了 PCA 用到的基变换原理，但现在有个问题，哪个基向量最好呢？PCA 技术希望将数据映射到新的基向量后，数据的分布差异性要大，分布差异不大对于机器学习算法来说用处不大。对数据的分散程度使用方差来描述，一个变量的方差可以看作是每个样本与变量均值的差的平方和的均值，即：

$$V(a)=\frac{1}{m}\sum_{i=1}^{m}(a_i-\mu)^2 \tag{12-2}$$

其中 μ 为变量的均值，为方便处理，将每个变量的均值均化为 0，这也意味着 PCA 之前要把数据进行零均值化，即每个值减去均值（sklearn 库的 PCA 已经居中数据）。

$$V(a)=\frac{1}{m}\sum_{i=1}^{m}a_i^{\,2} \tag{12-3}$$

在一维空间中可以用方差来表示数据的分散程度。而对于高维数据，用协方差进行约束，协方差可以表示两个变量的相关性。为了让两个变量尽可能表示更多的原始信息，希望它们之间不存在线性相关性，因为相关性意味着两个变量不是完全独立的，必然存在重复表示的信息。假设均值为 0，协方差公式表示为：

$$\sigma_{ab}=\frac{1}{m}\sum_{i=1}^{m}a_i b_i \tag{12-4}$$

至此，得到了降维问题的优化目标：将一组 N 维向量降为 K 维，其目标是选择 K 个单位正交基，使得原始数据变换到这组基上后，各变量两两间协方差为 0，而变量方差则尽可能大（在正交的约束下，取最大的 K 个方差）。

12.2.4 协方差矩阵

可以看到，优化目标与变量内的方差和变量间的协方差有关系，协方差矩阵将这两个结合在了一起，假设数据只有 a 和 b 两个变量，设数据为 $\boldsymbol{X}$：

$$\boldsymbol{X}=\begin{pmatrix} a_1 & b_1 \\ \vdots & \vdots \\ a_m & b_m \end{pmatrix} \tag{12-5}$$

然后：

$$\boldsymbol{C}=\frac{1}{m}\boldsymbol{X}^{\mathrm{T}}\boldsymbol{X}=\begin{pmatrix} \sigma_{aa} & \sigma_{ab} \\ \sigma_{ba} & \sigma_{bb} \end{pmatrix} \tag{12-6}$$

可以看到，协方差矩阵 $\boldsymbol{C}$ 的对角线上分别是两个变量的方差，其他元素为 a 和 b 的协方差，两者被统一到同一个矩阵里。

12.2.5 矩阵对角化

根据优化目标，对于协方差矩阵来说，要求除对角线外的其他元素为 0，并且在对角线上将元素按大小从上到下排序（变量的方差尽可能大），这是优化目标。下面观察下原始数据和基变换后数据的协方差矩阵的关系。

设原始数据矩阵 $\boldsymbol{X}$（已知）对应的协方差矩阵为 $\boldsymbol{C}$（已知），而 $\boldsymbol{P}$（未知）是一组基按列组成的矩阵，设 $\boldsymbol{Y}=\boldsymbol{XP}$，$\boldsymbol{Y}$ 为 $\boldsymbol{X}$ 对 $\boldsymbol{P}$ 做基变换后的数据。设 $\boldsymbol{Y}$ 的协方差矩阵为 $\boldsymbol{D}$，下面推导一下 $\boldsymbol{D}$ 与 $\boldsymbol{C}$ 的关系：

$$\begin{aligned}\boldsymbol{D}&=\frac{1}{m}\boldsymbol{Y}^{\mathrm{T}}\boldsymbol{Y}\\&=\frac{1}{m}\boldsymbol{P}^{\mathrm{T}}\boldsymbol{X}^{\mathrm{T}}\boldsymbol{XP}\\&=\boldsymbol{P}^{\mathrm{T}}\boldsymbol{CP}\end{aligned} \tag{12-7}$$

可以看出，要确定的 $\boldsymbol{P}$ 是能让原始协方差矩阵对角化。因为协方差矩阵是一个实对称矩阵，根据实对称矩阵的性质可知，一个 n 行 n 列的实对称矩阵一定可以找到 n 个单位正交特征向量，设这 n 个特征向量按列组成的矩阵为 $\boldsymbol{E}=(e_1,e_2,\cdots,e_n)$，则对协

方差矩阵 $\boldsymbol{C}$：

$$\boldsymbol{E}^{\mathrm{T}}\boldsymbol{C}\boldsymbol{E}=\boldsymbol{\Lambda}=\begin{pmatrix}\lambda_1 & & & \\ & \lambda_2 & & \\ & & \ddots & \\ & & & \lambda_n\end{pmatrix} \tag{12-8}$$

到这里，就找到了需要的矩阵 $\boldsymbol{P}=\boldsymbol{E}$，$\boldsymbol{P}$ 是协方差矩阵的特征向量单位化后按列排列出的矩阵，其中每一列都是 $\boldsymbol{C}$ 的一个特征向量。如果设 $\boldsymbol{P}$ 按照 $\boldsymbol{\Lambda}$ 中特征值从大到小，将特征向量从上到下排列，则用 $\boldsymbol{P}$ 的前 $\boldsymbol{K}$ 行组成的矩阵乘原始数据矩阵 $\boldsymbol{X}$，就得到了需要的降维后的数据矩阵 $\boldsymbol{Y}$。

$$\boldsymbol{Y}=\boldsymbol{X}\boldsymbol{P} \tag{12-9}$$

12.2.6 SVD 分解

上面的特征值分解的方法只能用于方阵，如何拓展到任意形状的矩阵呢？有一种称为奇异值分解（SVD）的标准矩阵分解技术，该技术可以将训练集矩阵 $\boldsymbol{X}$ 分解为 3 个矩阵 $\boldsymbol{U}\boldsymbol{\Sigma}\boldsymbol{V}^{\mathrm{T}}$ 的矩阵乘法，其中 $\boldsymbol{V}$ 包含定义所有主要成分的单位向量，如式（12-10）所示。

$$\boldsymbol{V}=\begin{pmatrix}| & | & & | \\ c_1 & c_2 & \cdots & c_n \\ | & | & & |\end{pmatrix} \tag{12-10}$$

要将训练集投影到新的坐标轴上并得到维度为 d 的降维数据集 $\boldsymbol{X}_d$，计算训练集矩阵 $\boldsymbol{X}$ 与矩阵 $\boldsymbol{W}_d$ 的相乘，矩阵 $\boldsymbol{W}_d$ 定义为包含 $\boldsymbol{V}$ 的前 d 列的矩阵，如式（12-11）所示。

$$\boldsymbol{X}_d=\boldsymbol{X}\boldsymbol{W}_d \tag{12-11}$$

图 12-1 展示了使用鸢尾花数据集的花瓣长度、花瓣宽度两个特征进行主成分分析处理降维到一维的，C_1 和 C_2 是这个数据集的两个主成分，对应式（12-10）的 c_1 和 c_2。

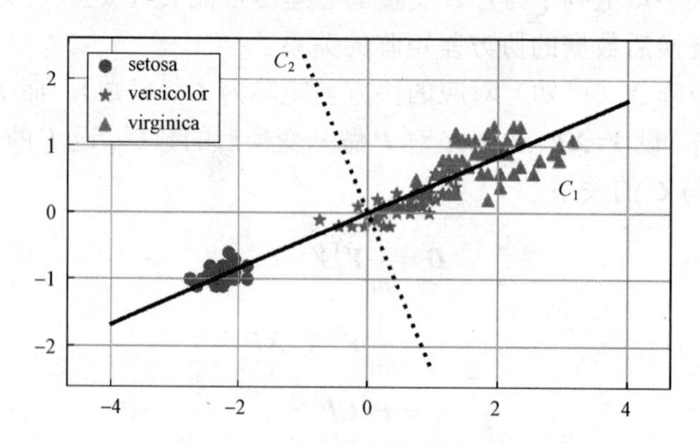

图 12-1 鸢尾花数据集的两个主成分

将这个数据集降维主成分 C_1 上，效果如图 12-2 所示。

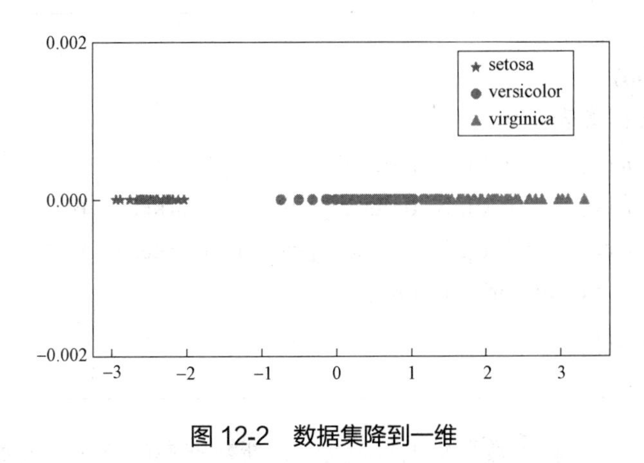

图 12-2 数据集降到一维

12.3 PCA 降维实例

sklearn 库提供了使用奇异值分解的主成分分析函数 sklearn.decomposition.PCA(), PCA 函数会自动处理数据集中的问题，还记得为什么要零均值化吗？

```
from sklearn.decomposition import PCA
pca = PCA(n_components=2)
X_reduced = pca.fit_transform(X, y)
```

上面示例代码的意思是创建了一个 PCA 转换器，它的参数 n_compontents=2 意思是将数据降到 2 维，fit_transform 方法是使用这个 PCA 转换器将原始数据进行降维处理并生成新的数据。

这里提到一个新的名词，可解释方差比，该比率表示沿每个成分的数据集方差的比率，与其选择要减小到的维度，不如选择相加足够大的方差部分的维度，如 95%的方差比，只需要在 n_components=0.95 代替上面的固定维度个数语句即可。

下面使用 PCA 对鸢尾花数据集（4 个维度）进行降维，就选择降到可解释方差比总和为 95%的维度。代码如下：

```
from sklearn.datasets import load_iris
from sklearn.decomposition import PCA
import matplotlib.pyplot as plt
# 导入数据集
X, y = load_iris(return_X_y=True)
# 生成 PCA 转换器
pca = PCA(n_components=0.95)
# 拟合及转换原始数据
X_reduced = pca.fit_transform(X, y)
```

```
print(X_reduced.shape)
plt.figure(dpi=200)
# 将转换后的数据集表示出来
plt.scatter(X_reduced[y == 0, 0], X_reduced[y==0, 1])
plt.scatter(X_reduced[y == 1, 0], X_reduced[y==1, 1], marker='v')
plt.scatter(X_reduced[y == 2, 0], X_reduced[y==2, 1], marker='*')
plt.legend(['setosa', 'versicolor', 'virginica'])
plt.savefig('pca.png')
plt.show()
```

经过降维处理后，新的数据集的维度为 2，新数据集的分布情况如图 12-3 所示。

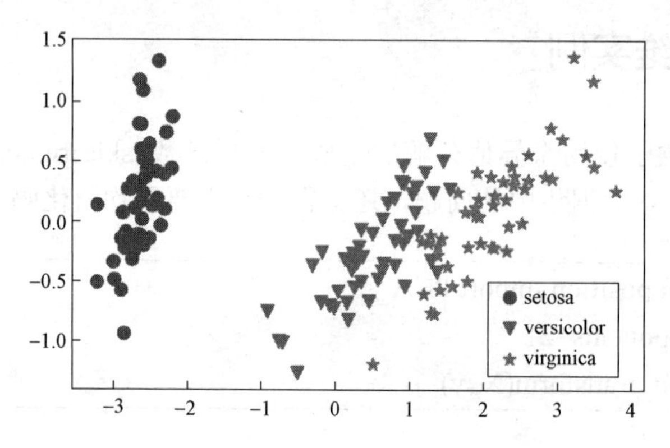

图 12-3　降维后的鸢尾花数据集分布

可以看出，数据降低到 2 维后，依然是可分的。

13 深度学习

到目前为止，本书前面几章讲述的机器学习算法均为浅层机器学习算法。浅层机器学习算法解决问题的流程是“特征提取+分类器分类”。本书中介绍的线性模型、逻辑回归、决策树、朴素贝叶斯、支持向量机、集成学习、人工神经网络均属于分类器。在使用这些分类器之前，需要先将原始数据变成特征向量（这个过程称为特征提取）。机器学习解决问题的过程如图 13-1 所示。

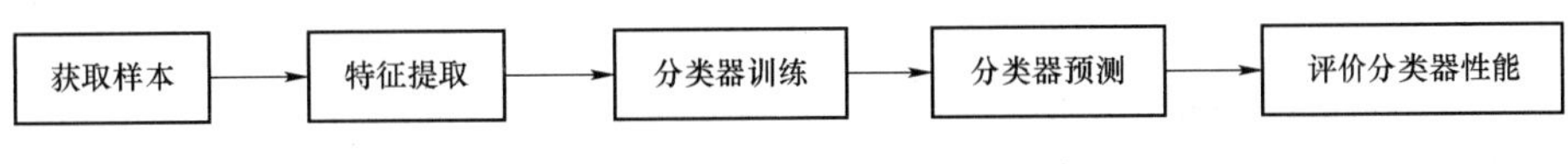

图 13-1　浅层机器学习解决问题流程

在图 13-1 中，分类器的训练、分类器预测、评价分类器性能在 sklearn 中均有相应的函数去实现，唯独特征提取，需要人工去提取。人工进行特征提取具有以下问题。

（1）特征提取困难。好的特征一般具有“类内差异小、类间差异大”的特点。然而特征空间无限大，提取到好的特征极其困难，需要专业的领域知识，而且即便领域知识丰富，特征提取也极具挑战性。

（2）特征通用性差。一些特征往往针对某一类问题有效，但是在另外一些领域中可能效果很差。如 Haar-like 特征在人脸识别领域效果很好，但是在行人检测领域就无能为力了。

在深度学习兴起之前，如何提取到描述性强的特征一直是机器学习领域的难题。实践证明，“人工特征提取+分类器分类”这种模式无法解决复杂的问题，这些难题在深度学习提出后，得到了大幅度改善。

深度学习算法通过深层神经网络来自动学习复杂的、有用的特征，也就是说，深度学习算法会对原始数据自动进行特征提取和分类，在机器视觉领域取得了巨大的成功，随后，被用于语音识别、自然语言处理、数据挖掘、推荐系统等方向。

深度学习是机器学习的一个分支，常见的深度学习模型有自动编码器、卷积神经网络、循环神经网络、生成对抗网络等。下面将分别介绍。

在介绍深度学习之前，先把编写深度学习程序需要的环境搭建好。浅层学习需要用 sklearn 库，anaconda 已经包括了，不需要自行安装。目前深度学习比较流行的库有 tensorflow、PyTorch、keras。本书使用 keras，主要是因为前面浅层学习的时候使用了 sklearn 库，而 keras 的风格与 sklearn 很像。作为深度学习的 API，使用 keras，可以很容易地构建、训练、评估和执行各种神经网络。

需要用 tensorflow，手动安装。安装方法如下。

（1）打开 AnacondaPrompt，方法是：单击“开始”|“Anaconda3”|“Anaconda

Prompt(Anaconda3)”菜单。

（2）安装 tensorflow。在命令行中输入 pip install tensorflow 并按下回车键，将自动下载并安装 tensorflow（要保证在上网状态）。

（3）检验是否安装成功。

13.1 自动编码器

13.1.1 自动编码器原理

自动编码器是一种无监督学习算法，它是一种恒等全连接神经网络，即输出等于输入，一个典型的自动编码器网络结构如图 13-2 所示。

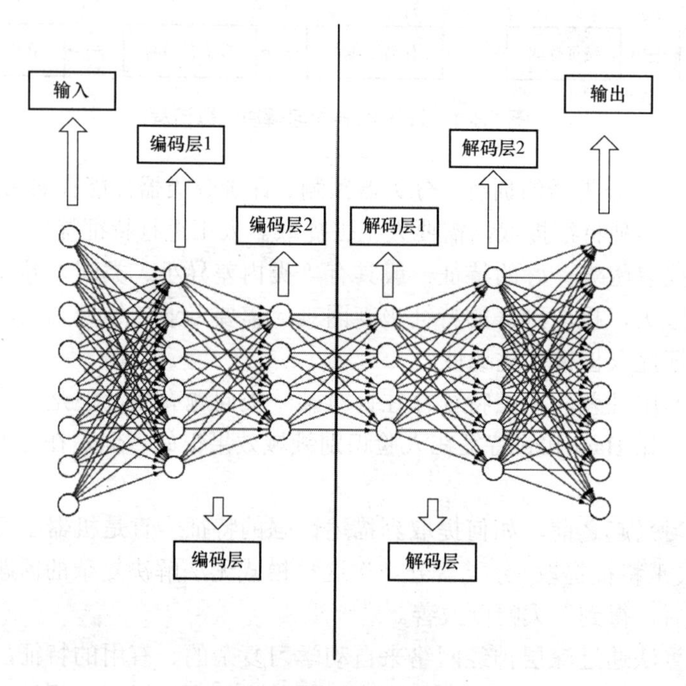

图 13-2　自动编码器网络结构

从图 13-2 可以看出，自动编码器网络包含 2 个部分（图中用竖线分隔开），第一部分为编码部分，编码部分的特点是结点数量越来越少，在图 13-2 中，输入数据为 8 维，第一个编码层包含 6 个结点，输入数据经过第一个编码层后变成 6 维，第二个编码层有 4 个结点，数据经过第二个编码层后变成 4 维。可以理解为输入数据在编码层得到了压缩。第二部分是解码层，其结构与编码层对称，结点数量逐渐增多，可以理解为数据得到了恢复。输出层结点数与输入层一样多。设想下，输入数据经过编码器逐渐压缩，最终又逐渐恢复。如果输出数据与输入数据的误差足够小，说明什么？数据被压缩，还能被完美恢复，那说明，数据中存在冗余，被压缩后的数据中就已经包含了重建数据的关键信息，那么，把压缩后的低维数据作为原始高维输入数据的特征，其实并没损失什么。

13.1.2 自动编码器实例

从图 13-2 可以看出，自动编码器是一个全连接网络，全连接层在 keras 中用 Dense 来实现，Dense 层的具体参数如下：

```
Dense(
units,  # 代表该层的输出维度
activation=None,  # 激活函数，但是默认 liner
use_bias=True,  # 是否使用偏置项 b
kernel_initializer='glorot_uniform',  # 初始化 w 权重，keras/initializers.py
bias_initializer='zeros',  # 初始化 b 权重
kernel_regularizer=None,  # 施加在权重 w 上的正则项，keras/regularizer.py
bias_regularizer=None,  # 施加在偏置向量 b 上的正则项
activity_regularizer=None,  # 施加在输出上的正则项
kernel_constraint=None,  # 施加在权重 w 上的约束项
bias_constraint=None  # 施加在偏置 b 上的约束项
)
```

采用 keras 构建自动编码器完整代码如下（此部分代码如果看不懂，请参考 13.2.2 节）：

```
from tensorflow.keras.datasets import mnist  # 导入手写字符数据集
from sklearn.preprocessing import StandardScaler
from tensorflow.keras.models import Model
from tensorflow.keras import optimizers
from tensorflow.keras.layers import Input,Dense
from sklearn import manifold
import matplotlib.pyplot as plt
# 导入数据
(X_train,y_train), (X_test, y_test) = mnist.load_data()
X_train = X_train.reshape(60000,28*28)
# 数据规范化
X_train = X_train.astype('float32') /255
X_test = X_test.reshape(10000, 28*28)
X_test = X_test.astype('float32') /255
scale=StandardScaler().fit(X_train)
X_train=scale.transform(X_train)
```

```
X_test =scale.transform(X_test)
encoding_dim=2  # 数据压缩到2维，方便显示
input_img=Input(shape=(784,))  # 输入层的尺寸与图像中像素个数相同
# 搭建编码层
encoded=Dense(128, activation='relu')(input_img)  # 增加第一个编码层，包含128个结点
encoded=Dense(64, activation='relu')(encoded)  # 增加第二个编码层，含有64个结点
encoded=Dense(10, activation='relu')(encoded)  # 增加第三个编码层，含有10个结点
encoder_output=Dense(encoding_dim)(encoded)  # 增加第四个编码层，含有2个结点
# 搭建解码层
decoded=Dense(10, activation='relu')(encoder_output)  # 增加一个解码层，含有10个结点
decoded=Dense(64, activation='relu')(decoded)  # 增加第二个解码层，含有64个结点
decoded=Dense(128, activation='relu')(decoded)  # 增加第三个解码层，含有128个结点
decoded=Dense(784, activation='relu')(decoded)  # 增加第四个解码层，同时也是输出层
autoencoder=Model(inputs=input_img,outputs=decoded)  # 构建自动编码器
encoder=Model(inputs=input_img,outputs=encoder_output)  # 只包含编码层，用于数据压缩
autoencoder.compile(optimizer='adam',loss='mse')
autoencoder.fit(X_train,X_train,epochs=20,batch_size=256,shuffle=True)
encoded_imgs=encoder.predict(X_test)
plt.scatter(encoded_imgs[:,0],encoded_imgs[:,1],c=y_test,s=3)
plt.colorbar()
plt.show()
```

上述代码运行结果如图13-3所示。

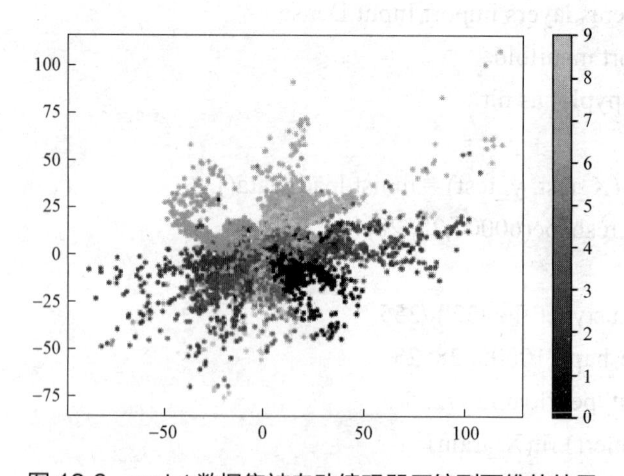

图13-3　mnist数据集被自动编码器压缩到两维的结果

从上面代码中可以看出，自动编码器是一个中心对称的全连接网络（每一层都是Dense层），上面例子中的编码器，输入数据为784维，在数据经过编码层和解码层的处理过程中，数据的维度分别为784—128—64—10—2—10—64—128—784。上面的代码中一共包含2个模型，一个是autoencoder模型，包含784—128—64—10—2—10—64—128—784的层状结构；另一个是encoder模型，包含784—128—64—10—2这样的层状结构。也就是说，autoencoder模型包含了数据的压缩和恢复，而encoder模型只包含数据的压缩。在autoencoder模型训练的时候，代码为autoencoder.fit(X_train,X_train,epochs=20,batch_size=256,shuffle=True)，其中X_train用了两次，也就是说，输入数据是X_train，模型的输出数据还是X_train。可以这样理解，采用某种带参数的模型来压缩数据后，且恢复数据要恢复成与输入数据的误差尽可能的小。恢复数据与输入数据的误差作为代价函数，自动编码器的训练就是寻找一组参数，使得输入数据与输出数据之间的误差尽可能的小。求解参数的办法是梯度下降法。当训练结束后，自动编码器中的参数就确定了，此时可以使用：encoder=Model(inputs=input_img, outputs=encoder_output)来压缩数据了。压缩后的数据可以作为输入数据的特征向量，然后采用分类器进行分类。

13.2 卷积神经网络

在浅层机器学习算法解决问题时，需要先做特征提取，再采用分类器（决策树、支持向量机、人工神经网络、集成学习等）进行分类。而如何从原始数据中提取有效的特征是最关键也是最困难的环节。卷积神经网络是一种自带特征提取和分类功能的深度学习模型，是目前深度学习最流行的算法之一，最初由Yann LeCun于1989年提出。2012年，AlexNet卷积神经网络在ImageNet竞赛中获得冠军后，卷积神经网络引起了研究者的广泛关注，设计出了各种各样的卷积神经网络。近年来一些影响力较大的卷积神经网络见表13-1。

表13-1　近年来一些著名的卷积神经网络

网络名称	提出时间	提出者	成　就
LeNet	1998	Yann LeCun	CNN的开山鼻祖
AlexNet	2012	Krizhevsky 与 Hinton	2012年ILSVRC冠军，深度学习热潮开始标志
VGG	2014	Simonya和 Zisserman	2014年ImageNet Challenge 上分类任务第二名、定位任务第一名
Inception Net	2014	Google	2014年ImageNet Challenge 分类与检测冠军
ResNet	2015	Kaiming He	2016 年 CVPR Best Paper Award，且2015年ILSVRC和COCO 竞赛横扫竞争对手，分别拿下分类、定位、检测、分割任务的第一名
DenseNet	2016	Gao Huang等	提高网络表现效果的同时减少了网络的参数量
MobileNet	2017	Google	轻量化网络
ShuffleNet	2017	张翔宇	利用分组卷积技术，提出高效的移动端卷积神经网络

卷积神经网络本质上是一种前馈人工神经网络。但是其网络结构与传统的全连接网络有很大的不同。卷积神经网络主要由这几类层构成：输入层、卷积层、ReLU 层、池化（pooling）层和全连接层（全连接层和常规神经网络中的一样）。通过将这些层叠加起来，就可以构建一个完整的卷积神经网络。下面详细介绍卷积神经网络的结构。

13.2.1 卷积神经网络的基本结构

卷积神经网络是由各种层状结构拼搭起来的模型，主要的层状结构如下。

1. 输入层（input layer）

输入层要做的处理主要是对原始图像数据进行预处理，其中包括以下几项。

- 去均值：把输入数据各个维度都中心化为 0，其目的就是把样本的中心拉回到坐标系原点上。
- 归一化：幅度归一化到同样的范围，即减少因各维度数据取值范围的差异而带来的干扰，具体参见 11.5 节。
- PCA/白化：用 PCA 降维；白化是对数据各个特征轴上的幅度归一化。

2. **卷积层（convolutional layer）**

卷积是数字图像处理中一种常规处理方法。卷积可以用于图像去噪、增强、边缘检测等，还可以用于提取图像中有用的特征。

假设有待卷积的灰度图像如图 13-4（a）所示，卷积模板如图 13-4（b）所示。卷积过程如下：首先计算 I_{22} 点的卷积，计算方法是卷积模板中心 w_{22} 与 I_{22} 对齐，将卷积模板覆盖到待卷积图像上，此时，卷积模板与待卷积图像中重叠的区域为图 13-4（a）中的阴影部分所示，I_{22} 点的卷积结果为 I_{22} 点 3×3 邻域与 3×3 的卷积模板相同位置的数相乘再相加，即 $w_{11}I_{11}+w_{12}I_{12}+w_{13}I_{13}+w_{21}I_{21}+w_{22}I_{22}+w_{23}I_{23}+w_{31}I_{31}+w_{32}I_{32}+w_{33}I_{33}$。计算完 I_{22} 点的卷积结果后，接着计算 I_{23} 点的卷积结果，此时，将卷积模板覆盖到待卷积图像中 I_{23} 点的 3×3 邻域上，卷积模板与覆盖区域中相同位置的数据相乘并相加，结果为 $w_{11}I_{12}+w_{12}I_{13}+w_{13}I_{14}+w_{21}I_{22}+w_{22}I_{23}+w_{23}I_{24}+w_{31}I_{32}+w_{32}I_{33}+w_{33}I_{34}$，继续做下去，除了第一行、最后一行、第一列和最后一列的像素外，其余像素点均可以按照上述方法计算卷积值。而第一行、最后一行、第一列和最后一列，由于没有 3×3 邻域，因此没法直接做卷积运算。

I_{11}	I_{12}	I_{13}	I_{14}	I_{15}
I_{21}	I_{22}	I_{23}	I_{24}	I_{25}
I_{31}	I_{32}	I_{33}	I_{34}	I_{35}
I_{41}	I_{42}	I_{43}	I_{44}	I_{45}
I_{51}	I_{52}	I_{53}	I_{54}	I_{55}

(a) 待卷积图像

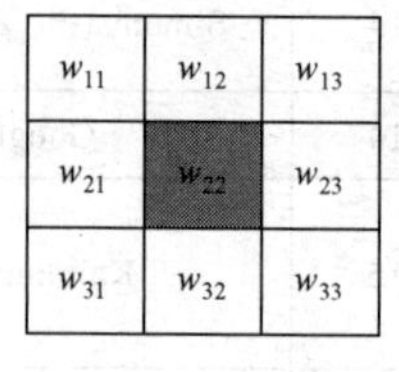

(b) 卷积模板

图 13-4 卷积过程示意图

要想对卷积图像中的每一点都进行卷积，需要对卷积图像进行边界处理，常见的边界处理方法有两种：① 扩边，并采用固定值或复制填充法来填充边界。扩边的宽度受到卷积模板尺寸的影响，假设卷积模板的尺寸为$(2n-1)\times(2n-1)$，则需要将待卷积图像前后各增加n行，左右各增加n列。如果选择固定值填充边界法，一般采用固定值0来填充新增加的边界区域。当卷积模板为3×3时，采用0填充边界前后效果如图13-5所示。

I_{11}	I_{12}	I_{13}	I_{14}	I_{15}
I_{21}	I_{22}	I_{23}	I_{24}	I_{25}
I_{31}	I_{32}	I_{33}	I_{34}	I_{35}
I_{41}	I_{42}	I_{43}	I_{44}	I_{45}
I_{51}	I_{52}	I_{53}	I_{54}	I_{55}

(a) 原始图像

0	0	0	0	0	0	0
0	I_{11}	I_{12}	I_{13}	I_{14}	I_{15}	0
0	I_{21}	I_{22}	I_{23}	I_{24}	I_{25}	0
0	I_{31}	I_{32}	I_{33}	I_{34}	I_{35}	0
0	I_{41}	I_{42}	I_{43}	I_{44}	I_{45}	0
0	I_{51}	I_{52}	I_{53}	I_{54}	I_{55}	0
0	0	0	0	0	0	0

(b) 固定值边界填充后图像

图 13-5　固定值边界填充示意图

② 复制填充，一般采用复制边界的方法将图像扩边。当卷积模板为3×3时，采用复制边界的方法扩充边界前后效果如图13-6所示。

I_{11}	I_{12}	I_{13}	I_{14}	I_{15}
I_{21}	I_{22}	I_{23}	I_{24}	I_{25}
I_{31}	I_{32}	I_{33}	I_{34}	I_{35}
I_{41}	I_{42}	I_{43}	I_{44}	I_{45}
I_{51}	I_{52}	I_{53}	I_{54}	I_{55}

(a) 原始图像

I_{11}	I_{11}	I_{12}	I_{13}	I_{14}	I_{15}	I_{15}
I_{11}	I_{11}	I_{12}	I_{13}	I_{14}	I_{15}	I_{15}
I_{21}	I_{21}	I_{22}	I_{23}	I_{24}	I_{25}	I_{25}
I_{31}	I_{31}	I_{32}	I_{33}	I_{34}	I_{35}	I_{35}
I_{41}	I_{41}	I_{42}	I_{43}	I_{44}	I_{45}	I_{45}
I_{51}	I_{51}	I_{52}	I_{53}	I_{54}	I_{55}	I_{55}
I_{51}	I_{51}	I_{52}	I_{53}	I_{54}	I_{55}	I_{55}

(b) 复制边界填充后的图像

图 13-6　固定值边界填充示意图

可以看出，经过边界填充处理后，原始图像中的每一个像素都具备了与卷积模板尺寸一样大的邻域，都可以进行卷积处理了。下面给出卷积的代码：

```
import matplotlib.pyplot as plt
import cv2   # 关于 cv2 库的使用参考第 14.1 节计算机视觉库——OpenCV
```

```
import numpy as np
import matplotlib
matplotlib.rcParams['font.family']='SimHei'  # 设置中文字体
img = plt.imread(r"C:\Users\LHJ\Desktop\lena.png")  # 读图像
gray = cv2.cvtColor(img,cv2.COLOR_BGR2GRAY)  # 彩色图像转为灰度图像
# 以下定义了 6 种卷积模板
sobe1_x = np.array(([-1, 0, 1], [-2, 0, 2], [-1, 0, 1]))
sobe1_y = np.array(([-1, -2, -1], [0, 0, 0], [1, 2, 1]))
prewitt_x = np.array(([-1, 0, 1], [-1, 0, 1], [-1, 0, 1]))
prewitt_y = np.array(([-1, -1,-1], [0, 0, 0], [1, 1, 1]))
laplacian = np.array(([0, -1, 0], [-1, 4, -1], [0, -1, 0]))
# 以下采用上面的 5 种卷积模板分别与图像进行卷积
im_sobe1_x = cv2.filter2D(gray,-1,sobe1_x)  # 卷积函数
im_sobe1_y = cv2.filter2D(gray,-1,sobe1_y)
im_prewitt_x=cv2.filter2D(gray,-1,prewitt_x)
im_prewitt_y=cv2.filter2D(gray,-1,prewitt_y)
im_laplacian =cv2.filter2D(gray,-1,laplacian)
# 以下显示卷积后的图像
plt.subplot(2,3,1)
plt.imshow(gray,'gray')
plt.title('原始图像')
plt.subplot(2,3,2)
plt.imshow(im_sobe1_x ,'gray')
plt.title('im_sobe1_x ')
plt.subplot(2,3,3)
plt.imshow(im_sobe1_y ,'gray')
plt.title('im_sobe1_y ')
plt.subplot(2,3,4)
plt.imshow(im_prewitt_x ,'gray')
plt.title('im_prewitt_x ')
plt.subplot(2,3,5)
plt.imshow(im_prewitt_x ,'gray')
plt.title('im_prewitt_x ')
plt.subplot(2,3,6)
plt.imshow(im_laplacian ,'gray')
plt.title('im_laplacian ')
plt.subplots_adjust(wspace = 0.5, hspace = 0.5)  # 设置子图之间的距离
```

上述代码运行结果如图 13-7 所示。

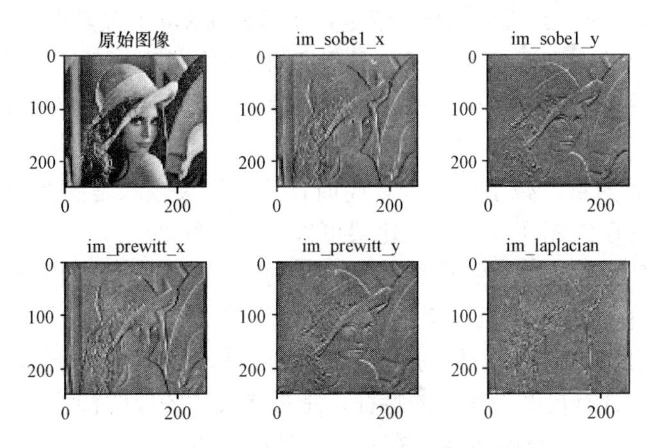

图 13-7 图像与不同的卷积模板卷积后的结果

在图 13-7 中，原始图像分别与 5 个卷积模板进行了卷积处理，其中 im_sobel_x 卷积模板和 im_prewitt_x 卷积模板的卷积结果提取到了图像中竖直方向上的边缘（如左侧的杆子、鼻子、肩膀），im_sobel_y 卷积模板和 im_prewitt_y 卷积模板提取到了图像中水平方向的边缘（如嘴唇、帽沿等）。由于图像与不同的卷积模板进行卷积处理，能得到不同的边缘信息，而这些边缘信息对于识别或分类任务来说是十分重要的。卷积层相当于一个特征抽取器，可以自动抽取数据中的特征，一定程度上解决了人工特征提取困难的问题，也因此卷积神经网络得到了广泛的关注与应用。

3. 激活函数（activation function）

卷积神经网络中的激活函数一般为 ReLu（the rectified linear unit，修正线性单元）函数。

4. 池化层（pooling layer）

池化层本质上是对数据进行降采样。目前常见方法有最大池化（max pooling）和平均池化（average pooling）两种，而实际用的较多的是最大池化，图 13-8 以图像为例，介绍最大池化过程。

18	2	9	25
26	14	42	31
17	34	16	12
8	21	1	15

（a）池化前

26	42
34	16

（b）2像素×2像素最大池化后

图 13-8 池化过程示意图

图 13-8（a）为池化前的图像，包含 4 个 2×2 的区域（用不同的颜色区分）。当对该图像进行最大池化时，每个区域只保留其最大值，得到图 13-8（b）中的结果。可以

看到，原来 4×4 的图像，经过 2×2 最大池化处理后，图像的尺寸变小，相当于做了降采样处理。如果做 $m \times m$ 的最大池化，就是将图像每 $m \times m$ 个像素中只保留一个最大值。如果采用平均池化法，则池化的时候，只保留 $m \times m$ 个像素中的平均值。

池化层一般放在一个或多个卷积层后面，输入数据经过带边界处理的卷积运算后，数据的维度没有发生变化，仍然含有大量的数据，池化层夹在连续的卷积层中间，用于压缩数据和参数的量，减小过拟合。简而言之，如果输入是图像的话，那么池化层的最主要作用就是压缩图像。引入池化层可以有以下好处。

（1）特征不变性，也就是在图像处理中经常提到的特征的尺度不变性，池化操作就是对图像进行降采样，如手机拍摄的一张狗的图像为 5 MB 以上，对数据降采样到 100 KB，仍然能判断该图像是一只狗，图像压缩时去掉的信息只是一些无关紧要的信息，而留下的信息则是具有尺度不变性的特征，是最能表达图像的特征。

（2）特征降维，一般一幅图像含有的信息是很大的，特征也很多，但是有些信息对于做图像任务时没有太多用途或有重复，可以把这类冗余信息去除，把最重要的特征抽取出来，这也是池化操作的一大作用。

（3）数据经过池化处理后，由高维降低到低维，在一定程度上防止过拟合。

5. 全连接层（fully connected layer）

全连接层，就是两层之间所有的神经元都全部连接起来，层内的神经元没有连接，相当于分类器。

前面介绍了卷积神经网络常见的层状结构，下面来介绍如何将这些层状结构组织起来，搭建卷积神经网络模型。keras 中提供了搭建卷积神经网络模型的各种 API。采用 keras 搭建卷积神经网络模型主要有两种方法：序贯式模型搭建法和函数式模型搭建法。下面分别介绍。

13.2.2 序贯式模型搭建法

序贯式模型搭建法是用 keras 搭建深度学习模型最简单的一种方法。keras 提供了 Sequential API 用来搭建序贯式模型，就像它的名字所形容的一样，它将按照序列的方式实现模型，模型中的各个层就像一个队列一样排列起来组成一个完整的模型。这种方法不但可以搭建卷积神经网络，还可以搭建自动编码器、循环神经网络等深度学习模型。下面详细介绍采用 keras 中的 Sequential API 来搭建序贯模型的方法。

1. 创建序贯模型

序贯模型（sequential），就像搭积木一样，先搭建个底座，然后不停地往上面插各种层，插好了，模型就建起来了。在创建序贯模型前先导入该模型，再创建一个空的序贯模型，具体代码如下：

```
from tensorflow.keras.models import Sequential
model = Sequential()
```

上述代码中包含 2 行，第一行为导入 Sequential，导入后，就可以使用 Sequential 创建序贯模型了。第二行 model = Sequential()是创建一个空的序贯模型，并存储在 model 中。这就相当于积木的底座搭好了，接下来，就要往该底座上添加各种层了。

2. 卷积神经网络模型结构搭建

空的序贯模型搭建好以后，接下来要往上添砖加瓦，搭建完整的卷积神经网络模型，也就是往序贯模型上加各种层。添加层的方法是 model.add（层名）。

tf.keras.layers 内置了非常丰富的各种功能的模型层，一些常见的模型层简单介绍如下。

1）*基础层*

- Dense：密集连接层。参数个数 = 输入层特征数×输出层特征数（weight）+输出层特征数（bias）。
- Activation：激活函数层。一般放在 Dense 层后面，等价于在 Dense 层中指定 activation。
- Dropout：随机置零层。训练期间以一定概率将输入置 0，一种正则化手段。
- BatchNormalization：批次标准化层。通过线性变换将输入批次缩放平移到稳定的均值和标准差。可以增强模型对输入不同分布的适应性，加快模型训练速度，有轻微正则化效果。一般在激活函数之前使用。
- SpatialDropout2D：空间随机置零层。训练期间以一定概率将整个特征图置 0，一种正则化手段，有利于避免特征图之间过高的相关性。
- Input：输入层。通常在使用 Functional API 方式构建模型时作为第一层。
- DenseFeature：特征列接入层，用于接收一个特征列列表并产生一个密集连接层。
- Flatten：扁平化层，用于将多维张量拉成一维。
- Reshape：形状重塑层，改变输入张量的形状。
- Concatenate：拼接层，将多个张量在某个维度上拼接。
- Add：加法层。
- Subtract：减法层。
- Maximum：取最大值层。
- Minimum：取最小值层。

2）*卷积网络相关层*

- Conv1D：普通一维卷积，常用于文本。参数个数 = 输入通道数×卷积核尺寸（如 3）×卷积核个数。
- Conv2D：普通二维卷积，常用于图像。参数个数 = 输入通道数×卷积核尺寸（如 3 乘 3）×卷积核个数。
- Conv3D：普通三维卷积，常用于视频。参数个数 = 输入通道数×卷积核尺寸（如 3 乘 3 乘 3）×卷积核个数。
- SeparableConv2D：二维深度可分离卷积层。不同于普通卷积同时对区域和通道操作，深度可分离卷积先操作区域，再操作通道。即先对每个通道做独立卷积操作区域，再用 1 乘 1 卷积跨通道组合操作通道。参数个数 = 输入通道数×卷积核尺寸 + 输入通道数×1×1×输出通道数。深度可分离卷积的参数数量一般远小于普通卷积，效果一般也更好。

- DepthwiseConv2D：二维深度卷积层。仅有 SeparableConv2D 前半部分操作，即只操作区域，不操作通道，一般输出通道数和输入通道数相同，但也可以通过设置 depth_multiplier 让输出通道为输入通道的若干倍数。输出通道数 = 输入通道数×depth_multiplier。参数个数 = 输入通道数×卷积核尺寸× depth_multiplier。
- Conv2DTranspose：二维卷积转置层，俗称反卷积层。并非卷积的逆操作，但在卷积核相同的情况下，当其输入尺寸是卷积操作输出尺寸的情况下，卷积转置的输出尺寸恰好是卷积操作的输入尺寸。
- LocallyConnected2D：二维局部连接层。类似 Conv2D，唯一的差别是没有空间上的权值共享，所以其参数个数远高于二维卷积。
- MaxPooling2D：二维最大池化层，也称作下采样层。池化层无参数，主要作用是降维。
- AveragePooling2D：二维平均池化层。
- GlobalMaxPool2D：全局最大池化层。每个通道仅保留一个值。一般从卷积层过渡到全连接层时使用，是 Flatten 的替代方案。
- GlobalAvgPool2D：全局平均池化层。每个通道仅保留一个值。

3）循环神经网络相关层

- Embedding：嵌入层。一种比 Onehot 更加有效的对离散特征进行编码的方法。一般用于将输入中的单词映射为稠密向量。嵌入层的参数需要学习。
- LSTM：长短记忆循环网络层。最普遍使用的循环网络层。具有携带轨道，遗忘门，更新门，输出门。可以较为有效地缓解梯度消失问题，从而能够适用长期依赖问题。当设置 return_sequences = True 时可以返回各个中间步骤输出，否则只返回最终输出。
- GRU：门控循环网络层。LSTM 的低配版，不具有携带轨道，参数数量少于 LSTM，训练速度更快。
- SimpleRNN：简单循环网络层。容易存在梯度消失，不能够适用长期依赖问题。一般较少使用。
- ConvLSTM2D：卷积长短记忆循环网络层。结构上类似 LSTM，但对输入的转换操作和对状态的转换操作都是卷积运算。
- Bidirectional：双向循环网络包装器。可以将 LSTM、GRU 等层包装成双向循环网络，从而增强特征提取能力。
- RNN：RNN 基本层。接受一个循环网络单元或一个循环单元列表，通过调用 tf.keras.backend.rnn 函数在序列上进行迭代从而转换成循环网络层。
- LSTMCell：LSTM 单元。和 LSTM 在整个序列上迭代相比，它仅在序列上迭代一步。可以简单理解 LSTM 即 RNN 基本层包裹 LSTMCell。
- GRUCell：GRU 单元。和 GRU 在整个序列上迭代相比，它仅在序列上迭代一步。
- SimpleRNNCell：SimpleRNN 单元。和 SimpleRNN 在整个序列上迭代相比，它仅在序列上迭代一步。

- AbstractRNNCell：抽象 RNN 单元。通过对它的子类化用户可以自定义 RNN 单元，再通过 RNN 基本层的包裹实现用户自定义循环网络层。
- Attention：Dot-product 类型注意力机制层。可以用于构建注意力模型。
- AdditiveAttention：Additive 类型注意力机制层。可以用于构建注意力模型。
- TimeDistributed：时间分布包装器。包装后可以将 Dense、Conv2D 等作用到每一个时间片段上。

在使用这些 API 添加层之前，需要先导入这些层，然后再添加。导入层并添加到序贯模型的代码如下（为了方便说明问题，为每行代码添加了行号）：

```
1. from tensorflow.keras.models import Sequential
2. from tensorflow.keras.layers import Dense,Conv2D,MaxPooling2D,Flatten,Dropout
3. model = Sequential()
4. model.add(Conv2D(filters=30,kernel_size=(3,3),padding="same",activation="relu",input_
shape=[28,28,1]))
5. model.add(MaxPooling2D(pool_size=(3,3)))
6. model.add(Flatten())  # 扁平化操作
# 搭建全连接层，本层有 20 个神经元，激活函数为 ReLu
7. model.add(Dense(20,activation="relu"))
8. model.add(Dropout(0.5))  # 随机丢弃 50%的数据，防止过拟合化
# mnist 手写数字数据集有 10 类（0～9），因此最后一层全连接层使用 10 个神经元，
并选择与其配套的激活函数 softmax
9. model.add(Dense(10,activation="softmax"))
```

在上述代码中，第 1 行导入序贯模型；第 2 行导入建模后要使用的各种层；第 3 行创建了一个空的序贯模型；第 4 行往序贯模型上添加了一个二维卷积层，包含 30 个（filters=30）尺寸为3×3（kernel_size=(3,3)）的卷积核（也叫滤波器、卷积模板，卷积核里的数据具体是啥不用关心，是随机初始化的，是训练时学习的目标），padding=“same”表示卷积时边界填充方法为“以零填充边界”，activation="relu"表示该层的激活函数为 ReLu 函数；input_shape=[28,28,1]表示输入数据的尺寸为 28 行 28 列的灰度图像，如果是彩色图像 input_shape=[28,28,3]；第 5 行，为序贯模型增加了一个二维最大池化层，池化尺寸为 3×3，也就是 3×3 的区域只保留一个最大值留下来；第 6 行增加了一个扁平化层，该层的作用是将每个二维图像拉直，变成一维向量，以便于后面分类；第 7 行增加了一个全连接层，该层包含 20 个神经元，激活函数为 ReLu 函数；第 8 层添加了 dropout 层，随机断掉 50%的连接，能达到减少过拟合的效果；第 9 行为全连接行，也是输出行，有 10 个神经元（因为在对手写字符进行识别时，有 10 个类别），该层为卷积神经网络的最后一层，其激活函数为“softmax”。注意，采用卷积神经网络进行分类的时候，最后一层的结点数要求与类别数相同，且激活函数要

求用“softmax”。

上面搭建了一个简单的卷积神经网络模型，只包含一个卷积层，一个池化层，一个扁平化层，一个全连接层，一个输出层（最后的那个全连接层）。实际搭建卷积神经网络的时候，可以包含若干个卷积层，若干个池化层，以及若干个 dropout 层。在扁平化（flatten）之前的若干层，其功能为特征提取。扁平化之后的层，实际上是分类器。到此为止，一个完整的卷积神经网络搭建完毕。在上面的模型中，也可以把全部的层放到列表里，作为 Sequential 的参数，具体如下：

```
model:=Sequential([Conv2D(filters=30,kernel_size=(3,3),padding="valid",activation="relu",
input_shape=[28,28,1]),
        MaxPooling2D(pool_size=(2,2)),  # 搭建池化层，核尺寸为（2×2），其他均
                                         # 使用默认值
        Flatten(), # 扁平化操作
        Dense(20,activation="relu"),   # 搭建含有 20 个神经元的全连接层，激活函数
                                        # 为 ReLu
        Dropout(0.5),   # 随机丢弃 50%的数据，防止过拟合化
        Dense(10,activation="softmax")])
```

这样，一个序贯模型就搭建好了，接下来，配置模型的训练参数，并进行训练。

3. 模型训练参数配置

前面介绍了如何搭建卷积神经网络结构模型。在模型搭建好后，接下来要配置训练参数来训练模型。训练参数包括指定哪种损失函数作为优化目标，指定哪种优化器来求解参数的值，具体如下：

```
model.compile( optimizer='adam',                     # 选择 adam 优化器
               loss="categorical_crossentropy",      # 使用交叉熵损失函数
               metrics=["acc"]
       # 使用 acc 评估模型的结果)
```

4. 卷积神经网络的训练

在前文介绍了卷积神经网络模型结构搭建、模型训练参数配置，接下来，就可以训练所搭建的卷积神经网络了。卷积神经网络的训练代码如下：

```
model.fit( x_train,                    # 训练样本的特征
           y_train,                    # 经过 one_hot 编码后的训练标签
           epochs=20,                  # 训练次数为 20 次
           verbose=2,                  # 训练过程可视化
```

```
                batch_size=64,           # 每次随机选 64 个样本训练
                validation_split=0.2     # 设置 20%的数据作为验证集
                )
```

5. 卷积神经网络的预测与评价

卷积神经网络训练好后，就可以进行预测与评价了。预测的函数为 model.predict(x_test)，评价的函数为 model.evaluate(x_test,y_test)。其用法与 sklearn 中的浅层分类器的 predict 和 score 函数基本相同。需要说明的是，model.evaluate(x_test,y_test)的返回值是列表类型，包含 2 个数据，第一个数据为损失，第二个数据为 model.compile 中 metrics 参数指定的指标，本书中指定了 acc，则会得到准确率的值。到此为止，卷积神经网络搭建及使用过程结束。下面给出自己搭建卷积神经网络进行手写字符识别的完整代码：

```
import numpy as np
from tensorflow.keras.datasets import mnist   # 下载数据集
from tensorflow.keras.layers import Dense,Conv2D, MaxPooling2D, Flatten, Dropout
from tensorflow.keras.models import Sequential
from sklearn.model_selection import train_test_split
from tensorflow.keras.utils import to_categorical
# 分割数据集
x = mnist.load_data()[0][0]     # 训练数据
y = mnist.load_data()[0][1]     # 标签
x_train, x_test, y_train, y_test = train_test_split(x,y,test_size=0.4)
x_train = x_train.reshape(36000,28,28,1)[:1000]   # 取出训练集数据前 1 000 张图片用
                                                  # 作训练
x_test = x_test.reshape(24000,28,28,1)[:500]   # 取出测试集前 500 张图片用作测试
x_train = np.array(x_train,dtype = 'float32')
y_train = np.array(y_train,dtype = 'float32')[:1000]   # 取出与训练数据对应的前 1 000 个标签
x_test = np.array(x_test,dtype = 'float32')
y_test = np.array(y_test,dtype = 'float32')[:500]   # 取出与测试数据对应的前 500 个标签
# 归一化
x_train /= 255
x_test /= 255
# 对标签进行 one_hot 编码
y_train_new = to_categorical(y = y_train, num_classes = 10)
y_test_new = to_categorical(y = y_test, num_classes = 10)
# 搭建模型
```

```
model = Sequential()
# 首先搭建卷积层，核个数为15，核尺寸为（3×3），激活函数为ReLu，输入数据的
# 形状为(28,28,1)
model.add(Conv2D(filters=30,kernel_size=(3,3),padding="valid",activation="relu",input_
shape=[28,28,1]))
model.add(MaxPooling2D(pool_size=(2,2)))  # 搭建池化层，核尺寸为（2×2），其他
                                          # 均使用默认值
model.add(Flatten())  # 扁平化操作
model.add(Dense(20,activation="relu"))  # 搭建含有20个神经元的全连接层，激活函
                                        # 数为 ReLu
model.add(Dropout(0.5))  # 随机丢弃50%的数据，防止过拟合化
# mnist 手写数字数据集有10类（0～9），因此最后一层全连接层使用10个神经元，
# 并选择与其配套的激活函数 softmax
model.add(Dense(10,activation="softmax"))
# 使用 model.compile()对模型进行初始化
model.compile( optimizer='adam',  # 选择 adam 优化器
               loss="categorical_crossentropy",  # 使用交叉熵损失函数
               metrics=["acc"]  # 使用 acc 评估模型的结果
               )
model.fit( x_train,    #训练数据
           y_train_new,   #经过 one_hot 编码后的训练标签
           epochs=20,   #训练次数为20次
           verbose=2,   #训练过程可视化
           batch_size=64,   #每次随机选64个样本训练
           validation_split=0.2   #设置20%的数据作为验证集
           )
# 评价模型
print(model.evaluate(x_test,y_test_new))
```

上述代码的输出结果为[0.5908201932907104, 0.8640000224113464]，其中第一个数据为卷积神经网络在测试集上的损失，第二个结果为卷积神经网络在测试集上预测的精度。

13.2.3 函数式模型搭建法

除了序贯式模型搭建法之后，keras还提供了函数式（functional）深度学习模型搭建方法，该方法更加灵活。它允许定义多个输入或输出模型及共享图层的模型。除此之外，它允许定义动态（ad-hoc）的非周期性（acyclic）网络图。

函数式模型搭建方法的具体步骤如下。

1. 定义输入

与序贯模型不同，函数式模型必须创建单独的输入层。输入层主要指定输入数据的维度。其参数为元组类型。例如，要把 MNIST 数据集中每张图像（28×28）作为模型的输入，则代码如下：

```
from tensorflow.keras.layers import Input   # 导入输入层
input_ = Input(shape=(28, 28, 1))   # 输入灰度图像像素尺寸为 28×28×1
```

2. 添加功能层

在函数式模型中，各个功能层（如卷积层、池化层、全连接层、扁平化层等）之间是成对连接的。就像乐高积木一样，有凸面和凹面，一个层的输出，会连接到下一个层上作为输入。与序贯模型不同，函数式模型通过在定义一个新神经层时指定输入数据的来源，在定义的语句末尾使用括号表示法，在括号内填入数据来源的神经层的变量名。下面用与序贯模型实例相同的网络结构说明函数式模型功能层的搭建过程：

```
1. from tensorflow.keras.layers import Input, Conv2D, Dense, MaxPooling2D, Flatten, Dropout
2. mnist_input = Input(shape=(28, 28, 1))
3. conv2d=Conv2D(filters=30,kernel_size=(3, 3), padding='valid', activation='relu')(mnist_input)
4. maxPooling = MaxPooling2D(pool_size=(2, 2))(conv2d)
5. flatten = Flatten()(maxPooling)
6. dense = Dense(20, activation='relu')(flatten)
7. dropout = Dropout(0.5)(dense)
8. output = Dense(10, activation='softmax', name='output')(dropout)
```

在上述代码中：

第 1 行导入建立网络结构时需要使用的各种层。

第 2 行创建了输入层 mnist_input，使用 shape 参数规定输入数据的大小，这里表示输入的图像为 28 行 28 列的灰度图像。如果是 28 行 28 列的彩色图像则 shape=(28, 28, 3)，因为彩色图像有 R、G、B 三个通道。

第 3 行定义了一个二维卷积层 conv2d，该卷积层包含 30 个（filters=30）尺寸为 3×3（kernel_size=(3×3)）的卷积核，图像的填充方式（padding）为“valid”，意为不填充，该层的激活函数为 ReLu 函数（activation= 'relu'）；注意到在末尾括号内填入了 mnist_input，这表示从 mnist_input 输出的数据流向了该卷积层。

第 4 行增加了一个二维最大池化层 maxPooling，池化尺寸为（2, 2），也就是说 2 行 2 列的区域中保留一个最大值。（conv2d）表示该池化层的数据来自前面的 conv2d 层的输出，也就是把最大池化层连接在 conv2d 的后面。

第 5 行增加了扁平化层 flatten,（maxPooling）的含义是,该扁平化层连接在 maxPooling 的后面。扁平化层把二维数据拉直变成一维数据。

第 6 行增加了 dense 层，含有 20 个神经元，激活函数为'relu'，连接在 flatten 层后面。

第 7 行增加了 dropout 层，随机断掉 50%的网络连接，该层在 dense 层后。

第 8 行增加了全连接层，包含 10 个神经元，激活函数为 softmax。该层同时也是整个网络模型的输出层。在输出层中，神经元的数量与类别的数量一致，对于分类任务来说，激活函数一般选择 softmax。

第 8 行中 name= 'output' 是给本层设置了一个名字，在将模型打印出来时显示。

3. 创建模型

在创建所有功能层并将它们进行连接后，必须定义一个模型的实例，使用这个实例来指定模型的第一个输入层和最后的输出层。然后模型实例可以进行训练、评估和预测等方法。

```
model = Model(inputs=[mnist_input], outputs=[output])
```

这里 inputs 和 outputs 参数使用了一个列表类型进行传入，是想告诉读者后面会遇到多个输入和输出的模型，列表内就需要传入多个输入/输出层的变量名。

一旦构建了模型，后面步骤与序贯模型的步骤就一样了：模型训练参数的配置、卷积神经网络的训练、预测和评价。

下面给出函数式模型搭建卷积神经网络进行手写字符识别的完整代码：

```
import numpy as np
from tensorflow.keras.datasets import mnist
from tensorflow.keras.layers import Input, Conv2D, Dense, MaxPooling2D, Flatten, Dropout
from tensorflow.keras import Model
from sklearn.model_selection import train_test_split
from tensorflow.keras.utils import to_categorical   # 独立热编码
from tensorflow.keras.utils import plot_model   # 绘图
# 分割数据集
x = mnist.load_data()[0][0]   # 训练数据
y = mnist.load_data()[0][1]   # 标签
x_train, x_test, y_train, y_test = train_test_split(x, y, test_size=0.4)
x_train = x_train.reshape(36000, 28, 28, 1)[:1000]   # 取出训练集数据前 1 000 张图片
                                                      # 用作训练
x_test = x_test.reshape(24000, 28, 28, 1)[:500]   # 取出测试集前 500 张图片用作测试
x_train = np.array(x_train, dtype='float32')
```

```
y_train = np.array(y_train, dtype='float32')[:1000]  # 取出与训练数据对应的前 1 000
                                                      # 个标签
x_test = np.array(x_test, dtype='float32')
y_test = np.array(y_test, dtype='float32')[:500]  # 取出与测试数据对应的前 500 个标签
                                                  # 归一化
x_train /= 255
x_test /= 255
# 对标签进行 one_hot 编码
y_train_new = to_categorical(y=y_train , num_classes=10)
y_test_new = to_categorical(y=y_test , num_classes=10)
# 函数式搭建模型
mnist_input = Input(shape=(28, 28, 1))
conv2d=Conv2D(filters=30,kernel_size=(3, 3), padding='valid', activation='relu')(mnist_input)
maxPooling = MaxPooling2D(pool_size=(2, 2))(conv2d)
flatten = Flatten()(maxPooling)
dense = Dense(20, activation='relu')(flatten)
dropout = Dropout(0.5)(dense)
output = Dense(10, activation='softmax', name='output')(dropout)
model = Model(inputs=[mnist_input], outputs=[output])
# 使用 model.compile()对模型进行初始化
model.compile(optimizer='adam',  # 选择 adam 优化器
              loss="categorical_crossentropy",  # 使用交叉熵损失函数
              metrics=["acc"]  # 使用 acc 评估模型的结果
              )
model.fit(x_train,  # 训练数据
          y_train_new,  # 经过 one_hot 编码后的训练标签
          epochs=20,  # 训练次数为 20 次
          verbose=2,  # 训练过程可视化
          batch_size=64,  # 每次随机选 64 个样本训练
          validation_split=0.2  # 设置 20%的数据作为验证集
          )
# 评价模型 y
print(model.evaluate(x_test, y_test_new))
```

与序贯模型有明显的区别，每个定义的网络层像是一个个孤立的点，通过指定数据来源这种方式将层与层之间用有箭头的线连接了起来，形成了网络模型。上述模型的结构如图 13-9 所示。

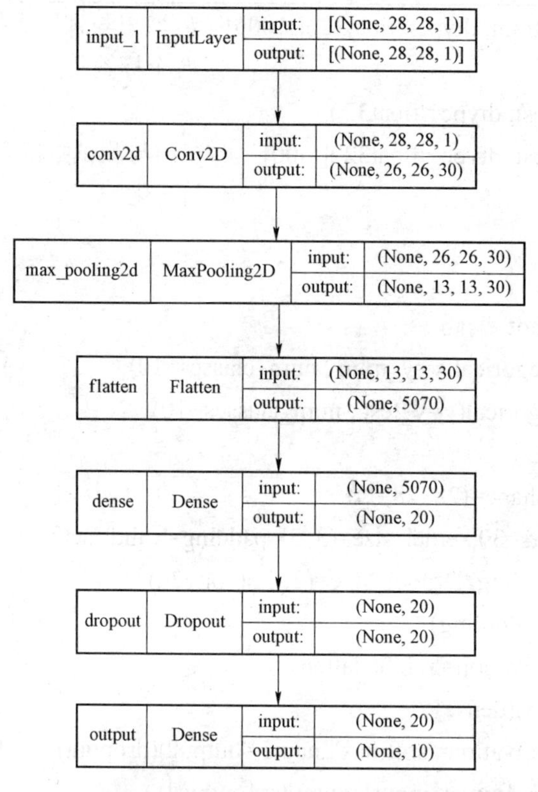

图 13-9　实验中的卷积神经网络结构

13.2.4　共享输入层的卷积神经网络搭建

前面介绍了两种卷积神经网络模型搭建方法：序贯式模型搭建法和函数式模型搭建法，并分别给出了简单的模型搭建实例。其中，序贯模型简单，函数模型更灵活。采用函数模型可以很方便地指定层与层之间的连接，如 dense = Dense(20, activation='relu')(flatten)的含义，就是新建立一个含有 20 个神经元的密集层（也就是全连接层），连接在 flatten 层后面，这是一种一对一的关系，即一个层的输出，作为下一个层的输入。除此之外，采用函数式模型搭建法，还可以搭建多层连接到一层，或者一层连接到多层的情况。下面通过一个例子来介绍如何解决这类问题。

以手写字符识别为例，采用 tensorflow 自带的 mnist 数据集，假设有两个卷积层，第一个卷积核尺寸为3×3，第二个卷积核尺寸为7×7，这两个卷积层分别对同一个输入图像进行卷积处理后（共享输入），再分别采用 max pooling 池化法进行池化，池化后扁平化为一维向量，将这两个一维向量连接，合并成一个长向量，然后被传递到完全连接层进行分类。采用函数式模型搭建方法可以实现共享输入层，其代码如下：

```
# 含有共享层的卷积神经网络搭建实例
1. mnist_input = Input(shape=(28, 28, 1))
2. conv_3=Conv2D(filters=30,  kernel_size=(3, 3),  padding='valid',  activation='relu')
```

```
(mnist_input)
3. maxPooling_3 = MaxPooling2D(pool_size=(2, 2))(conv_3)
4. flatten_3 = Flatten()(maxPooling_3)
5. conv_5=Conv2D(filters=30, kernel_size=(7, 7), padding='valid', activation='relu') (mnist_input)
6. maxPooling_5 = MaxPooling2D(pool_size=(2, 2))(conv_5)
7. flatten_5 = Flatten()(maxPooling_5)
8. concat = concatenate([flatten_3, flatten_5])
9. dense = Dense(20, activation='relu')(concat)
10. dropout = Dropout(0.5)(dense)
11. output = Dense(10, activation='softmax', name='output')(dropout)
12. model = Model(inputs=[mnist_input], outputs=[output])
```

在上述代码中，第 1 行为输入层，用 mnist_input 来表示。

第 2 行为卷积层，包含 30 个 3×3 的卷积核；该层用 conv_3 来表示，其与第一行的 mnist_input 层相连。

第 3 行为最大池化层，用 maxPooling_3 来表示，其连接在 conv_3 层的后面。

第 4 行为扁平化层，用 flatten_3 表示，其连接在 maxPooling_3 层的后面。

第 5 行为卷积层，用 conv_5 表示，包含有 30 个尺寸为 7×7 的卷积核，其连接在第 1 行的 mnist_input 层后面（注意，连接到了 mnist_input 层后面）。

第 6 行为最大池化层，用 maxPooling_5 表示，该层连接到第 5 行的 conv_5 层之后。

第 7 行为扁平化层，用 flatten_5 表示，该层连接到第 6 行的 maxPooling_5 层之后。

第 8 行，将 flatten_3 和 flatten_5 拼接起来，拼接后的结果用 concat 表示。

第 9 行，含有 20 个神经元的全连接层，用 dense 表示，该层连接在 concat 层后。

第 10 行，dropout 层，连接在 dense 层之后。

第 11 行，含有 10 个结点的全连接层，也是模型的输出层，用 output 表示。

第 12 行，采用 Model 将前面搭建的结构组装成模型，指定模型的输入和输出。

模型实例建立之后，接下来就可以训练和预测了。完整的代码如下：

```
import numpy as np
from tensorflow.keras.datasets import mnist
from tensorflow.keras.layers import Input, Conv2D, Dense, MaxPooling2D, Flatten,
Dropout,concatenate
from tensorflow.keras import Model
from sklearn.model_selection import train_test_split
from tensorflow.keras.utils import to_categorical  # 独立热编码
from tensorflow.keras.utils import plot_model  # 绘图模块
# 分割数据集
x = mnist.load_data()[0][0]  # 训练数据的特征
```

```
y = mnist.load_data()[0][1]   # 类别标签
x_train, x_test, y_train, y_test = train_test_split(x, y, test_size=0.4)
x_train = x_train.reshape(36000, 28, 28, 1)[:1000]   # 取出训练集数据前 1 000 张图片
# 用作训练
x_test = x_test.reshape(24000, 28, 28, 1)[:500]   # 取出测试集前 500 张图片用作测试
x_train = np.array(x_train, dtype='float32')
y_train = np.array(y_train, dtype='float32')[:1000]   # 取出与训练数据对应的前 1 000 个标签
x_test = np.array(x_test, dtype='float32')
y_test = np.array(y_test, dtype='float32')[:500]   # 取出与测试数据对应的前 500 个标签
# 归一化
x_train /= 255
x_test /= 255
# 对标签进行 one_hot 编码
y_train_new = to_categorical(num_classes=10, y=y_train)
y_test_new = to_categorical(num_classes=10, y=y_test)
# 输入层
mnist_input = Input(shape=(28, 28, 1))
# 第一个特征提取层
conv_3 = Conv2D(filters=30, kernel_size=(3, 3), padding='valid', activation='relu') (mnist_
input)
maxPooling_3 = MaxPooling2D(pool_size=(2, 2))(conv_3)
flatten_3 = Flatten()(maxPooling_3)
# 第二个特征提取层
conv_5 = Conv2D(filters=30, kernel_size=(7, 7), padding='valid', activation='relu') (mnist_
input)
maxPooling_5 = MaxPooling2D(pool_size=(2, 2))(conv_5)
flatten_5 = Flatten()(maxPooling_5)
#把这两个特征提取层的结果拼接起来
concat = concatenate([flatten_3, flatten_5])
# 全连接层
dense = Dense(20, activation='relu')(concat)
dropout = Dropout(0.5)(dense)
output = Dense(10, activation='softmax', name='output')(dropout)
# 用 model 来组合整个网络
model = Model(inputs=[mnist_input], outputs=[output])
# 使用 model.compile()对模型进行初始化
model.compile(optimizer='adam',   # 选择 adam 优化器
```

```
                    loss="categorical_crossentropy",  # 使用交叉熵损失函数
                    metrics=["acc"]  # 使用 acc 评估模型的结果
)
model.fit(x_train,  # 训练数据
          y_train_new,  # 经过 one_hot 编码后的训练标签
          epochs=20,  # 训练次数为 20 次
          verbose=2,  # 训练过程可视化
          batch_size=64,  # 每次随机选 64 个样本训练
          validation_split=0.2  # 设置 20%的数据作为验证集
          )
# 网络结构可视化
model.summary()
# 评价模型 y
print(model.evaluate(x_test, y_test_new))
```

该共享层的卷积神经网络结构如图 13-10 所示。

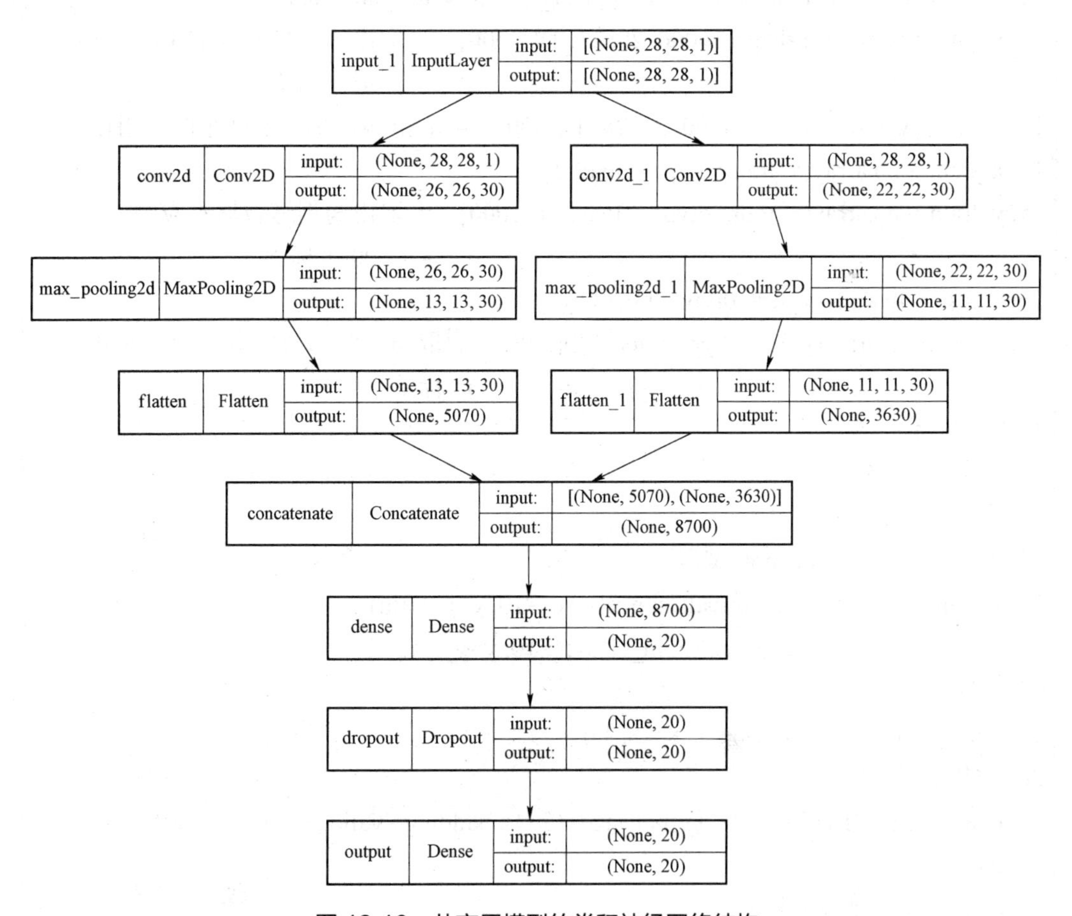

图 13-10 共享层模型的卷积神经网络结构

13.2.5　含有共享卷积层的卷积神经网络搭建

除了共享输入层之外，还可以设计共享卷积层的卷积神经网络，代码如下：

```
1. import numpy as np
2. from tensorflow.keras.datasets import mnist
3. from tensorflow.keras.layers import Input, Conv2D, Dense, MaxPooling2D, Flatten,
Dropout, concatenate
4. from tensorflow.keras import Model
5. from sklearn.model_selection import train_test_split
6. from tensorflow.keras.utils import to_categorical   # 独立热编码
7. from tensorflow.keras.utils import plot_model   # 绘图模块
8. # 分割数据集
9. x = mnist.load_data()[0][0]   # 训练数据的特征
10. y = mnist.load_data()[0][1]   # 类别标签
11. x_train, x_test, y_train, y_test = train_test_split(x, y, test_size=0.4)
12. x_train = x_train.reshape(36000, 28, 28, 1)[:1000]   # 取出训练集数据前 1 000 张图
                                                      # 片用作训练
13. x_test = x_test.reshape(24000, 28, 28, 1)[:500]   # 取出测试集前 500 张图片用作测试
14. x_train = np.array(x_train, dtype='float32')
15. y_train = np.array(y_train, dtype='float32')[:1000]   # 取出与训练数据对应的前
                                                       # 1 000 个标签
16. x_test = np.array(x_test, dtype='float32')
17. y_test = np.array(y_test, dtype='float32')[:500]   # 取出与测试数据对应的前 500 个
                                                    # 标签
18. # 归一化
19. x_train /= 255
20. x_test /= 255
21. # 对标签进行 one_hot 编码
22. y_train_new = to_categorical(num_classes=10, y=y_train)
23. y_test_new = to_categorical(num_classes=10, y=y_test)
24. # 输入层
25. mnist_input = Input(shape=(28, 28, 1))
26. # 共享卷积层
27. conv = Conv2D(filters=30, kernel_size=(3, 3), padding='valid', activation='relu') (mnist_
input)
28. # 第一个特征提取层
```

```
29. conv1 = Conv2D(filters=30, kernel_size=(3, 3), padding='valid', activation='relu')
(conv)
30. maxPooling1 = MaxPooling2D(pool_size=(2, 2))(conv1)
31. flatten1 = Flatten()(maxPooling1)
32. # 第二个特征提取层
33. conv2 = Conv2D(filters=30, kernel_size=(7, 7), padding='valid', activation='relu')
(conv)
34. maxPooling2 = MaxPooling2D(pool_size=(2, 2))(conv2)
35. flatten2 = Flatten()(maxPooling2)
36. # 把这两个特征提取层的结果拼接起来
37. concat = concatenate([flatten1, flatten2])
38. # 全连接层
39. dense = Dense(20, activation='relu')(concat)
40. dropout = Dropout(0.5)(dense)
41. output = Dense(10, activation='softmax', name='output')(dropout)
42. # 用 model 来组合整个网络
43. model = Model(inputs=[mnist_input], outputs=[output])
44. # 使用 model.compile()对模型进行初始化
45. model.compile(optimizer='adam',  # 选择 adam 优化器
46. loss="categorical_crossentropy",  # 使用交叉熵损失函数
47. metrics=["acc"]  # 使用 acc 评估模型的结果
48. )
49. model.fit(x_train,  # 训练数据
50. y_train_new,  # 经过 one_hot 编码后的训练标签
51. epochs=20,  # 训练次数为 20 次
52. verbose=2,  # 训练过程可视化
53. batch_size=64,  # 每次随机选 64 个样本训练
54. validation_split=0.2  # 设置 20%的数据作为验证集
55. )
56. # 网络结构可视化
57. model.summary()
58. # 评价模型 y
59. print(model.evaluate(x_test, y_test_new))
```

上述代码所搭建的卷积神经网络结构如图 13-11 所示。

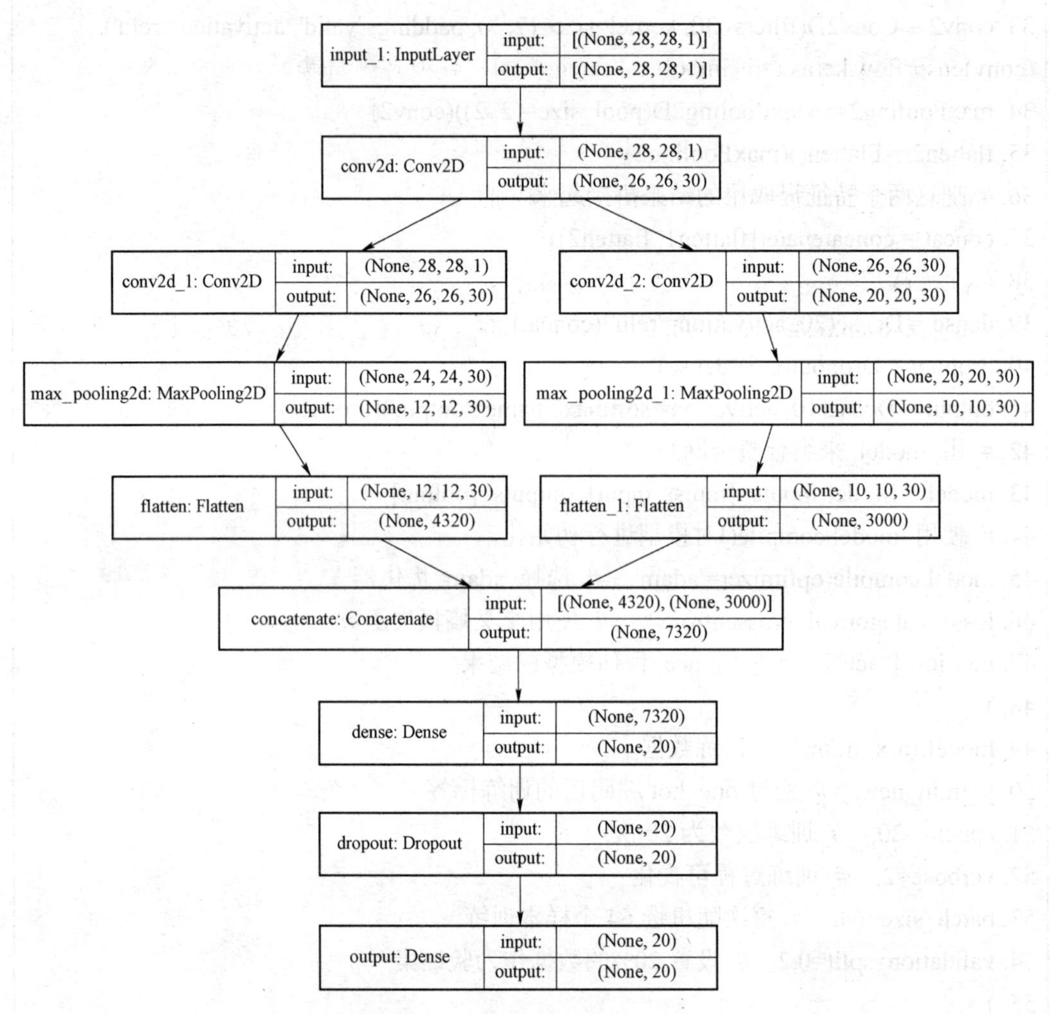

图 13-11　共享卷积层的卷积神经网络结构

13.2.6　多输入层的卷积神经网络

当模型需要多个输入和输出层时，只需要在模型构建阶段指定输入层和输出层，同时，在创建模型阶段，需要注意在 Model 函数中 inputs 和 outputs 参数指定多个变量，代码如下：

```
import numpy as np
from tensorflow.keras.datasets import mnist
from tensorflow.keras.layers import Input, Conv2D, Dense, MaxPooling2D, Flatten,
Dropout, concatenate
from tensorflow.keras import Model
from sklearn.model_selection import train_test_split
from tensorflow.keras.utils import to_categorical  # 独立热编码
from tensorflow.keras.utils import plot_model  # 绘图模块
# 分割数据集
x = mnist.load_data()[0][0]  # 训练数据的特征
y = mnist.load_data()[0][1]  # 类别标签
x_train, x_test, y_train, y_test = train_test_split(x, y, test_size=0.4)
x_train = x_train.reshape(36000, 28, 28, 1)[:1000]  # 取出训练集数据前 1 000 张图片
                                                    # 用作训练
x_test = x_test.reshape(24000, 28, 28, 1)[:500]  # 取出测试集前 500 张图片用作测试
x_train = np.array(x_train, dtype='float32')
y_train = np.array(y_train, dtype='float32')[:1000]  # 取出与训练数据对应的前 1 000
                                                      # 个标签
x_test = np.array(x_test, dtype='float32')
y_test = np.array(y_test, dtype='float32')[:500]  # 取出与测试数据对应的前 500 个标签
                                                  # 归一化
x_train /= 255
x_test /= 255
# 第一组输入数据
x_train1=x_train
x_test1=x_test
# 第二组输入数据，在第一组数据的基础上做了隔行、隔列降采样，数据尺寸为 14×14
x_train2=x_train[:,::2,::2,:]
x_test2=x_test[:,::2,::2,:]
#对标签进行 one_hot 编码
y_train_new = to_categorical(num_classes=10, y=y_train)
y_test_new = to_categorical(num_classes=10, y=y_test)
# 第一个输入层
input1 = Input(shape=(28, 28, 1))
conv1 = Conv2D(filters=30, kernel_size=(3, 3), padding='valid', activation='relu')(input1)
maxPooling1 = MaxPooling2D(pool_size=(2, 2))(conv1)
flatten1 = Flatten()(maxPooling1)
```

```
# 第二个输入层
input2 = Input(shape=(14, 14, 1))
conv2 = Conv2D(filters=30, kernel_size=(3, 3), padding='valid', activation='relu')(input2)
maxPooling2 = MaxPooling2D(pool_size=(2, 2))(conv2)
flatten2 = Flatten()(maxPooling2)
# 把这两个特征提取层的结果拼接起来
concat = concatenate([flatten1, flatten2])
# 全连接层
dense = Dense(20, activation='relu')(concat)
dropout = Dropout(0.5)(dense)
output = Dense(10, activation='softmax', name='output')(dropout)
# 用 model 来组合整个网络
model = Model(inputs=[input1,input2], outputs=[output])
# 使用 model.compile()对模型进行初始化
model.compile(optimizer='adam',  # 选择 adam 优化器
          loss="categorical_crossentropy",  # 使用交叉熵损失函数
          metrics=["acc"]  # 使用 acc 评估模型的结果
)
model.fit((x_train1,x_train2),  # 训练数据有 2 个输入
          y_train_new,  # 经过 one_hot 编码后的训练标签
          epochs=20,  # 训练次数为 20 次
          verbose=2,  # 训练过程可视化
          batch_size=64,  # 每次随机选 64 个样本训练
          validation_split=0.2  # 设置 20%的数据作为验证集
)
# 网络结构可视化
model.summary()
# 评价模型 y
print(model.evaluate((x_test1,x_test2),y_test_new))
```

该网络结构如图 13-12 所示。

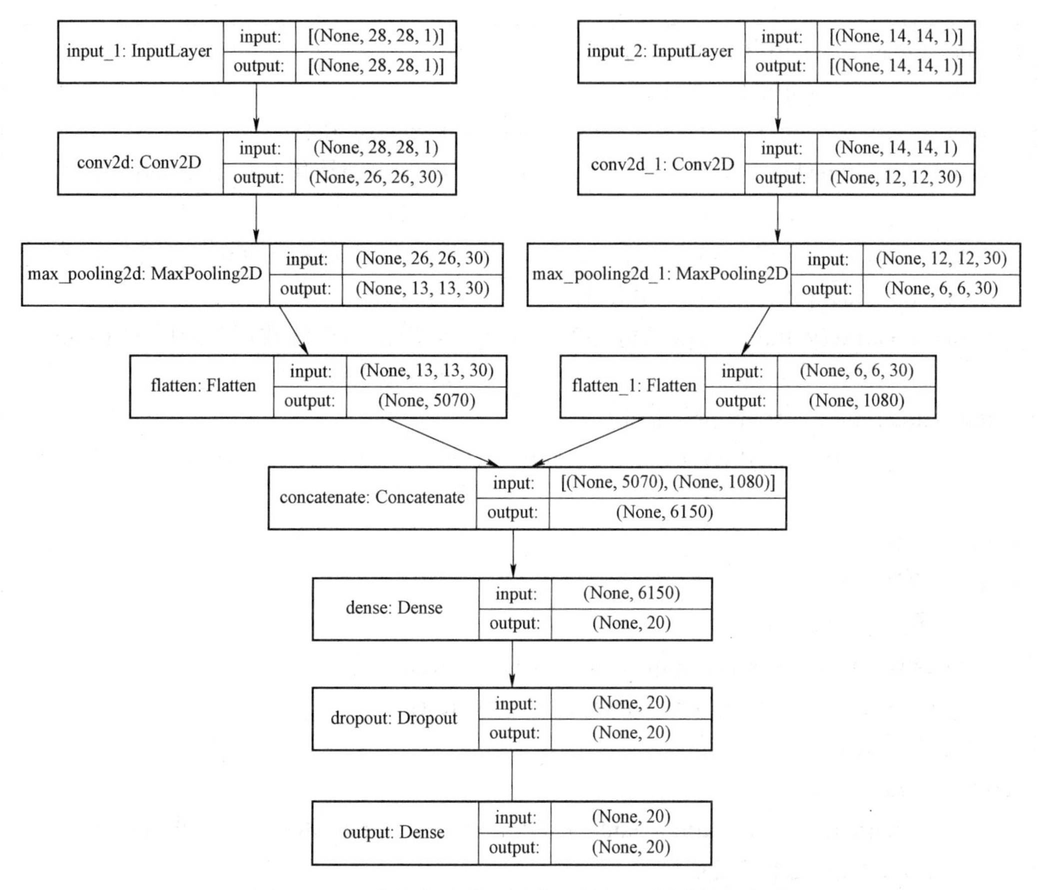

图 13-12 含有多个输入的卷积神经网络结构示意图

13.2.7 主流的卷积神经网络

前面介绍了如何自己搭建卷积神经网络。除了可以自己搭建卷积神经网络之外，还有一些成熟的卷积神经网络模型可以直接使用。本章介绍最经典的几款。

1. LeNet-5 网络结构

LeNet-5 网络结构可能是最广为人知的 CNN 架构，它是由 Yann LeCun 于 1998 年创建的，采用 LeNet-5 来进行手写字符识别的代码如下：

```
import numpy as np
from tensorflow.keras.datasets import mnist
from tensorflow.keras.layers import Input, Conv2D, Dense, MaxPooling2D, Flatten,
AveragePooling2D
from tensorflow.keras import Sequential
from sklearn.model_selection import train_test_split
from tensorflow.keras.utils import to_categorical   # 独立热编码
# 分割数据集
```

```
x = mnist.load_data()[0][0]   # 训练数据
y = mnist.load_data()[0][1]   # 标签
x_train, x_test, y_train, y_test = train_test_split(x, y, test_size=0.4)
x_train = x_train.reshape(36000, 28, 28, 1)[:1000]   # 取出训练集数据前 1 000 张图片
                                                      # 用作训练
x_test = x_test.reshape(24000, 28, 28, 1)[:500]   # 取出前测试集前 500 张图片用作测试
x_train = np.array(x_train, dtype='float32')
y_train = np.array(y_train, dtype='float32')[:1000]   # 取出与训练数据对应的前 1 000
                                                      # 个标签
x_test = np.array(x_test, dtype='float32')
y_test = np.array(y_test, dtype='float32')[:500]   # 取出与测试数据对应的前 500 个标签
                                                   # 归一化
x_train /= 255
x_test /= 255
# 对标签进行 one_hot 编码
y_train_new = to_categorical(num_classes=10, y=y_train)
y_test_new = to_categorical(num_classes=10, y=y_test)
# 定义模型 lenet
model = Sequential([
    Conv2D(6, (5, 5), activation='tanh', padding='same', input_shape=(28, 28, 1)),
    AveragePooling2D(2, 2),
    Conv2D(16, (5, 5), activation='tanh'),
    AveragePooling2D(2, 2),
    Conv2D(120, (5, 5), activation='tanh'),
    Flatten(),
    Dense(84, activation='tanh'),
    Dense(10, activation='softmax')
])
model.summary()
# 使用 model.compile()对模型进行初始化
model.compile(optimizer='adam',   # 选择 adam 优化器
        loss="categorical_crossentropy",   # 使用交叉熵损失函数
        metrics=["acc"]   # 使用 acc 评估模型的结果
)
model.fit(x_train,   # 训练数据
        y_train_new,   # 经过 one_hot 编码后的训练标签
        epochs=20,   # 训练次数为 20 次
        verbose=2,   # 训练过程可视化
        batch_size=64,   # 每次随机选 64 个样本训练
```

```
        validation_split=0.2  # 设置 20%的数据作为验证集
)
# 评价模型 y
print(model.evaluate(x_test, y_test_new))
```

LeNet-5 的输出结果为[0.34821897745132446, 0.8980000019073486]，其中第一个数据为卷积神经网络在测试集上的损失，第二个结果为卷积神经网络在测试集上预测的精度。LeNet-5 的网络结构如图 13-13 所示。

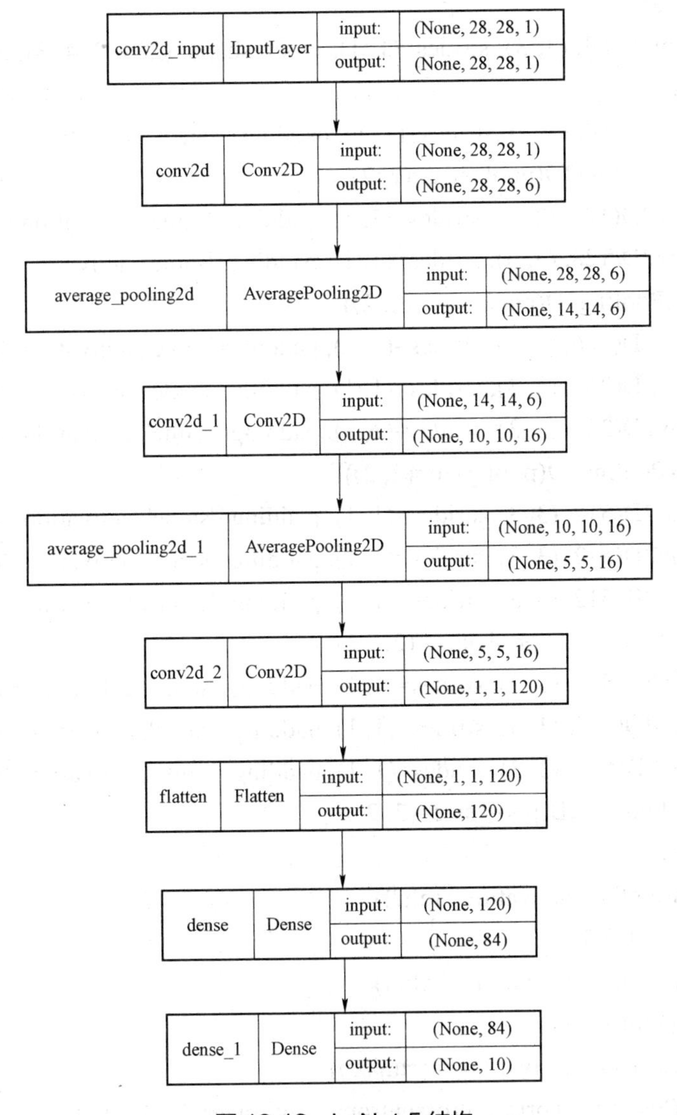

图 13-13　LeNet-5 结构

2. VGG 网络结构

VGG 网络结构由牛津大学视觉几何组研究实验室开发，它具有非常简单和经典的架构，具有 2～3 个卷积层和一个池化层，然后又有 2～3 个卷积层和一个池化层，以此类推，总共达到 16 或 19 个卷积层，具体取决于 VGG 变体，最后有 2 个全连接层和一个输出层。下面代码是 VGG-16，仅使用 3×3 的卷积核和 2×2 的池化核。

```
from tensorflow.keras.models import Sequential
from tensorflow.keras.layers import Dense, Flatten, Dropout
from tensorflow.keras.layers import Conv2D, MaxPooling2D
import numpy as np
model = Sequential()
model.add(Conv2D(64, (3, 3), strides=(1, 1), input_shape=(224, 224, 3), padding='same',
activation='relu'))
model.add(Conv2D(64, (3, 3), strides=(1, 1), padding='same', activation='relu'))
model.add(MaxPooling2D(pool_size=(2, 2)))
model.add(Conv2D(128, (3, 2), strides=(1, 1), padding='same', activation='relu'))
model.add(Conv2D(128, (3, 3), strides=(1, 1), padding='same', activation='relu'))
model.add(MaxPooling2D(pool_size=(2, 2)))
model.add(Conv2D(256, (3, 3), strides=(1, 1), padding='same', activation='relu'))
model.add(Conv2D(256, (3, 3), strides=(1, 1), padding='same', activation='relu'))
model.add(Conv2D(256, (3, 3), strides=(1, 1), padding='same', activation='relu'))
model.add(MaxPooling2D(pool_size=(2, 2)))
model.add(Conv2D(512, (3, 3), strides=(1, 1), padding='same', activation='relu'))
model.add(Conv2D(512, (3, 3), strides=(1, 1), padding='same', activation='relu'))
model.add(Conv2D(512, (3, 3), strides=(1, 1), padding='same', activation='relu'))
model.add(MaxPooling2D(pool_size=(2, 2)))
model.add(Conv2D(512, (3, 3), strides=(1, 1), padding='same', activation='relu'))
model.add(Conv2D(512, (3, 3), strides=(1, 1), padding='same', activation='relu'))
model.add(Conv2D(512, (3, 3), strides=(1, 1), padding='same', activation='relu'))
model.add(MaxPooling2D(pool_size=(2, 2)))
model.add(Flatten())
model.add(Dense(4096, activation='relu'))
model.add(Dropout(0.5))
model.add(Dense(4096, activation='relu'))
model.add(Dropout(0.5))
model.add(Dense(1000, activation='softmax'))
model.compile(loss='categorical_crossentropy', optimizer='sgd', metrics=['accuracy'])
model.summary()
```

更多成熟的卷积神经网络，表 13-1 中介绍了一些，读者感兴趣可以自行查阅资料。

14 图 像 处 理

机器视觉是机器学习最广泛、最成功的应用领域之一，图像处理是机器视觉的重要环节。图像通过算法进行加工处理，一方面可以提高图像的质量，另一方面，也可以提取出图像中的特殊信息，如频域特征、边界特征、纹理特征、区域特征等来供机器学习算法使用。本章简单介绍数字图像处理中常见算法，并给出基于 OpenCV 的图像处理程序。本书更多偏向于图像处理技术的应用，关于更详细的数字图像处理算法原理，可以阅读冈萨雷斯所著的相关图书。

14.1 计算机视觉库——OpenCV

14.1.1 OpenCV 的安装

OpenCV 是一个强大的图像处理和计算机视觉库，实现了很多实用算法，在 Python 中安装 OpenCV 的方法如下：单击“开始”|anaconda3|anaconda prompt 菜单。然后在命令行输入“pip install OpenCV-Python”命令并回车，Python 自动下载并安装 OpenCV。安装完成后，即可以使用 OpenCV 库，使用之前需要先导入该库，导入的方法是：

```
import cv2
```

14.1.2 图像读和显示

（1）读取图像的函数为：cv2.imread()。

imread(img_path,flag) 读取图片，返回图片对象。

参数说明：

- img_path: 图片的路径。
- flag: 标志位，取值范围为: cv2.IMREAD_COLOR，cv2.IMREAD_GRAYSCALE，cv2.IMREAD_UNCHANGED，具体含义如下。
  - cv2.IMREAD_COLOR，读取彩色图片，图片透明性会被忽略，为默认参数，也可以传入 1。
  - cv2.IMREAD_GRAYSCALE，按灰度模式读取图像，也可以传入 0。
  - cv2.IMREAD_UNCHANGED，读取图像，包括其 alpha 通道，也可以传入–1。

（2）显示图像的函数为：cv2.imshow()。

参数说明：

- imshow(window_name,img)：显示图片，窗口自适应图片大小。
  - window_name：指定窗口的名字，注意，只支持英文名字，中文名字会出现乱码。
  - img：显示的图片对象，可以指定多个窗口名称，显示多个图片。

下面给出读取图像和显示图像的例子：

```
读取图像的例子：
import cv2
import matplotlib.pyplot as plt
path=r"C:\Users\**\Desktop\lena.jpg"  # 图像存放的路径。在图像文件上同时按住 shift
                                       # 键和鼠标右键，选择“复制为路径”，可以得
                                       # 到图像的完整路径
img=cv2.imread(path)
cv2.imshow("this is lena",img)
key = cv2.waitKey(0)
if key==27: # 按 esc 键时，关闭所有窗口
    print(key)
    cv2.destroyAllWindows()
```

14.1.3 彩色图像灰度化

为了加快处理速度，在图像处理算法中，往往需要把彩色图像转换为灰度图像。24 位彩色图像每个像素用 3 个字节表示，每个字节对应 RGB 分量的亮度。当 RGB 分量值不同时，表现为彩色图像；当 RGB 分量相同时，表现为灰度图像。一般来说，将彩色图像转换为灰度图像的公式有 3 种。

（1）Gray(i,j)=[R(i,j)+G(i,j)+B(i,j)]/3。

（2）Gray(i,j)=0.299*R(i,j)+0.587*G(i,j)+0.144*B(i,j)。

（3）Gray(i,j)=G(i,j); # 从（2）可以看出 G 的分量比较大，所以可以直接用它代替。

采用函数：cv2.cvtColor(input_image,flag)

在 OpenCV 中有超过 150 种颜色空间转换方法，但是经常用的只有 BGR-灰度图和 BGR-HSV。flag 是转换类型，如果要转换为灰度图像，flag 取值为 cv2.COLOR_BGR2GRAY，如果转换为 HSV 图像，flag 取值为 cv2.COLOR_BGR2HSV。

```
import cv2
path=r"C:\Users\**\Desktop\lena.jpg" # 请换成你计算机中某图像的完整路径
img=cv2.imread(path)
cv2.imshow("color lena",img)
# cv2.imshow("thre",img_threshold)
```

```
gray = cv2.cvtColor(img,cv2.COLOR_BGR2GRAY)
cv2.imshow('gray lena',gray)
key = cv2.waitKey(0)
if key==27: #按 esc 键时，关闭所有窗口
    print(key)
    cv2.destroyAllWindows()
```

14.2 图像的几何变换

几何变换不改变图像的像素值，只是在图像平面上进行像素的重新安排。适当的几何变换可以最大限度地消除由于成像角度、透视关系乃至镜头自身原因造成的几何失真所产生的负面影响，有利于在后续的处理和识别工作中将注意力集中于图像内容本身，更确切地说是图像中的对象，而不是该对象的角度和位置等。几何变换常常作为图像处理应用的预处理步骤，是图像归一化的核心工作之一。一个几何变换需要两部分运算：首先是空间变换所需的运算，如平移、缩放、旋转和正平行投影等，需要用它来表示输出图像与输入图像之间的（像素）映射关系；此外，还需要使用灰度差值算法，因为按照这种变换关系进行计算，输出图像的像素可能被映射到输入图像的非整数坐标上。

14.2.1 图像的平移

在平移之前，需要先构造一个移动矩阵。所谓移动矩阵，就是在 *x* 轴方向上移动多少距离，在 *y* 轴上移动多少距离。通过 numpy 来构造这个矩阵，并将其传给仿射函数 cv2.warpAffine()。仿射函数 cv2.warpAffine()接受 3 个参数，需要进行图像变换的原始图像矩阵、移动矩阵及图像变换的大小（这里要说明一下，图像本身并不会放大或缩小，而是图像显示区域的大小）。

```
import cv2
import numpy as np
path=r"lena.jpg"
img=cv2.imread(path)
H = np.float32([[1, 0, 50], [0, 1, 25]])  # 构造平移矩阵，x 方向移动 50，y 方向移动 25
rows, cols = img.shape[:2]
res = cv2.warpAffine(img, H, (cols, rows))  # 注意这里 rows 和 cols 需要反置
cv2.imshow('origin_picture', img)
cv2.imshow('new_picture', res)
cv2.waitKey(0)
```

14.2.2 图像比例缩放

图像的放大和缩小有一个专门的函数，就是 cv2.resize()，这其中就需要设置缩放的比例，一种办法是设置缩放因子，另一种办法是直接设置图像的大小。在缩放以后，图像必然会发生变化，这就涉及图像的插值问题。interpolation 取值见表 14-1。

表 14-1 插值算法取值说明

interpolation 选项	所用的插值方法
INTER NEAREST	最近邻插值
INTER_LINEAR	双线性插值（默认设置）
INTER_AREA	使用像素区域关系进行重采样。它可能是图像抽取的首选方法，因为它会产生无云纹理的结果。但是当图像缩放时，它类似于 INTER_NEAREST 方法
INTER_CUBIC	4 像素×4 像素邻域的双三次插值
INTER_LANCZOS 4	8 像素×8 像素邻域的 Lanczos 插值

缩放有几种不同的插值（interpolation）方法，在缩小时推荐使用 cv2.INTER_AREA，在扩大时推荐使用 cv2.INTER_CUBIC 和 cv2.INTER_LINEAR。

```
import cv2
path=r"C:\Users\administrator\Desktop\lena.jpg"
img=cv2.imread(path)
# 设置 x 方向和 y 方向的缩放因子
res1=cv2.resize(img,None,fx=0.2,fy=0.1,interpolation=cv2.INTER_LINEAR)
height, width = img.shape[:2]
# 二是直接设置图像的大小，不需要缩放因子
res2=cv2.resize(img,(int(0.8*width),int(0.8*height)),interpolation=cv2.INTER_AREA)
cv2.imshow('origin_picture', img)
cv2.imshow('res1', res1)
cv2.imshow('res2', res2)
cv2.waitKey(0)
```

14.2.3 图像的旋转

对于图像的旋转，需要构造旋转矩阵。OpenCV 提供了函数：cv2.getRotationMarix2D()，该函数生成旋转矩阵，它需要 3 个参数：旋转中心、旋转角度、旋转后图像的缩放比例。图像旋转的例子如下：

```
import cv2
path=r"C:\Users\administrator\Desktop\lena.jpg"
img=cv2.imread(path)
rows, cols = img.shape[:2]
# 第一个参数是旋转中心，第二个参数是旋转角度，第三个参数是缩放比例
M1 = cv2.getRotationMatrix2D((cols/2, rows/2), 45, 0.5)
M2 = cv2.getRotationMatrix2D((cols/2, rows/2), 45, 2)
M3 = cv2.getRotationMatrix2D((cols/2, rows/2), 45, 1)
res1 = cv2.warpAffine(img, M1, (cols, rows))
res2 = cv2.warpAffine(img, M2, (cols, rows))
res3 = cv2.warpAffine(img, M3, (cols, rows))
cv2.imshow('res1', res1)
cv2.imshow('res2', res2)
cv2.imshow('res3', res3)
cv2.waitKey(0)
cv2.destroyAllWindows()
```

14.2.4 图像的仿射变换

仿射变换（affine transform）是指在向量空间中进行一次线性变换（乘一个矩阵）并加上一个平移（加上一个向量），变换为另一个向量空间的过程。它是一种二维坐标之间的线性变换，保持二维图形的“平直性”（变换后直线还是直线，圆弧还是圆弧）和“平行性”（其实是保持二维图形间的相对位置关系不变，平行线还是平行线，而直线上的点位置顺序不变，要注意向量间夹角可能会发生变化）。仿射变换可以通过一系列的原子变换的复合来实现，包括平移（translation）、缩放（scale）、翻转（flip）、旋转（rotation）和错切（shear）。

仿射变换也是需要一个 M 矩阵就可以，但是由于仿射变换比较复杂，很难找到这个矩阵，OpenCV 提供了根据变换前后 3 个点的对应关系来自动求解 M，这个函数是 cv2.getAffineTransform(pts1, pts2)。仿射变换例子如下：

```
import cv2
import numpy as np
path=r"C:\Users\administrator\Desktop\lena.jpg"
img=cv2.imread(path)
rows, cols = img.shape[:2]
pts1 = np.float32([[50, 50], [200, 50], [50, 200]])
pts2 = np.float32([[10, 100], [200, 50], [100, 250]])
```

```
# 类似于构造矩阵
M = cv2.getAffineTransform(pts1, pts2)
res = cv2.warpAffine(img, M, (cols, rows))
cv2.imshow('original', img)
cv2.imshow('res', res)
cv2.waitKey(0)
cv2.destroyAllWindows()
```

14.2.5　图像的镜像

图像的镜像是指将图像进行翻转，其代码如下：

```
import cv2
import numpy as np
path=r"C:\Users\administrator\Desktop\lena.jpg"
img=cv2.imread(path)
img_info=img.shape
image_height=img_info[0]
image_weight=img_info[1]
cv2.imshow('image_src',img)
dst=np.zeros(img.shape,np.uint8)
for i in range(image_height):
    for j in range(image_weight):
        dst[i,j]=img[image_height-i-1,j]
cv2.imshow('image_dst',dst)
cv2.waitKey(0)
```

图像镜像变换的结果如图 14-1 所示。

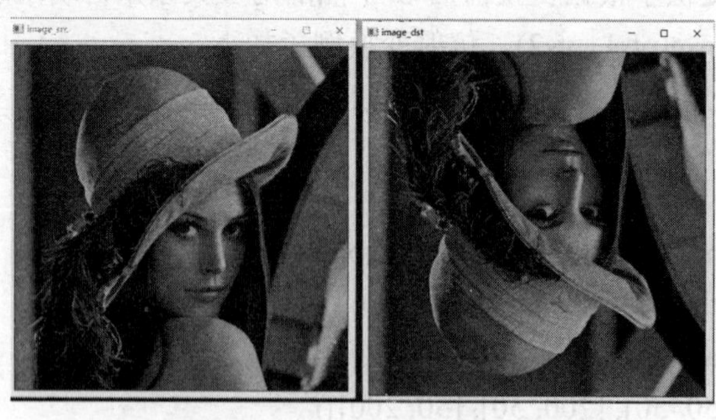

(a) 原始图像　　(b) 镜像后的图像

图 14-1　图像的镜像前后对比

14.3 图像的点运算

图像的几何变换只会改变像素点的位置，不会改变像素点的灰度值。图像的点运算是指同时对图像的每个像素点进行变换，达到改善图像效果的目的。

14.3.1 图像的二值化

在数字图像处理中，二值图像占有非常重要的地位，图像的二值化使图像中数据量大为减少，从而能凸显出目标的轮廓。

1. 采用全局阈值进行二值化处理

阈值操作属于像素级的操作，在灰度图中，每个像素都对应一个灰度值（0~255，0 黑、255 白），将阈值函数 threshold() 应用于图像，对图像的灰度值与阈值进行比较，从而实现二值化处理，目的是滤除太大或太小值像素，消除噪声，从而从灰度图中获取二值图像（将图像的灰度值设置为 0 或 255），实现增强整个图像，呈现更为明显的黑白效果，同时也大大减少了数据量。

OpenCV 提供了二值化函数：cv2.threshold(src, thresh, maxval, type[, dst])，其参数为:

- src：图片源。
- thresh：阈值（起始值）。
- maxval：最大值。
- type：这里划分的时候使用的是什么类型的算法，常用值为 0（cv2.THRESH_BINARY）。

图像二值化的例子如下：

```
path=r"C:\Users\administrator\Desktop\lena.jpg"
import cv2
from matplotlib import pyplot as plt
img=cv2.imread(path,0)  # 必须为灰度图，单通道
ret,thresh1=cv2.threshold(img,127,255,cv2.THRESH_BINARY)
ret,thresh2=cv2.threshold(img,127,255,cv2.THRESH_BINARY_INV)
ret,thresh3=cv2.threshold(img,127,255,cv2.THRESH_TRUNC)
ret,thresh4=cv2.threshold(img,127,255,cv2.THRESH_TOZERO)
ret,thresh5=cv2.threshold(img,127,255,cv2.THRESH_TOZERO_INV)
titles = ['Original Image','BINARY','BINARY_INV','TRUNC','TOZERO','TOZERO_INV']
images = [img, thresh1, thresh2, thresh3, thresh4, thresh5]
for i in range(6):
    plt.subplot(2,3,i+1),plt.imshow(images[i],'gray')
    plt.title(titles[i])
```

```
    plt.xticks([]),plt.yticks([])
plt.show()
```

上面代码的结果如图 14-2 所示。

图 14-2　不同二值化算法对比效果

2. 自适应阈值法

简单阈值算法使用全局阈值，但一幅图像中不同位置的光照情况可能不同，全局阈值会失去很多信息。这种情况下需要采用自适应阈值。自适应阈值二值化函数根据图片一小块区域的值来计算对应区域的阈值，从而得到也许更为合适的图片。OpenCV 中提供了自适应阈值函数，其原型如下：

```
cv2.adaptiveThreshold(src, maxValue, adaptiveMethod, thresholdType, blockSize, C, dst=None)
```

参数说明如下：

- src：需要进行二值化的一张灰度图像；
- maxValue：填充色，取值范围 0～255；
- adaptiveMethod：自适应阈值算法。可选 ADAPTIVE_THRESH_MEAN_C 或 ADAPTIVE_THRESH_GAUSSIAN_C；
- thresholdType：OpenCV 提供的二值化方法，只能为 THRESH_BINARY 或 THRESH_BINARY_INV；
- blockSize：要分成的区域大小，上面的 N 值，一般取奇数；
- C：常数，在每个区域计算出的阈值的基础上再减去这个常数作为这个区域的最终阈值，可以为负数。

自适应阈值例子如下：

```
import cv2
from matplotlib import pyplot as plt
path=r"C:\Users\Administrator\Desktop\lena.jpg"
img = cv2.imread(path,0)

ret,th1 = cv2.threshold(img,127,255,cv2.THRESH_BINARY)  # 全局阈值
th2 = cv2.adaptiveThreshold(img,255,cv2.ADAPTIVE_THRESH_MEAN_C,\
cv2.THRESH_BINARY,11,2)  # 通过中位数方法计算阈值
th3 = cv2.adaptiveThreshold(img,255,cv2.ADAPTIVE_THRESH_GAUSSIAN_C,\
cv2.THRESH_BINARY,11,2)  # 通过高斯方法计算阈值
titles = ['Original Image', 'Global Thresholding (v = 127)',
'Adaptive Mean Thresholding', 'Adaptive Gaussian Thresholding']
images = [img, th1, th2, th3]
for i in range(4):
    plt.subplot(2,2,i+1),plt.imshow(images[i],'gray')
    plt.title(titles[i])
    plt.xticks([]),plt.yticks([])
plt.show()
```

上面代码的运行结果如图 14-3 所示。

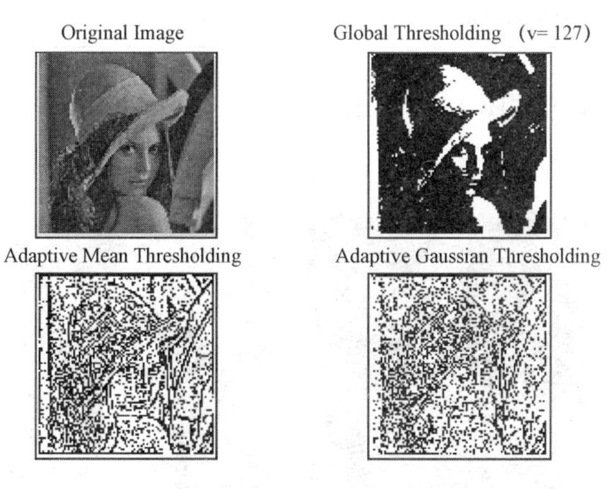

图 14-3　自适应阈值效果

14.3.2　图像的线性变换

该算法将实现图像灰度值的线性变换，从而改变图像的亮度。线性变换原理如下：

$$g(i,j) = kf(i,j) + b \tag{14-1}$$

其中，$f(i,j)$ 为原始图像 i 行 j 列像素的灰度值，$g(i,j)$ 为线性变换后图像 i 行 j 列像素的灰度值。由于图像的灰度值位于 0 到 255 之间，需要对灰度值进行溢出判断。线性变换的代码如下：

```
# 本例把原始图像中灰度乘 1.5 后加 50
import cv2
import numpy as np
path=r"C:\Users\Administrator\Desktop\lena.jpg"
img = cv2.imread(path)
grayImage = cv2.cvtColor(img, cv2.COLOR_BGR2GRAY)
height, width = grayImage.shape[:2]
result = np.zeros((height, width), np.uint8)  # 图像灰度上移变换
for i in range(height):
    for j in range(width):
        if int(grayImage[i, j] *1.5+ 50) > 255:
            gray = 255
        else:
            gray = grayImage[i, j]*1.5 + 50
        result[i, j] = np.uint8(gray)
cv2.imshow("src", grayImage)
cv2.imshow("result", result)
if cv2.waitKey() == 27:
    cv2.destroyAllWindows()
```

上面代码的运行结果如图 14-4 所示。

(a) 原始图像　　(b) 线性变换后

图 14-4　图像线性变换前后效果对比（k=1.5,b=50）

可以看出，当图像经过（k=1.5,b=50）的线性变换后，图像的亮度得到了整体的提升。

14.3.3 图像的指数变换（伽马变换）

伽马变换就是用来图像增强，简单来说就是通过非线性变换，让图像从曝光强度的线性响应变得更接近人眼感受的响应，即将漂白（相机曝光）或过暗（曝光不足）的图片，进行矫正，其公式为：

$$g(i,j)=c\times f(i,j)^{\gamma} \tag{14-2}$$

$f(i,j)$ 为原始图像 i 行 j 列像素的灰度值，$g(i,j)$ 为线性变换后图像 i 行 j 列像素的灰度值。γ 为伽马变换的参数。当 $\gamma>1$ 时，会拉伸图像中灰度级较高的区域，压缩灰度级较低的部分；当 $\gamma<1$ 时，会拉伸图像中灰度级较低的区域，压缩灰度级较高的部分；当 $\gamma=1$ 时，该灰度变换是线性的，此时通过线性方式改变原图像。

伽马变换的代码如下：

```
import cv2
import numpy as np
path=r"C:\Users\Administrator\Desktop\lena.jpg"
img = cv2.imread(path)
grayImage = cv2.cvtColor(img, cv2.COLOR_BGR2GRAY)
height, width = grayImage.shape[:2]
result = np.zeros((height, width), np.uint8)   # 图像灰度上移变换
c,y=1,0.8  # 伽马变换的参数
for i in range(height):
    for j in range(width):
        gray =c* grayImage[i, j]**y   # 伽马变换计算公式
        if grayImage[i, j]   > 255:
            gray = 255
        result[i, j] = np.uint8(gray)
cv2.imshow("src", grayImage)
cv2.imshow("result", result)
if cv2.waitKey() == 27:
    cv2.destroyAllWindows()
```

14.3.4 直方图均衡化

图像在拍摄时，由于图像过亮或过暗，导致图像对比度不高，不够清晰。直方图均衡化通过灰度变换，拉伸灰度分布范围，使图像对比度提高。OpenCV 中提供了直方图均衡化函数 equalizeHist()，具体应用如下：

```
import cv2
path=r"C:\Users\Administrator\Desktop\1.png"
img = cv2.imread(path,0)
img1=cv2.equalizeHist(img)
cv2.imshow("equalizeHist", img1)
cv2.imshow("original", img)
cv2.waitKey(0)
```

其运行结果如图 14-5 所示。

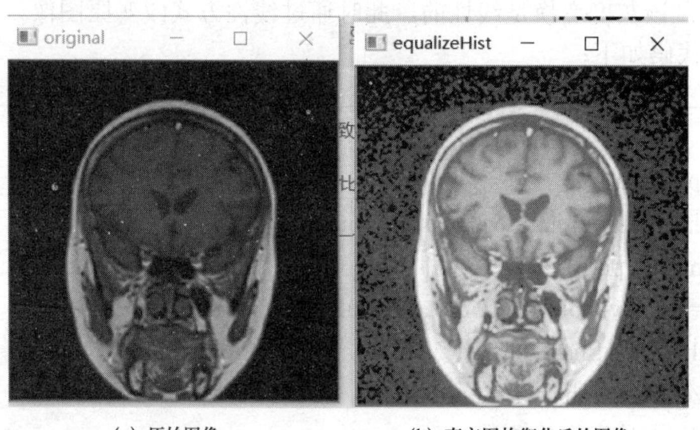

(a) 原始图像　　(b) 直方图均衡化后的图像

图 14-5　直方图均衡化前后对比

从图 14-5 可以看出，原始图像对比度较低，经过直方图均衡化处理后，图像对比度提升。

14.4　图像空间域滤波

前面讲的点运算是直接针对单个像素点进行处理，达到图像增强的目的。点运算变换后某个点的像素灰度值只与变换前图像中某一个像素有关。

空间域滤波是在图像上借助模板（或者称滤波器、算子、窗口、核、掩模，其实就是 m 行 n 列的矩阵）对图像进行邻域操作。滤波后图像每个单像素的灰度值是其邻域内像素与滤波器共同作用的结果。图像的空间域滤波是通过图像与滤波器进行卷积来实现的。

下面通过图 14-6 中的例子来说明滤波过程。图 14-6（a）为一个 4×4 的原始图像，图 14-6（b）为一个 3×3 的滤波器。原始图像（a）采用滤波器（b）进行滤波时，将滤波器覆盖到原始图像上，像素点 x_{22} 与滤波器中心 w_{22} 对齐，此时，像素点 x_{22} 滤波后的结果（又称为滤波器响应）为：

$w_{11}x_{11}+w_{12}x_{12}+w_{13}x_{13}+w_{21}x_{21}+w_{22}x_{22}+w_{23}x_{23}+w_{31}x_{31}+w_{32}x_{32}+w_{33}x_{33}$。可以看出，像素点 x_{22} 滤波后的结果为 x_{22} 周围的 3 像素×3 像素邻域的像素与滤波器相同位置的元素进行相乘并相加的结果。计算完 x_{22} 的滤波结果后，接着将滤波器中心移动到与 x_{23} 对齐，用同样的方法计算 x_{23} 的滤波器响应。就这样将滤波器在整个图像上滑动，每滑到一个位置，按照图像中邻域像素与滤波器模板相同位置的像素分别相乘，并用所有乘积相加的方法来计算每一点像素的滤波器响应。

x_{11}	x_{12}	x_{13}	x_{14}
x_{21}	x_{22}	x_{23}	x_{24}
x_{31}	x_{32}	x_{33}	x_{34}
x_{41}	x_{42}	x_{43}	x_{44}

(a) 原始图像

w_{11}	w_{12}	w_{13}
w_{21}	w_{22}	w_{23}
w_{31}	w_{32}	w_{33}

(b) 滤波器

图 14-6 图像与滤波器

可以看出，原始图像中边界的像素由于没有与滤波器尺寸一样的邻域，无法直接计算滤波值，因此，为了能正常滤波，需要对边界像素进行处理，常见的边界处理方法有 3 种：① 忽略边界；② 采用距离边界最近的值复制填充边界；③ 用固定值填充边界（通常用 0）。如果忽略边界的时候，由于原始图像中边界的像素无法计算滤波值，因此滤波后的图像会比原始图像小。采用复制填充边界与固定值填充边界的方法得到的滤波图像与原始图像尺寸同样大。复制填充边界与固定值填充边界的示意图如图 14-7 所示。

89	97	189	98
80	79	102	111
87	96	94	95
90	88	102	93

(a) 原始图像

89	89	97	189	98	98
89	89	97	189	98	98
80	80	79	102	111	111
87	87	96	94	95	95
90	90	88	102	93	93
90	90	88	102	93	93

(b) 复制填充边界

0	0	0	0	0	0
0	89	97	189	98	0
0	80	79	102	111	0
0	87	96	94	95	0
0	90	88	102	93	0
0	0	0	0	0	0

(c) 固定值（0）填充边界

图 14-7 边界处理效果

经过边界处理后，原始图像中每一个像素点都有了 3×3 的邻域，可以采用 3×3 的滤波器对原始图像进行滤波处理了。

不同的滤波器得到的滤波效果不同。根据滤波效果的不同，图像空间域滤波包含空间域平滑和空间域锐化。

14.4.1 空间域图像平滑

空间域图像平滑，又称为低通滤波，顾名思义，就是让较低的频率通过，较高的频率被去除，使得图像变得平滑。图像中的高频数据，对应着图像中的小细节，如人脸上细微的皱纹。低通滤波，能去除图像中太小的细节，消除噪声，改善图像的质量。如人们熟悉的“磨皮”功能，人脸图像经过磨皮处理后，皱纹、斑点等小细节都看不见了，皮肤细腻光滑，就是典型的低通滤波。具有低通滤波功能的滤波器称为低通滤波器。下面简单介绍几种低通滤波方法。

1. 均值滤波

3×3 的均值滤波模板为：

$$T_{均值}=\frac{1}{9}\begin{bmatrix}1&1&1\\1&1&1\\1&1&1\end{bmatrix} \tag{14-3}$$

用该模板去与图像做卷积，容易知道，卷积后的结果为卷积前 3×3 邻域内像素的平均值。

OpenCV 中提供了均值滤波函数，其用法为：cv2.blur(img, (3, 3))

其中 img 表示待滤波的图像，（3, 3）表示均值滤波器的尺寸（注意，滤波器用元组类型的对象表示）。

```
import cv2
import numpy as np
path=r"C:\Users\Administrator\Desktop\lena.jpg"
image = cv2.imread(path)
cv2.imshow("Original",image)
# 邻域均值滤波
blurred=np.hstack([cv2.blur(image,(3,3)),cv2.blur(image,(5,5)), cv2.blur(image,(7,7))])
cv2.imshow("Averaged",blurred)
cv2.waitKey(0)
```

从图 14-8 可以看出，滤波器尺寸越大，均值滤波后图像越模糊。

（a）原始图像　（b）3×3均值滤波　（c）5×5均值滤波　（d）7×7均值滤波

图 14-8　均值滤波

2. 高斯滤波

均值滤波器中所有的数值都一样，在滤波时，邻域内所有元素求平均值。高斯滤波器则不同，中心点的数值大，距离中心越远的数值越小，下面为一个高斯滤波器示例：

$$\frac{1}{16}\begin{bmatrix} 1 & 2 & 1 \\ 2 & 4 & 2 \\ 1 & 2 & 1 \end{bmatrix}$$

高斯滤波器是一个中心对称的滤波器，当采用高斯滤波器进行滤波时，中心点的像素对滤波后的结果贡献最大，距离中心点越远，贡献越小。

OpenCV 中提供了高斯滤波函数 Gaussian，其基本用法如下：cv2.GaussianBlur（src，ksize，sigmaX）。其中，src 为待滤波的图像；ksize 为滤波器的尺寸，为元组类型；sigmaX 为高斯滤波器的标准差。cv2.GuassianBlur(img, (3, 3), 1) 该语句的含义为：对 img 图像做方差为 1，滤波器尺寸为 3×3 的高斯滤波 。

高斯滤波的例子如下：

```
import cv2
import numpy as np
path=r"C:\Users\Administrator\Desktop\lena.jpg"
image = cv2.imread(path)
cv2.imshow("Original",image)
# 高斯滤波
blurred = np.hstack([cv2.GaussianBlur(image,(3,3),4),
                     cv2.GaussianBlur(image,(5,5),4),
                     cv2.GaussianBlur(image,(7,7),4)
                         ])
cv2.imshow("Gaussian",blurred)
cv2.waitKey(0)
```

高斯滤波的效果如图 14-9 所示。

(a) 滤波器尺寸为3×3

(b) 滤波器尺寸为5×5

(c) 滤波器尺寸为7×7

图 14-9 高斯滤波后的图像

高斯滤波在去除噪声的同时，也使图像变得模糊。滤波器的尺寸越大，图像滤波后模糊得越厉害。读者自行运行程序，体会一下滤波器尺寸与滤波器标准差对滤波效果的影响。

3. 中值滤波

中值滤波是一种非线性的图像处理方法，在去噪的同时可以兼顾到边界信息的保留。其原理为：选一个含有奇数点的窗口 W，将这个窗口在图像上扫描，把窗口中所含的像素点按灰度级的升序或降序排列，取位于中间的灰度值来代替该点的灰度值。例如，选择滤波的一个一维的窗口，待处理像素的灰度取这个模板中灰度的中值。OpenCV 中提供的中值滤波函数如下：

cv2.medianBlur(img，ksize)：对 img 做尺寸为 ksize*ksize 的中值滤波。

```
import cv2
import numpy as np
path=r"C:\Users\Administrator\Desktop\1.png"
image = cv2.imread(path)
cv2.imshow("Original",image)
# 中值滤波
blurred=np.hstack([cv2.medianBlur(image,5), cv2.medianBlur(image,7)])
cv2.imshow("Median",blurred)
cv2.waitKey(0)
```

上述代码的结果如图 14-10 所示。

(a) 原始图像

(b) 5×5的中值滤波

(c) 7×7的中值滤波

图 14-10　中值滤波

在图 14-10 中，图 14-10（a）为原始图像，原始图像中存在着椒盐噪声（随机出现的黑白点）。这种椒盐噪声采用均值滤波和高斯滤波都无法滤除，但是采用中值滤波去除椒盐噪声的效果就非常好，不但滤除了噪声，图像中有用的边缘还得以保留。

14.4.2 空间域图像锐化

空间域图像锐化，又称空间域高通滤波，对应的滤波器称为高通滤波器。高通，顾名思义，即高频通过。图像中的高频数据，一般对应图像中的边缘，因此高通滤波的目的通常是突出灰度的过渡部分（如寻找边界，增强图像）等。下面介绍几种常见的高通滤波器。

1. Prewit 算子

图 14-11 中为不同方向的 Prewit 算子，是一种常见的高通滤波器，不同方向的算子可以检测不同类型的边缘或线。

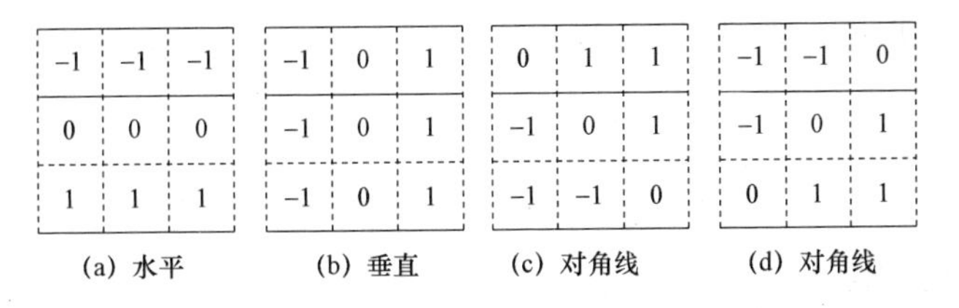

图 14-11 不同方向的 Prewit 算子

2. Sobel 算子

原理：用不同方向的算子可以检测不同类型的边缘或线。与 Prewitt 算子的区别是，Sobel 模板的中间值是 2，通过突出中心点，达到平滑的目的。即 Sobel 比 Prewit 多了平滑的功能，如图 14-12 所示。

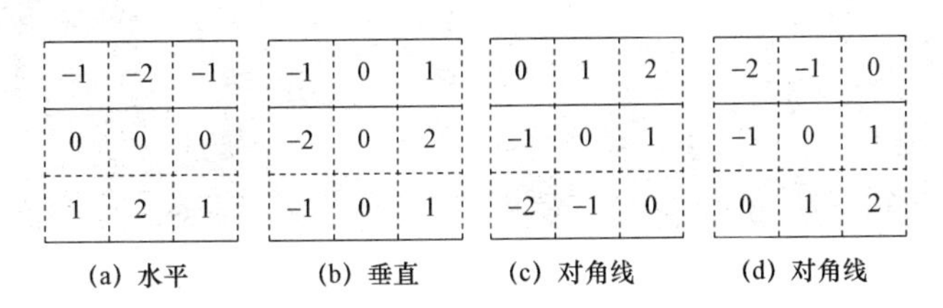

图 14-12 不同方向的 Sobel 算子

3. 拉普拉斯算子

功能：可以检测到灰度突变的点，常见的拉普拉斯算子如图 14-13 所示。

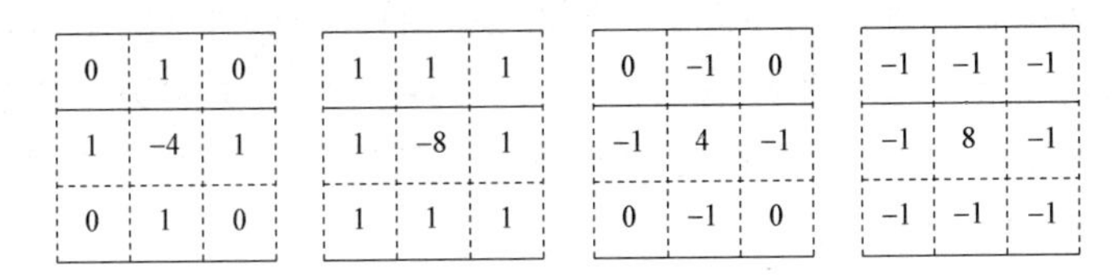

图 14-13 常见的拉普拉斯算子

有了锐化算子后，如何增强图像呢？

首先将原图像与锐化算子做卷积，得到锐化图像，方法是采用 cv2.filter2D 函数。接着用锐化图像加上或减去锐化结果，得到增强后的图像。下面给出采用拉普拉斯算子进行图像增强的代码（其余算子增强的算法类似）：

```
import cv2
import numpy as np
path=r"C:\Users\Administrator\Desktop\2.png"
image = cv2.imread(path,0)
kernel = np.array([[0, -1, 0], [-1, 5, -1], [0, -1, 0]], np.float32)  # 拉普拉斯算子
dst = cv2.filter2D(image, -1, kernel=kernel)
cv2.imshow('original',np.uint8(image))
cv2.imshow('shappern',np.uint8(dst))
cv2.waitKey(0)
cv2.destroyAllWindows()
```

程序运行结果如图 14-14 所示。

（a）原始图像

（b）锐化后的图像

图 14-14　图像锐化前后的效果对比

上述代码中用的拉普拉斯模板为np.array([[0, -1, 0], [-1, 5, -1], [0, -1, 0]]，是图 14-13 中第三个算子[[0, -1, 0], [-1, 4, -1], [0, -1, 0]]，采用该算子只能得到边缘，要想达到锐化的效果，需要将边缘叠加到原始图像上，因此中间的数值为 5。从图 14-14 可以看出，经过锐化处理后，图像的边缘明显清晰。如果使用图 14-13 中的第一个拉普拉斯算子，[[0, 1, 0], [1, -4, 1], [0, 1, 0]]，则当其锐化图像时，需要减去原始图像，对应的锐化模板则为[[0, 1, 0], [1, -5, 1], [0, 1, 0]]。

14.5　图像频率域滤波

空间域滤波针对图像中某个局部邻域进行操作，可以抑制局部噪声。频率域滤波可以去除图像中周期性的噪声。

在进行频率域滤波之前，首先要对原始图像做傅里叶变换，将图像从空间域变换到频率域，然后再在频率域进行滤波处理。图像在做傅里叶变换后，变换的结果还是一个矩阵，矩阵中的元素值不再是像素值，而是频率值。傅里叶变换的代码如下：

```
#  读入图像，进行傅里叶变换，并显示频谱图像
import cv2
import numpy as np
import matplotlib.pyplot as plt
path=r"C:\Users\Administrator\Desktop\1.png"   #  图像存放的绝对路径
img = cv2.imread(path,0)
# fft 库完成从空间域到频率域的转换
f = np.fft.fft2(img)   # 将图像 img 做离散傅里叶变换，f 为 img 对应的频率域结果
fshift = np.fft.fftshift(f)   # 将低频移动到中心
#  取绝对值：将复数变化成实数
#  取对数的目的是将数据范围压缩，能正常显示，否则频率图像中低频数据极大，
#  而高频数据极小
s1 = np.log(np.abs(fshift))
plt.subplot(121)
plt.imshow(img,'gray')
plt.title('original image')
plt.subplot(122)
plt.imshow(s1,'gray')
plt.title('Frequency Domain')
plt.show()
```

上述代码的功能是读入图像，并进行傅里叶变换。将低频移动到中心，高频移动到四周，并取对数显示，结果如图 14-15 所示。

（a）原始图像　　（b）傅里叶频谱图像

图 14-15　原始图像及其傅里叶频谱图像

图 14-15（a）为原始图像，图 14-15（b）为其对应的傅里叶频谱图像。在经过频谱

居中后的频谱图像中，中间最亮的点是最低频率，属于直流分量（DC 分量）。越往边外走，频率越高。所以，频谱图中的 4 个角和 X，Y 轴的尽头都是高频。也就是说，在频谱图像中，位置对应频率，数值对应该频率的能量。位置越靠近中心，频率越低。某位置的数值越大，该位置对应的频率含量越多。由于对于绝大部分图像来说，低频信息都是最多的，因此频谱图像中间的点最亮。

图像经过傅里叶变换后，得到傅里叶频谱图像，因此，如果想去掉图像中某个频率的信息，直接将该频率乘 0 就可以了。想保留某个频率的信息，直接将该频率乘 1 就可以了。滤波之后，将图像做傅里叶逆变换，变换回空间域，滤波结束。频率域滤波的具体步骤如下。

（1）将原始图像 f(x,y)做快速离散傅里叶变换，得到 F(u,v)。

（2）将频谱 F(u,v)的零频点移动到频谱图的中心位置。

（3）计算滤波器函数 H(u,v)和 F(u,v)的乘积 G(u,v)。

（4）将频谱 G(u,v)的零频点移动到频谱图的左上角位置上。

（5）计算步骤（4）结果的傅里叶逆变换得到 g(x,y)。

（6）取实部作为最终结果。

注意：上面第（3）步，空间域滤波是通过卷积来实现的，当空间域滤波时，滤波器的尺寸远远小于图像的尺寸，而频率域滤波是通过将频率域滤波器与傅里叶变换后的图像做乘法运算来实现的，频率域滤波器的尺寸与图像的尺寸相同。

下面介绍几种常见的频率域滤波器及其用法。

14.5.1　频率域理想低通滤波器

通过前面的分析知道，在傅里叶变换之后且零点平移后的频谱图像中，中间区域对应低频，四周对应高频。因此在构造低通滤波器的时候，让中间的数值为 1，四周的数值为 0，这样滤波器与频谱图像相乘时，中间频率乘 1 得以保留，四周频率乘 0 被去除，达到滤除高频的目的。理想低通滤波器就是以原点为圆心，设置一个半径为 D_0 的圆形区域，圆内的频率无衰减地通过，圆外的频率则全部滤掉。理想低通滤波器公式如下：

$$H(u,v)=\begin{cases}1, & D(u,v)\leqslant D_0 \\ 0, & D(u,v)>D_0\end{cases} \tag{14-4}$$

在式（14-4）中，$H(u,v)$ 为频率域理想低通滤波器中第 u 行第 v 列的值。$D(u,v)$ 是频率域点 (u,v) 与频率矩形中心的距离，即：

$$D(u,v)=\sqrt{\left[\left(u-\frac{P}{2}\right)^2+\left(v-\frac{Q}{2}\right)^2\right]} \tag{14-5}$$

其中，P 和 Q 为滤波器的行与列。在频率域滤波中，滤波器的尺寸与待滤波图像的尺寸相同。理想低通滤波器如图 14-16 所示。

图 14-16　理想低通滤波器

生成理想低通滤波器的代码如下：

生成滤波器模板，并显示半径为 10、20、30、40 的理想低通滤波器模板

```
import cv2
import numpy as np
import matplotlib.pyplot as plt
from math import sqrt
m,n=100,100   # 滤波器的尺寸
def make_transform_matrix(d):   # 理想低通滤波器模板
    transfor_matrix=np.zeros((m,n))
    center_x=(m-1)/2
    center_y=(n-1)/2
    for i in range(m):
        for j in range(n):
            dis = sqrt((i-center_x)**2+(j-center_y)**2)
            if dis<d:
                transfor_matrix[i,j]=1
    return   transfor_matrix
# 生成并显示不同半径的理想低通滤波器
plt.subplot(221),plt.imshow(make_transform_matrix(10),'gray')
plt.title('D0=10')
plt.subplot(222),plt.imshow(make_transform_matrix(20),'gray')
plt.title('D0=20')
plt.subplot(223),plt.imshow(make_transform_matrix(30),'gray')
plt.title('D0=30')
```

```
    plt.subplot(224),plt.imshow(make_transform_matrix(40),'gray')
    plt.title('D0=40')
    plt.subplots_adjust(wspace=0, hspace=0.5)   # 调整子图之间的宽度，避免遮挡
    cv2.waitKey(0)
    cv2.destroyAllWindows()
```

上面代码生成100×100的理想低通滤波器，低通的频率半径分别为10、20、30、40，上述代码的运行结果如图14-17所示。

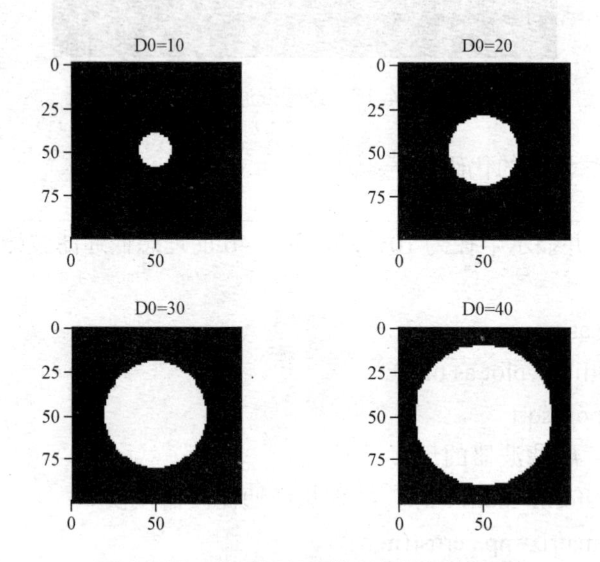

图 14-17　代码运行后的理想低通滤波器

在图 14-17 中，白色区域越大，通过的频率越多，滤除的频率越少。完整的频率域理想低通滤波代码如下：

```
频率域滤波完整程序：
import cv2
import numpy as np
import matplotlib.pyplot as plt
from math import sqrt
path=r"C:\Users\Administrator\Desktop\1.png"
img = cv2.imread(path,0)
# fft 库完成从空间域到频率域的转换
f = np.fft.fft2(img)
# 频率中心的移动
fshift = np.fft.fftshift(f)
```

```
# 定义滤波器模板
def make_transform_matrix(d,image):
    transfor_matrix = np.zeros(image.shape)
    center_x=(image.shape[0]-1)/2
    center_y=(image.shape[0]-1)/2
    for i in range(transfor_matrix.shape[0]):
        for j in range(transfor_matrix.shape[1]):
            dis = sqrt((i-center_x)**2+(j-center_y)**2)
            if dis<d:
                transfor_matrix[i,j]=1
    return   transfor_matrix
# 频率域滤波
D10=make_transform_matrix(10,img)
new_10=np.abs(np.fft.ifft2(np.fft.ifftshift(fshift*D10)))
D20=make_transform_matrix(20,img)
new_20=np.abs(np.fft.ifft2(np.fft.ifftshift(fshift*D20)))
D30=make_transform_matrix(30,img)
new_30=np.abs(np.fft.ifft2(np.fft.ifftshift(fshift*D30)))
# 滤波结果显示
plt.subplot(221)
plt.imshow(img,'gray')  # 以灰度形式显示图像
plt.title('original image')
plt.subplot(222)
plt.imshow(new_10,'gray')
plt.title('Frequency filter:D0=10')
plt.subplot(223)
plt.imshow(new_20,'gray')
plt.title('Frequency filter:D0=20')
plt.subplot(224)
plt.imshow(new_30,'gray')
plt.title('Frequency filter:D0=30')
plt.subplots_adjust(wspace=0, hspace=0.5)  # 设置子图间距，避免遮挡
cv2.waitKey(0)
cv2.destroyAllWindows()
```

上面代码的运行结果如图 14-18 所示。

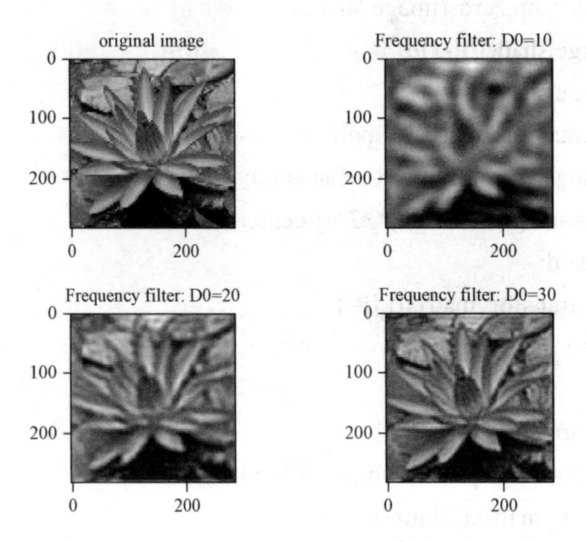

图 14-18　不同半径的理想低通滤波效果

在图 14-18 中，左上为原始图像，d_0 为低频通过的半径，对照图 14-17，半径越小，通过的频率越少，滤除的频率越多，图像越模糊。仔细观测图 14-18 中的两幅图，D_0=20 和 D_0=30 的滤波结果，能看出滤波后的图像中具有明显的波纹，称为“振铃”现象。这是由于理想低通滤波器是一种尖锐的滤波器，在进行滤波时，频域滤波器具有陡峭的变化，临界频率附近的频率有的被直接滤除，有的直接通过，引起图像发生振荡。“振铃”现象是理想低通滤波的典型特点。

14.5.2　频率域巴特沃思低通滤波器

巴特沃思（Butterworth）低通滤波器是一种平滑过渡的滤波器。截止频率位于距原点 D_0 处的 n 阶巴特沃思低通滤波器（BLPF）的函数定义为：

$$H(u,v)=\frac{1}{1+\left(\dfrac{D(u,v)}{D_0}\right)^{2n}} \tag{14-6}$$

在式（14-6）中，$H(u,v)$ 为频率域巴特沃思低通滤波器中第 u 行第 v 列的值。$D(u,v)$ 是频率域点 (u,v) 与频率矩形中心的距离，$D(u,v)$ 由式（14-5）给出。

与理想低通滤波器不同，巴特沃思低通滤波器的传递函数并没有在通过频率和滤除频率之间给出明显截止的尖锐的不连续性。对于具有平滑传递函数的滤波器，可在这样一个点上定义截止频率。巴特沃思低通滤波器如图 14-19 所示。

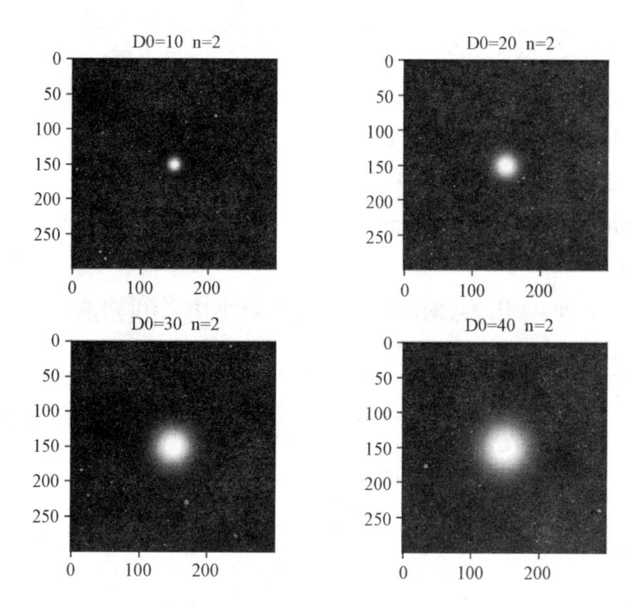

图 14-19　巴特沃思低通滤波器

生成巴特沃思低通滤波器的代码如下：

```
from math import sqrt
import matplotlib.pyplot as plt
import numpy as np
# 巴特沃思低通滤波器模板
def butterworth_lpf(n, D0):
    blpf = np.zeros((300, 300))
    (r, c) = blpf.shape
    for u in range(r):
        for v in range(c):
            D = sqrt((u - r / 2) ** 2 + (v - c / 2) ** 2)
            blpf[u, v] = 1 / (1 + pow(D / D0, 2 * n))
    return blpf
# 生成模板
blpf1 = butterworth_lpf(2, 10)
blpf2 = butterworth_lpf(2, 20)
blpf3 = butterworth_lpf(2, 30)
blpf4 = butterworth_lpf(2, 40)
# 显示不同的巴特沃思低通滤波器
plt.figure(dpi=200)
plt.subplot(221), plt.imshow(blpf1, 'gray')
plt.title('D0=10 n=2')
```

```
plt.subplot(222), plt.imshow(blpf2, 'gray')
plt.title('D0=20 n=2')
plt.subplot(223), plt.imshow(blpf3, 'gray')
plt.title('D0=30 n=2')
plt.subplot(224), plt.imshow(blpf4, 'gray')
plt.title('D0=40 n=2')
plt.subplots_adjust(wspace=0, hspace=0.5)  # 调整子图之间的宽度，避免遮挡
plt.show()
```

上面代码生成了 300×300 的巴特沃思低通滤波器，低通的频率半径分别为 10、20、30、40。完整的频率域巴特沃思低通滤波代码如下：

```
import numpy as np
import cv2
from math import sqrt
import matplotlib.pyplot as plt
def butterworth_lpf(img, D0, n):
    blpf = np.zeros(img.shape)
    (r, c) = blpf.shape
    for u in range(r):
        for v in range(c):
            D = sqrt((u - r / 2) ** 2 + (v - c / 2) ** 2)
            blpf[u, v] = 1 / (1 + pow(D / D0, 2 * n))
    return blpf
img = cv2.imread('1.jpg', 0)
f = np.fft.fft2(img)
fshift = np.fft.fftshift(f)
filter_mat1 = butterworth_lpf(img, 10, 2)
filter_mat2 = butterworth_lpf(img, 20, 2)
filter_mat3 = butterworth_lpf(img, 20, 20)
blpf1 = np.abs(np.fft.ifft2(np.fft.ifftshift(fshift*filter_mat1)))
blpf2 = np.abs(np.fft.ifft2(np.fft.ifftshift(fshift*filter_mat2)))
blpf3 = np.abs(np.fft.ifft2(np.fft.ifftshift(fshift*filter_mat3)))
# 滤波结果显示
plt.figure(dpi=200)
plt.subplot(221)
plt.imshow(img, 'gray')
# 以灰度形式显示图像
```

```
plt.title('original image')
plt.subplot(222)
plt.imshow(blpf1, 'gray')
plt.title('Frequency filter: D0=10,n=2')
plt.subplot(223)
plt.imshow(blpf2, 'gray')
plt.title('Frequency filter: D0=20,n=2')
plt.subplot(224)
plt.imshow(blpf3, 'gray')
plt.title('Frequency filter: D0=20,n=20')
plt.subplots_adjust(wspace=0, hspace=0.5)   # 设置子图间距，避免遮挡
plt.show()
```

上面代码的运行结果如图 14-20 所示。

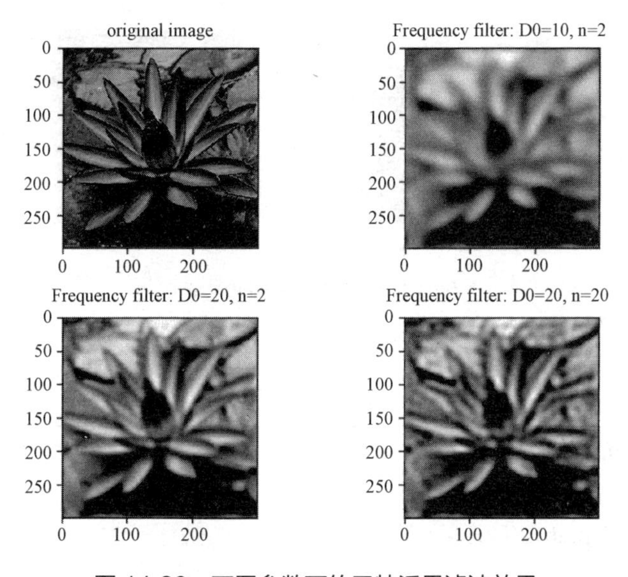

图 14-20　不同参数下的巴特沃思滤波效果

对比不同 D_0 巴特沃思滤波器的结果，可以看出 D_0 越小，通过的频率越少，滤除的频率越多，图像越模糊。在空间域中，一阶巴特沃思滤波器没有“振铃”现象，在二阶滤波器中，“振铃”现象通常很难察觉，但更高阶数的滤波器中“振铃”现象会很明显，图 14-20 中第 4 张图使用 20 阶的滤波器，滤波后的图像中具有明显的“振铃”现象。

14.5.3　频率域高斯低通滤波器

高斯低通滤波器也是一种平滑的滤波器，其二维形式如下：

$$H(u,v)=\mathrm{e}^{D^2(u,v)/2\sigma^2} \tag{14-7}$$

$D(u,v)$ 和 $H(u,v)$ 与理想低通滤波器中的含义相同，σ 是关于中心的扩展度的度量，将扩展度 $\sigma = D_0$ 作为截止频率，故高斯低通滤波器（GLPF）表示为：

$$H(u,v) = \mathrm{e}^{D^2(u,v)/2D_0^2} \tag{14-8}$$

高斯低通滤波器的傅里叶变换对都是高斯函数；高斯滤波器完全没有“振铃”现象。但没有巴特沃思和理想低通滤波器截断的紧凑，分水岭效果差。

高斯低通滤波器如图 14-21 所示。

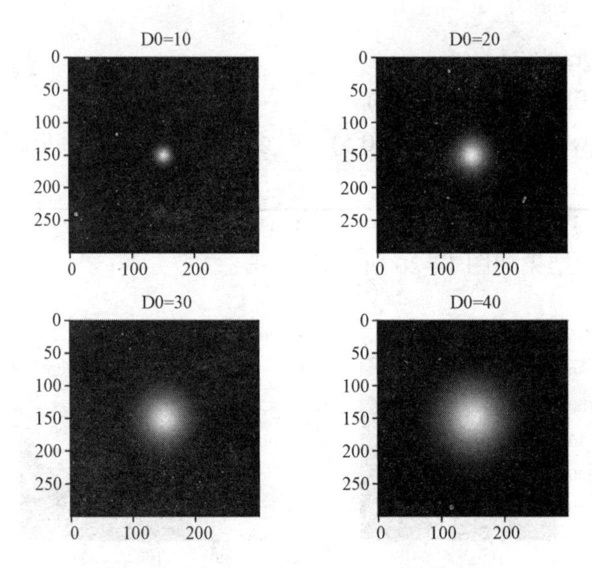

图 14-21　高斯低通滤波器

生成高斯低通滤波器的代码如下：

```
import numpy as np
import matplotlib.pyplot as plt
def make_Gaussian_matrix(D0):
    m, n = 300, 300
    u = np.array([i if i <= m / 2 else m - i for i in range(m)], dtype=np.float32)
    v = np.array([i if i <= n / 2 else n - i for i in range(n)], dtype=np.float32)
    v.shape = n, 1
    ret = np.fft.fftshift(np.sqrt(u * u + v * v))
    transfor_matrix = np.exp(-(ret * ret) / (2 * D0 * D0))
    return transfor_matrix
# 生成并显示不同半径的高斯低通滤波器
plt.figure(dpi=200)
plt.subplot(221), plt.imshow(make_Gaussian_matrix(10), 'gray')
```

```
plt.title('D0=10')
plt.subplot(222), plt.imshow(make_Gaussian_matrix(20), 'gray')
plt.title('D0=20')
plt.subplot(223), plt.imshow(make_Gaussian_matrix(30), 'gray')
plt.title('D0=30')
plt.subplot(224), plt.imshow(make_Gaussian_matrix(40), 'gray')
plt.title('D0=40')
plt.subplots_adjust(wspace=0, hspace=0.5)  # 调整子图之间的宽度，避免遮挡
plt.show()
```

上面代码生成了 300×300 的高斯低通滤波器，低通的频率半径分别为 10、20、30、40。白色区域越大，通过的频率越多，滤除的频率越少。完整的频率域高斯低通滤波代码如下：

```
import cv2
import numpy as np
import matplotlib.pyplot as plt
def make_Gaussian_matrix(img, D0):
    (m, n) = img.shape
    u = np.array([i if i <= m / 2 else m - i for i in range(m)], dtype=np.float32)
    v = np.array([i if i <= n / 2 else n - i for i in range(n)], dtype=np.float32)
    v.shape = n, 1
    ret = np.fft.fftshift(np.sqrt(u * u + v * v))
    transfor_matrix = np.exp(-(ret * ret) / (2 * D0 * D0))
    return transfor_matrix.T
img = cv2.imread('1.jpg', 0)
f = np.fft.fft2(img)
fshift = np.fft.fftshift(f)
D10 = make_Gaussian_matrix(img, 10)
new_10 = np.abs(np.fft.ifft2(np.fft.ifftshift(fshift * D10)))
D20 = make_Gaussian_matrix(img, 20)
new_20 = np.abs(np.fft.ifft2(np.fft.ifftshift(fshift * D20)))
D30 = make_Gaussian_matrix(img, 30)
new_30 = np.abs(np.fft.ifft2(np.fft.ifftshift(fshift * D30)))
# 滤波结果显示
plt.figure(dpi=400)
plt.subplot(221)
```

```
plt.imshow(img, 'gray')
# 以灰度形式显示图像
plt.title('original image')
plt.subplot(222)
plt.imshow(new_10, 'gray')
plt.title('Frequency filter:D0=10')
plt.subplot(223)
plt.imshow(new_20, 'gray')
plt.title('Frequency filter:D0=20')
plt.subplot(224)
plt.imshow(new_30, 'gray')
plt.title('Frequency filter:D0=30')
plt.subplots_adjust(wspace=0, hspace=0.5)
# 设置子图间距，避免遮挡
plt.show()
```

上面代码运行结果如图 14-22 所示。

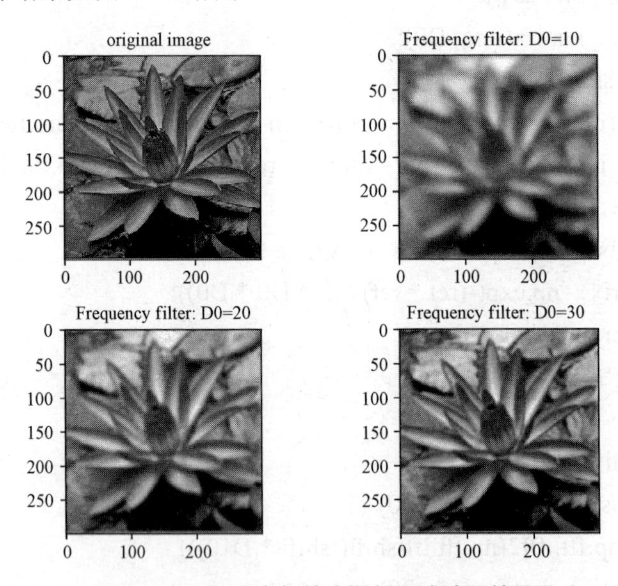

图 14-22　不同半径的高斯低通滤波器效果

在图 14-22 中，左上为原始图像，D_0 为低频通过的半径，半径越小，通过的频率越少，滤除的频率越多，图像越模糊，与图 14-20 对比可以看出，对于相同的截止频率，平滑效果要稍微差一些，这是因为高斯低通滤波器在不同截断半径的截止频率不够紧凑，而且高斯低通滤波器中没有“振铃”，这是实际中一个重要特性，尤其在任何类型的人工缺陷不可接受的情况下，在需要严格控制低频和高频之间的截止频率过渡的情况下，巴特沃思低通滤波器是更合适的选择。

14.5.4 频率域理想高通滤波器

在前三节介绍了频率域 3 种低通滤波器：理想低通滤波器、巴特沃思低通滤波器、高斯低通滤波器。低通滤波器让较低的频率通过，能达到图像平滑的目的，因此也称为平滑滤波器。有时需要实现对图像的锐化处理，即使得图像中的线条更清晰，此时，由于图像的线条（也叫边缘）与高频分量有关，因此称为高通滤波。最简单的高通滤波器原理如下。

理想的高通滤波器（IHPF）定义为：

$$H(u,v)=\begin{cases}0, & D(u,v)\leqslant D_0\\ 1, & D(u,v)>D_0\end{cases} \tag{14-9}$$

其中，D_0是截止频率，$D(u,v)$由式（14-5）给出，与之前滤波器定义相同。由其定义公式可以看出，理想高通滤波器和理想低通滤波器是相对的，将滤波半径小于D_0的圆内的所有频率置为 0，并且完全保留高频内容。

不同半径的理想高通滤波器如图 14-23 所示。

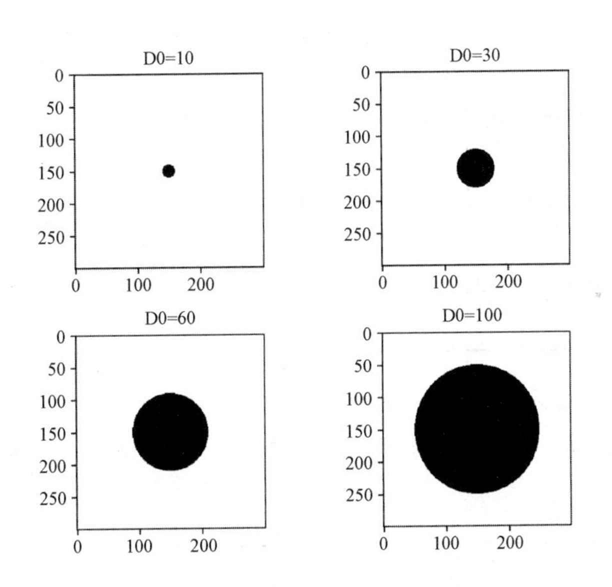

图 14-23 不同半径的理想高通滤波器

在图 14-23 中，黑色区域为 0，白色区域为 1。当滤波器与频率域图像进行按位乘法运算时，频率位于中间的乘了 0，被滤掉。远离中间的乘了 1，得以保留。由于中间的频率是低频，远离中间的频率是高频，因此低频被滤除，高频得以保留，实现了高通滤波的目的。

生成理想高通滤波器的代码如下：

```
import numpy as np
import matplotlib.pyplot as plt
```

```
from math import sqrt
def make_transfer_matrix(d):   # 理想高通滤波器模板
    transfer_matrix = np.zeros((300, 300))
    center_x = (transfer_matrix.shape[0] - 1) / 2
    center_y = (transfer_matrix.shape[0] - 1) / 2
    for i in range(transfer_matrix.shape[0]):
        for j in range(transfer_matrix.shape[1]):
            dis = sqrt((i - center_x) ** 2 + (j - center_y) ** 2)
            if dis > d:
                transfer_matrix[i, j] = 1
    return transfer_matrix
# 生成并显示不同半径的理想高通滤波器
plt.figure(dpi=200)
plt.subplot(221), plt.imshow(make_transfer_matrix(10), 'gray')
plt.title('D0=10')
plt.subplot(222), plt.imshow(make_transfer_matrix(30), 'gray')
plt.title('D0=30')
plt.subplot(223), plt.imshow(make_transfer_matrix(60), 'gray')
plt.title('D0=60')
plt.subplot(224), plt.imshow(make_transfer_matrix(100), 'gray')
plt.title('D0=100')
plt.subplots_adjust(wspace=0, hspace=0.5)   # 调整子图之间的宽度，避免遮挡
plt.show()
```

上面代码生成了300×300的高通理想滤波器，高通的频率半径分别为10、30、60、100。黑色区域越大，通过的低频频率越少，图像的锐化程度越高。完整的频率域理想高通滤波代码如下：

```
import cv2
import numpy as np
import matplotlib.pyplot as plt
from math import sqrt
img = cv2.imread(r"C:\Users\**\Desktop\1.png", 0)
# 理想高通滤波器模板
def make_transfer_matrix(image, d):
    transfer_matrix = np.zeros(image.shape)
    center_x = (image.shape[0] - 1) / 2
    center_y = (image.shape[0] - 1) / 2
```

```
    for i in range(transfer_matrix.shape[0]):
        for j in range(transfer_matrix.shape[1]):
            dis = sqrt((i - center_x) ** 2 + (j - center_y) ** 2)
            if dis > d:
                transfer_matrix[i, j] = 1
    return transfer_matrix
f = np.fft.fft2(img)
fshift = np.fft.fftshift(f)
D10 = make_transfer_matrix(img, 10)
new_10 = np.abs(np.fft.ifft2(np.fft.ifftshift(fshift * D10)))
D30 = make_transfer_matrix(img, 30)
new_30 = np.abs(np.fft.ifft2(np.fft.ifftshift(fshift * D30)))
D100 = make_transfer_matrix(img, 100)
new_100 = np.abs(np.fft.ifft2(np.fft.ifftshift(fshift * D100)))
# 滤波结果显示
plt.figure(dpi=400)
plt.subplot(221)
plt.imshow(img, 'gray')
# 以灰度形式显示图像
plt.title('original image')
plt.subplot(222)
plt.imshow(new_10, 'gray')
plt.title('Frequency filter: D0=10')
plt.subplot(223)
plt.imshow(new_30, 'gray')
plt.title('Frequency filter: D0=30')
plt.subplot(224)
plt.imshow(new_100, 'gray')
plt.title('Frequency filter: D0=100')
plt.subplots_adjust(wspace=0, hspace=0.5)
# 设置子图间距，避免遮挡
plt.show()
```

上面代码的运行结果如图 14-24 所示。

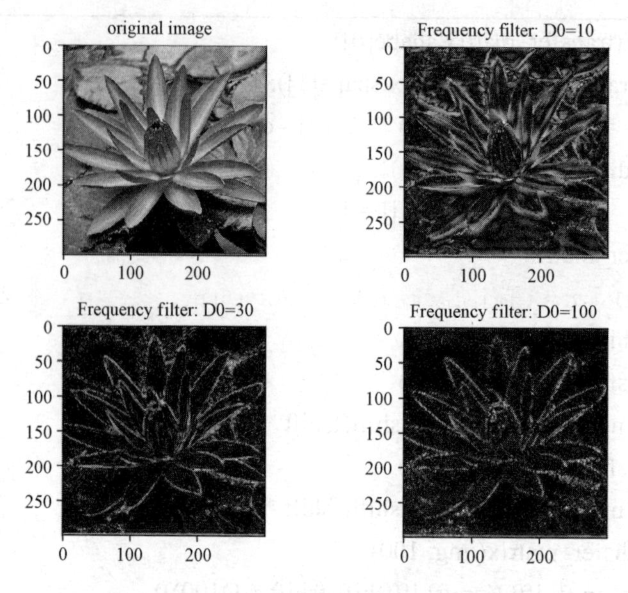

图 14-24　不同半径的理想高通滤波效果

14.5.5　巴特沃思高通滤波器

理想的高通滤波器同样也是阶跃性滤波器，低于某个频率的直接滤除，高于某一频率的直接全部通过。巴特沃思高通滤波器则是一个渐进滤波器，截止频率为 D_0 的 n 阶巴特沃思高通滤波器（BHPF）定义为：

$$H(u,v)=\frac{1}{1+[D_0/D(u,v)]^{2n}} \tag{14-10}$$

其中 $H(u,v)$、D_0、$D(u,v)$ 含义均与上文介绍的滤波器相同。

不同半径的巴特沃思高通滤波器如图 14-25 所示。

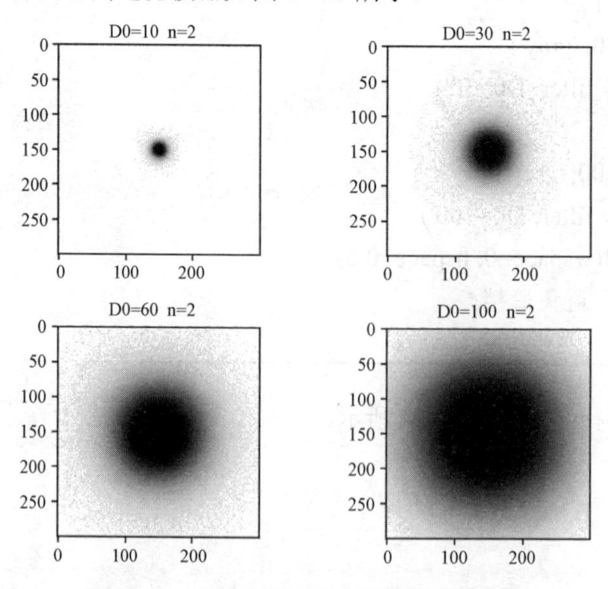

图 14-25　不同半径的巴特沃思高通滤波器

5×5 的 2 阶巴特沃思高通滤波器如下：

$$\begin{bmatrix} 0.44 & 0.24 & 0.16 & 0.24 & 0.44 \\ 0.24 & 0.05 & 0.01 & 0.05 & 0.24 \\ 0.16 & 0.01 & 0.00 & 0.01 & 0.16 \\ 0.24 & 0.05 & 0.01 & 0.05 & 0.24 \\ 0.44 & 0.24 & 0.16 & 0.24 & 0.44 \end{bmatrix}$$

可以看出，巴特沃思高通滤波器是一个中心对称的二维矩阵，中心点为 0，距离中心越远，数值越大。当采用巴特沃思高通滤波器进行滤波时，滤波器的尺寸与图像的尺寸一样。生成巴特沃思高通滤波器的代码如下：

```
import numpy as np
import matplotlib.pyplot as plt
def butterworth_hpf(D0, n):
    (r, c) = 300, 300        # 滤波器的行数和列数
    u = np.array([i if i <= r / 2 else r - i for i in range(r)], dtype=np.float32)
    v = np.array([i if i <= c / 2 else c - i for i in range(c)], dtype=np.float32)
    v.shape = c, 1
    D = np.fft.fftshift(np.sqrt(u * u + v * v))
    D[r//2, c//2] = 0.000001
    transfer_matrix = 1 / (1 + pow(D0 / D, 2 * n))
    return transfer_matrix
D10 = butterworth_hpf(10, 2)
D30 = butterworth_hpf(30, 2)
D60 = butterworth_hpf(60, 2)
D100 = butterworth_hpf(100, 2)
# 生成并显示不同半径的理想低通滤波器
plt.figure(dpi=200)
plt.subplot(221), plt.imshow(D10, 'gray')
plt.title('D0=10 n=2')
plt.subplot(222), plt.imshow(D30, 'gray')
plt.title('D0=30 n=2')
plt.subplot(223), plt.imshow(D60, 'gray')
plt.title('D0=60 n=2')
plt.subplot(224), plt.imshow(D100, 'gray')
plt.title('D0=100 n=2')
plt.subplots_adjust(wspace=0, hspace=0.5)    # 调整子图之间的宽度，避免遮挡
plt.show()
```

上面代码生成了 300 行乘 300 列的 2 阶巴特沃思高通滤波器，高通的频率半径分别为 10、30、60、100。黑色区域越大，通过的低频频率越少，图像的锐化程度越高。完整的频率域巴特沃思高通滤波代码如下：

```
import numpy as np
import cv2
import matplotlib.pyplot as plt
def butterworth_hpf(img, D0, n):
    (r, c) = img.shape
    u = np.array([i if i <= r / 2 else r - i for i in range(r)], dtype=np.float32)
    v = np.array([i if i <= c / 2 else c - i for i in range(c)], dtype=np.float32)
    v.shape = c, 1
    D = np.fft.fftshift(np.sqrt(u * u + v * v))
    D[r//2, c//2] = 0.000001
    transfer_matrix = 1 / (1 + pow(D0 / D, 2 * n))
    return transfer_matrix.T
img = cv2.imread('1.jpg', 0)
f = np.fft.fft2(img)
fshift = np.fft.fftshift(f)
D10 = butterworth_hpf(img, 10, 2)
D30 = butterworth_hpf(img, 30, 2)
D60 = butterworth_hpf(img, 60, 2)
new_10 = np.abs(np.fft.ifft2(np.fft.ifftshift(fshift*D10)))
new_30 = np.abs(np.fft.ifft2(np.fft.ifftshift(fshift*D30)))
new_60 = np.abs(np.fft.ifft2(np.fft.ifftshift(fshift*D60)))
# 滤波结果显示
plt.figure(dpi=400)
plt.subplot(221)
plt.imshow(img, 'gray')
# 以灰度形式显示图像
plt.title('original image')
plt.subplot(222)
plt.imshow(new_10, 'gray')
plt.title('Frequency filter: D0=10,n=2')
plt.subplot(223)
plt.imshow(new_30, 'gray')
plt.title('Frequency filter: D0=30,n=2')
plt.subplot(224)
plt.imshow(new_60, 'gray')
plt.title('Frequency filter: D0=60,n=2')
```

```
plt.subplots_adjust(wspace=0, hspace=0.5)
# 设置子图间距，避免遮挡
plt.show()
```

上面代码的运行结果如图 14-26 所示。

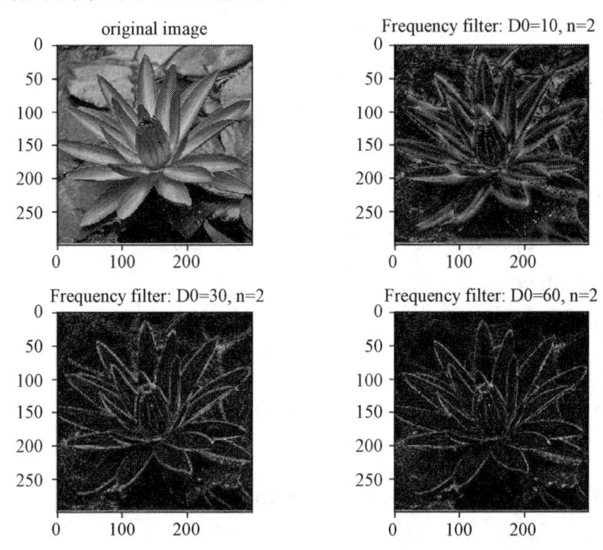

图 14-26　不同半径的巴特沃思高通滤波效果

14.5.6　高斯高通滤波器

高斯高通滤波器是另外一种光滑的滤波器。截止频率处在距频率矩阵中心距离为 D_0 的高斯高通滤波器（GHPF）的计算公式为：

$$H(u,v)=1-\mathrm{e}^{-D^2(u,v)/2D_0^2} \tag{14-11}$$

不同 D_0 的高斯高通滤波器如图 14-27 所示。

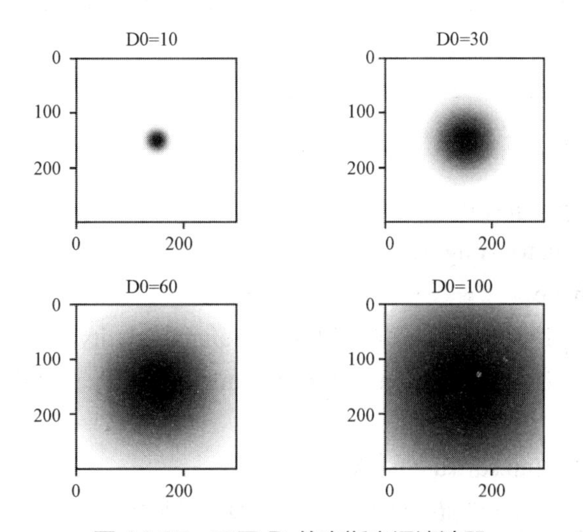

图 14-27　不同 D_0 的高斯高通滤波器

生成图 14-27 中高斯高通滤波器的代码如下：

```
import numpy as np
import matplotlib.pyplot as plt
def make_Gaussian_matrix(D0):
    (m, n) = 300, 300   # 滤波器的行和列
    u = np.array([i if i <= m / 2 else m - i for i in range(m)], dtype=np.float32)
    v = np.array([i if i <= n / 2 else n - i for i in range(n)], dtype=np.float32)
    v.shape = n, 1
    ret = np.fft.fftshift(np.sqrt(u * u + v * v))
    transfer_matrix = 1-np.exp(-(ret * ret) / (2 * D0 * D0))
    return transfer_matrix
# 生成并显示不同半径的高斯高通滤波器
plt.figure(dpi=200)
plt.subplot(221), plt.imshow(make_Gaussian_matrix(10), 'gray')
plt.title('D0=10')
plt.subplot(222), plt.imshow(make_Gaussian_matrix(30), 'gray')
plt.title('D0=30')
plt.subplot(223), plt.imshow(make_Gaussian_matrix(60), 'gray')
plt.title('D0=60')
plt.subplot(224), plt.imshow(make_Gaussian_matrix(100), 'gray')
plt.title('D0=100')
plt.subplots_adjust(wspace=0, hspace=0.5)   # 调整子图之间的宽度，避免遮挡
plt.show()
```

上面代码生成 300×300 的高斯高通滤波器，D_0 分别为 10、30、60、100。完整的频率域高斯高通滤波器代码如下：

```
import cv2
import numpy as np
import matplotlib.pyplot as plt
def make_Gaussian_matrix(img, D0):
    (m, n) = img.shape
    u = np.array([i if i <= m / 2 else m - i for i in range(m)], dtype=np.float32)
    v = np.array([i if i <= n / 2 else n - i for i in range(n)], dtype=np.float32)
    v.shape = n, 1
    ret = np.fft.fftshift(np.sqrt(u * u + v * v))
    transfer_matrix = 1-np.exp(-(ret * ret) / (2 * D0 * D0))
```

```
    return transfer_matrix.T
img = cv2.imread('1.jpg', 0)
f = np.fft.fft2(img)
fshift = np.fft.fftshift(f)
D10 = make_Gaussian_matrix(img, 10)
new_10 = np.abs(np.fft.ifft2(np.fft.ifftshift(fshift * D10)))
D30 = make_Gaussian_matrix(img, 30)
new_30 = np.abs(np.fft.ifft2(np.fft.ifftshift(fshift * D30)))
D60 = make_Gaussian_matrix(img, 60)
new_60 = np.abs(np.fft.ifft2(np.fft.ifftshift(fshift * D60)))
# 滤波结果显示
plt.figure(dpi=200)
plt.subplot(221)
plt.imshow(img, 'gray')
# 以灰度形式显示图像
plt.title('original image')
plt.subplot(222)
plt.imshow(new_10, 'gray')
plt.title('Frequency filter:D0=10')
plt.subplot(223)
plt.imshow(new_30, 'gray')
plt.title('Frequency filter:D0=30')
plt.subplot(224)
plt.imshow(new_60, 'gray')
plt.title('Frequency filter:D0=60')
plt.subplots_adjust(wspace=0, hspace=0.5)
# 设置子图间距，避免遮挡
plt.show()
```

上面代码的运行结果如图 14-28 所示。

从图 14-27 和图 14-28 可以看出，D_0越大，通过的频率越少，滤波后图像中包含的信息越少。而且由于是高通滤波，较高的频率通过，低频被滤除，而高频往往对应图像中变化较快的区域，这些区域称为图像的边缘。因此对图像进行高斯高通滤波后，只有图像中的边缘信息被保留了下来。

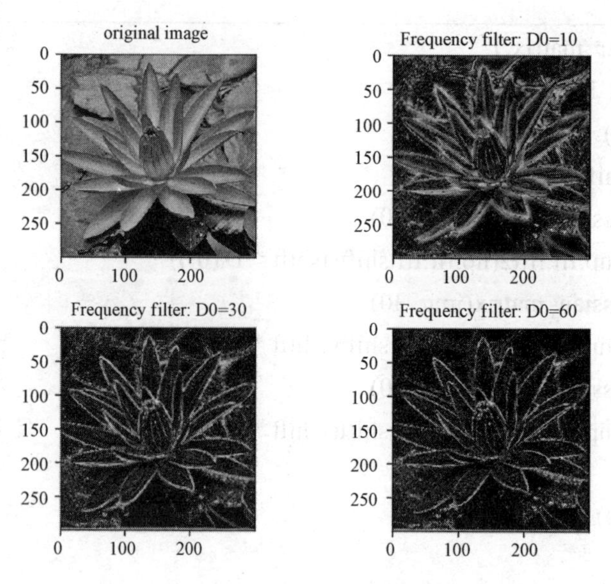

图 14-28　不同半径的高斯高通滤波效果

15 聚　类

前面讲到的模型有个共同的特点，即在模型训练时，需要训练样本的 x 和训练样本的 y，训练样本的 x 是特征向量（也叫特征），训练样本的 y 是类别标签（label）。对于每个训练样本来说，既有特征，又有类别标签，这种利用一组已知类别的样本调整分类器的参数，使其达到所要求性能的过程，也称为监督学习或有导师学习（supervised learning）。分类问题和回归问题都属于监督学习算法。

监督学习需要大量的标注数据来训练模型，然而，现实生活中常常会有这样的问题：缺乏足够的先验知识，因此难以进行人工标注类别或进行人工标注类别的成本太高。很自然地，人们希望计算机能代替人工完成这些工作，或者至少提供一些帮助。根据类别未知（没有被标记）的训练样本解决模式识别中的各种问题，这类问题称为无监督学习。无监督学习的典型代表是聚类问题。

聚类（clustering），顾名思义，即物以类聚，是指把相似的数据划分到一起，具体划分的时候并不关心这一类的标签，目标就是把相似的数据聚合到一起，聚类是一种无监督学习（unsupervised learning）方法。下面介绍几种常见的聚类算法。

15.1　基于划分的聚类算法

给定含有 N 个样本的数据集和要生成的簇的数量 k，基于划分的算法将数据划分到 k 个簇（$k \leqslant N$），同一个簇内的样本是"相似的"（簇内样本之间的距离小），不同簇的样本之间是"相异的"（簇间样本之间的距离大）。基于划分的聚类算法，首先要预先指定所聚类的数目及初始簇中心，然后按照距离来将全部样本划分到不同的簇中，再更新簇中心，进而重新划分簇，不断迭代计算，直到划分结果稳定为止。

基于划分的聚类算法典型代表是 k 均值聚类算法。

15.1.1　k 均值聚类算法原理

k 均值聚类（k-means）算法是无监督聚类算法中的代表，其主要作用是将数据集中的样本划分到 k 个不相交的子集中，每个子集称为一个"簇（cluster）"，聚类既能作为一个单独过程，用于找寻数据内在的分布结构，也可作为分类等其他学习任务的预处理过程（如 bag-of-words 构造特征）。

k-means 算法是最常用的聚类算法，其主要思想是：在给定 k 值和 k 个初始类簇中心点的情况下，把每个点（样本）分到离其最近的类簇中心点所代表的类簇中，所有点分配完毕之后，根据一个类簇内的所有点重新计算该类簇的中心点（取平均值），然后再迭代地进行分配点和更新类簇中心点的步骤，直至类簇中心点的变化很小，或者达到指定的迭代次数。具体算法如下。

输入：数据集 D，化为簇的个数 k。

输出：k 个簇的集合。

（1）从数据集 D 中随机选择 k 个样本作为初始的簇中心，记为 $c_1,c_2,...,c_k$。

（2）对于数据集 D 中第 i 个样本点 d_i，分别计算 d_i 与 $c_1,c_2,...,c_k$ 的距离，并将样本点 d_i 分别划归到与 d_i 距离最小的簇中去。

（3）D 中所有样本点都执行第（2）步之后，每个簇中都分配了若干样本，计算每个簇中样本的平均值，作为新的簇中心。

（4）反复执行第（2）步，第（3）步，直到簇中心不再变化。

对于 *k*-means 来说，最关键的问题是计算样本点与簇中心的距离。距离用来描述样本之间的相似性，两个样本之间的距离越小，样本之间就越相似。9.2 节中的距离都可以作为衡量相似性的标准。下面以棋盘距离为例（棋盘距离参考 9.2 节），介绍 *k*-means 的详细过程。

例 15-1 对表 15-1 中的数据进行 *k*-means 聚类，聚类时距离采用棋盘距离，划分为 2 个簇，即 k=2。

表 15-1 *k*-means 聚类过程示例数据集

数据	P_1	P_2	P_3	P_4	P_5	P_6	P_7	P_8
x	3	4	8	4	3	8	4	4
y	4	6	3	7	8	5	5	1

第一轮迭代，随机选 2 个点作为初始的簇中心，假设簇 C_1 的中心 c_1 为点 P_1，簇 C_2 的中心 c_2 为点 P_5。然后计算其余点与 c_1 和 c_2 的棋盘距离。距离哪个中心近，放到哪个簇中，当距离相等时，随机放在某一簇中，因此第一轮计算距离过后，两个簇中的样本分别为：

$$C_1=\{P_1,\ P_7,\ P_8\},\quad C_2=\{P_2,\ P_3,\ P_4,\ P_5,\ P_6\}$$

第二轮迭代，将上一轮迭代中 C_1 簇和 C_2 簇中样本点的平均值作为新的簇中心，因此，新的 C_1 簇的中心为 $c_1=\left(\frac{11}{3},\frac{10}{3}\right)$，$C_2$ 簇的中心为 $c_2=\left(\frac{27}{5},\frac{29}{5}\right)$，然后计算所有的样本点分别与 c_1 和 c_2 的棋盘距离，并将其放入最近距离所对应的簇中，本轮计算后的结果为：

$$C_1=\{P_1,P_2,P_3,P_6,P_7,P_8\},\quad C_2=\{P_4,\ P_5\}$$

第三轮迭代，将上一轮迭代中 C_1 簇和 C_2 簇中样本点的平均值作为新的簇中心，因此，新的 C_1 簇的中心为 $c_1=\left(\frac{31}{6},\frac{24}{6}\right)$，$C_2$ 簇的中心为 $c_2=\left(\frac{7}{2},\frac{15}{2}\right)$，计算所有的样本点分别与 c_1 和 c_2 的棋盘距离，并将其放入最近距离所对应的簇中，本轮计算后的结果为：

$$C_1=\{P_1,P_3,P_6,P_7,P_8\},\quad C_2=\{P_2,P_4,P_5\}$$

第四轮迭代，将上一轮迭代中 C_1 簇和 C_2 簇中样本点的平均值作为新的簇中心，因此，新的 C_1 簇的中心为 $c_1=\left(\frac{27}{5},\frac{18}{5}\right)$，$C_2$ 簇的中心为 $c_2=\left(\frac{11}{3},\frac{21}{3}\right)$，计算所有的样本点分别与 c_1 和 c_2 的棋盘距离，并将其放入最近距离所对应的簇中，本轮计算后的结果为：

$$C_1=\{P_1,P_3,P_6,P_7,P_8\}，\quad C_2=\{P_2,P_4,P_5\}$$

可见，第四轮迭代与第三轮迭代的划分结果相同，因此簇中心不再发生改变，则聚类结束。因此，最终聚类结果为 $C_1=\{P_1,P_3,P_6,P_7,P_8\}$， $C_2=\{P_2,P_4,P_5\}$。

15.1.2　*k* 均值聚类算法应用实例

sklearn 中提供了 *k*-means 聚类函数，其主要参数如下。

- n_clusters：生成的簇数，也就是 *k*-means 中的 *k* 值，默认值为 8，表示默认情况下将数据聚类为 8 个簇。
- max_iter：最大迭代次数。*k*-means 聚类结束有两个条件，一是质心不再发生变化，二是达到了最大迭代次数。

主要属性如下。

- cluster_centers_：向量，[n_clusters, n_features] (聚类中心的坐标)；
- labels_：每个点的分类。

主要方法如下：

- fit(X[,y])：计算 *k*-means 聚类。
- predict(X)：样本估计最接近的簇。
- score(X[,y])：计算聚类误差。

下面给出用 *k*-means 聚类的实例。

```
import numpy as np
import matplotlib.pyplot as plt
from sklearn import datasets
from sklearn.cluster import KMeans
X1, y1 = datasets.make_circles(n_samples=500, factor=.6, noise=.05)
X2, y2 = datasets.make_blobs(n_samples=100, n_features=2, centers=[[1.2, 1.2]], cluster_
std=[[.1]],random_state=9)
X = np.concatenate((X1, X2))
y_pred = KMeans(n_clusters=3, random_state=9).fit_predict(X)
# 将类别划分为 0，1，2 三类的数据点分别绘制
plt.scatter(X[y_pred == 0, 0], X[y_pred == 0, 1], marker="*")
plt.scatter(X[y_pred == 1, 0], X[y_pred == 1, 1], marker="^")
plt.scatter(X[y_pred == 2, 0], X[y_pred == 2, 1], marker="o")
plt.axis('equal')
plt.show()
```

上面的程序运行结果如图 15-1 所示。

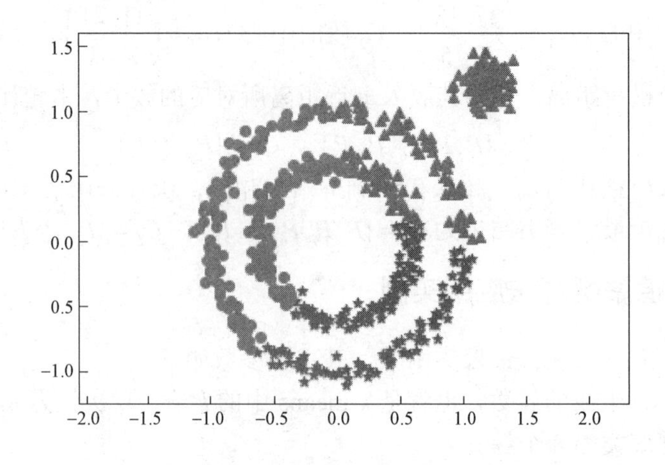

图 15-1　*k*-means 聚类效果对比

可以看出，对于这种有某一特殊形状的簇，*k*-means 方法的聚类效果不令人满意。

15.1.3　*k* 均值聚类算法的特点

k 均值聚类算法是一种非常简单的聚类算法，其优缺点如下。

- 优点
  - 算法容易理解，聚类效果不错；
  - 具有出色的速度；
  - 当簇近似高斯分布时，效果比较好。
- 缺点
  - 需要自己确定 *k* 值，*k* 值的选定比较难；
  - 对初始中心点敏感，对于 15.1.1 节中的例子来说，如果初始中心选为 P_1 和 P_2，会得到不一样的聚类结果，读者可自行尝试；
  - 不适合发现非凸形状的簇或大小差别较大的簇；
  - 特殊值/离群值对模型的影响比较大：从数据先验的角度来说，在 *k*-means 中，假设各个簇的先验概率是一样的，但是各个簇的数据量可能是不均匀的。举个例子，cluster A 中包含了 10 000 个样本，cluster B 中只包含了 100 个样本，那么对于一个新的样本，在不考虑其与 cluster A、cluster B 相似度的情况，其属于 cluster A 的概率肯定是要大于 cluster B 的。

15.2　基于密度的聚类算法

基于划分的算法是基于样本之间的距离进行聚类的，这些方法只能发现凸形的簇，而对任意形状的簇进行聚类就遇到了困难。如图 15-2 中的样本，*k*-means 聚类无法发现环形的簇，基于此，研究者提出了基于密度的聚类算法。这类算法通常将簇看作高密度体，而低密度区域则被看作是噪声。

图 15-2　基于划分算法无法聚类的簇

基于密度的聚类算法的典型代表是 DBSCAN（density-based spatial clustering of applications with noise）算法。

15.2.1　DBSCAN 算法原理

DBSCAN 算法可以找到样本点的全部密集区域，并把这些密集区域当作一个一个的聚类簇，如图 15-3 所示。

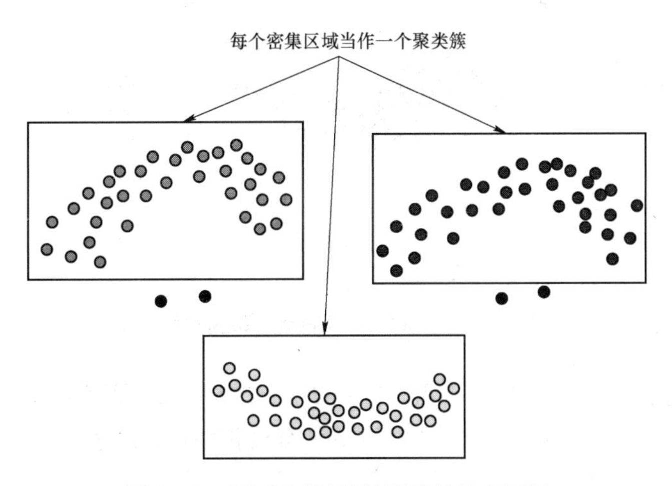

图 15-3　DBSCAN 算法聚类的核心思想

要找到样本点的全部密集区域，需要定义 2 个参数来确定密集区域，分别为邻域半径和最小点数目，如图 15-4 所示。当某点邻域半径 R 内点的个数大于最少点数目 minpoints 时，认为该点为密集区域中的核心点。

在采用 DBSCAN 算法进行聚类时，全部样本点被分为 3 类：核心点、边界点和噪声点。邻域半径 R 内样本点的数量大于等于 minpoints 的点叫作核心点。不属于核心点但在某个核心点的邻域内的点叫作边界点。既不是核心点也不是边界点的是噪声点。

在采用 DBSCAN 算法进行聚类时，点与点之间的关系有 4 种：密度直达、密度可达、密度相连、非密度相连，如图 15-5 所示。

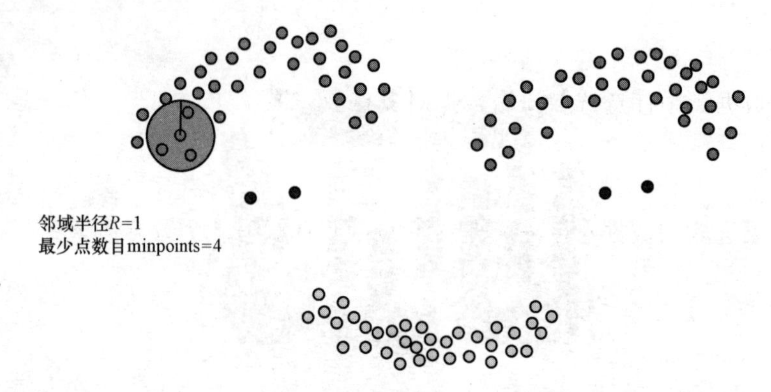

图 15-4　DBSCAN 中的两个重要参数：邻域半径和最少点数目

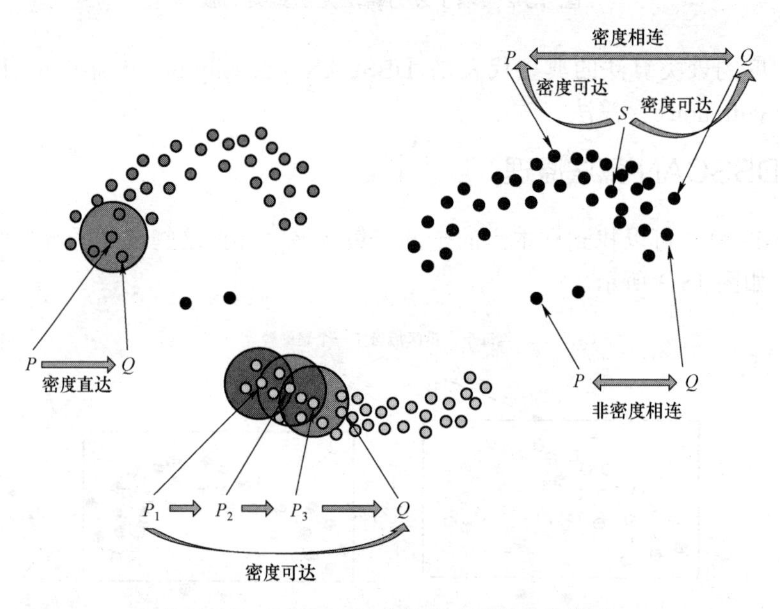

图 15-5　DBSCAN 中的点之间的四种关系

（1）密度直达。如果 P 为核心点，Q 在 P 的 R 邻域内，那么称 P 到 Q 密度直达。任何核心点到其自身密度直达，密度直达不具有对称性，P 到 Q 密度直达，但是 Q 到 P 不一定密度直达。

（2）密度可达。如果存在核心点 P_2，P_3，…，P_n，且 P_1 到 P_2 密度直达，P_2 到 P_3 密度直达，…，$P_{(n-1)}$ 到 P_n 密度直达，P_n 到 Q 密度直达，则 P_1 到 Q 密度可达。密度可达也不具有对称性。

（3）密度相连。如果存在核心点 S，使得 S 到 P 和 Q 都密度可达，则 P 和 Q 密度相连。密度相连具有对称性，如果 P 和 Q 密度相连，那么 Q 和 P 也一定密度相连。密度相连的两个点属于同一个聚类簇。

（4）非密度相连。如果两个点不属于密度相连关系，则两个点非密度相连。非密度相连的两个点属于不同的聚类簇，或者其中存在噪声点。

在了解了一些基本概念后，下面介绍 DBSCAN 算法。DBSCAN 算法的描述如下。

输入：数据集，邻域半径 Eps，邻域中最少点数目阈值 MinPts;

输出：密度联通簇。处理流程如下。

（1）从数据集中任意选取一个数据对象点 P。

（2）如果对于参数 Eps 和 MinPts，所选取的数据对象点 P 为核心点，则找出所有从 P 密度可达的数据对象点，形成一个簇。

（3）如果选取的数据对象点 P 是边缘点，则选取另一个数据对象点。

（4）重复（2）、（3）步，直到所有点被处理。

DBSCAN 算法的计算复杂的度为 $O(n^2)$，n 为数据对象的数目。这种算法对于输入参数 Eps 和 MinPts 是敏感的。

例 15-2　见表 15-2 的数据点，采用 DBSCAN 算法对其进行聚类。取 Eps=3，MinPts=3，距离函数采用欧式距离。

表 15-2　DBSCAN 聚类过程示例数据集

P_1	P_2	P_3	P_4	P_5	P_6	P_7	P_8	P_9	P_{10}	P_{11}	P_{12}	P_{13}
1	2	2	4	5	6	6	7	9	1	3	5	3
2	1	4	3	8	7	9	9	5	12	12	12	3

第一步，顺序扫描数据集的样本点，首先取到 $P_1(1,2)$。

（1）计算P_1的邻域，计算出每一点到P_1的距离，如$d(P_1, P_2)=\sqrt{(1-2)^2+(2-1)^2}=1.414$。

（2）根据每个样本点到 P_1 的距离，计算出 P_1 的 Eps 邻域为$\{P_1, P_2, P_3, P_{13}\}$。

（3）因为 P_1 的 Eps 邻域含有 4 个点，大于 MinPts，所以，P_1 为核心点。

（4）以 P_1 为核心点建立簇 C_1，即找出所有从 P_1 密度可达的点。

（5）P_1 邻域内的点都是 P_1 直接密度可达的点，所以都属于 C_1。

（6）寻找 P_1 密度可达的点，P_2 的邻域为$\{P_1, P_2, P_3, P_4, P_{13}\}$，因为 P_1 密度可达 P_2，P_2 密度可达 P_4，所以 P_1 密度可达 P_4，因此 P_4 也属于 C_1。

（7）P_3 的邻域为$\{P_1, P_2, P_3, P_4, P_{13}\}$，$P_{13}$ 的邻域为$\{P_1, P_2, P_3, P_4, P_{13}\}$，$P_3$ 和 p_{13} 都是核心点，但是它们邻域的点都已经在 C_1 中了。

（8）P_4 的邻域为$\{P_3, P_4, P_{13}\}$，为核心点，其邻域内的所有点都已经被处理。

（9）此时，以 P_1 为核心点出发的那些密度可达的对象都全部处理完毕，得到簇 C_1，包含点 $\{P_1, P_2, P_3, P_{13}, P_4\}$。

第二步，继续按顺序扫描数据集的样本点，取到 $P_5(5,8)$。

（1）计算 P_5 的邻域，计算出每一点到 P_5 的距离。

（2）根据每个样本点到 P_5 的距离，计算出 P_5 的 Eps 邻域为$\{P_5, P_6, P_7, P_8\}$。

（3）因为 P_5 的 Eps 邻域含有 4 个点，大于 MinPts(3)，所以，P_5 为核心点。

（4）以 P_5 为核心点建立簇 C_2，即找出所有从 P_5 密度可达的点，可以获得簇 C_2，包含点$\{P_5, P_6, P_7, P_8\}$。

第三步，继续按顺序扫描数据集的样本点，取到 $P_9(9,5)$。

（1）计算出 P_9 的 Eps 邻域为$\{P_9\}$，个数小于 MinPts(3)，所以 P_9 不是核心点。
（2）对 P_9 处理结束。
第四步，继续按顺序扫描数据集的样本点，取到 $P_{10}(1,12)$。
（1）计算出 P_{10} 的 Eps 邻域为$\{P_{10}, P_{11}\}$，个数小于 MinPts(3),所以 P_{10} 不是核心点。
（2）对 P_{10} 处理结束。
第五步，继续顺序扫描数据集的样本点，取到 $P_{11}(3,12)$。
（1）计算出 P_{11} 的 Eps 邻域为$\{P_{11}, P_{10}, P_{12}\}$,个数等于 MinPts(3),所以 P_{11} 是核心点。
（2）P_{12} 的邻域为$\{P_{12}, P_{11}\}$，故 P_{12} 不是核心点。
（3）以 P_{11} 为核心点建立簇 C_3，包含点$\{P_{11}, P_{10}, P_{12}\}$。
第六步，继续扫描数据的样本点，P_{12}、P_{13} 都已经被处理过，算法结束。

15.2.2 DBSCAN 算法应用

在 scikit-learn 中，DBSCAN 算法类为 sklearn.cluster.DBSCAN。

- eps：邻域半径。默认值是 0.5，一般需要通过在多组值里面选择一个合适的阈值。eps 过大，则更多的点会落在核心对象的邻域，此时聚类的类别数可能会减少，原本不应该是一类的样本也会被划为一类。反之类别数可能会增大，本来是一类的样本却被划分开。
- min_samples：邻域中最少点数目阈值。通常和 eps 一起调参。在 eps 一定的情况下，min_samples 过大，则核心对象会过少，此时簇内部分本来是一类的样本可能会被标为噪声点，类别数也会变多。反之 min_samples 过小的话，则会产生大量的核心对象，可能会导致类别数过少。
- metric：最近邻距离度量参数。可以使用的距离度量较多，默认为欧式距离（p=2 的闵可夫斯基距离）。更多可以使用的距离度量参数如下。
  - 欧式（euclidean）距离：$\sqrt{\sum_{i=1}^{n}(x_i - y_i)^2}$。
  - 曼哈顿（manhattan）距离：$\sum_{i=1}^{n}\left|x_i - y_i\right|$。
  - 切比雪夫（chebyshev）距离：$\max\left|x_i - y_i\right|(i=1,2,\cdots,n)$。
  - 闵可夫斯基（minkowski）距离：$\left(\sum_{i=1}^{n}(\left|x_i - y_i\right|)^p\right)^{\frac{1}{p}}$，$p$=1 为曼哈顿距离，$p$=2 为欧式距离。
  - 带权重闵可夫斯基（wminkowski）距离：$\left(\sum_{i=1}^{n}(w\times\left|x_i - y_i\right|)^p\right)^{\frac{1}{p}}$，其中，$w$ 为特征权重。
  - 标准化欧式（seuclidean）距离：即对于各特征维度做归一化以后的欧式距离。此时各样本特征维度的均值为 0，方差为 1。
  - 马氏（mahalanobis）距离：$\sqrt{(\boldsymbol{x}-\boldsymbol{y})^{\mathrm{T}}\boldsymbol{S}^{-1}(\boldsymbol{x}-\boldsymbol{y})}$,其中，$\boldsymbol{S}^{-1}$ 为样本协方差矩阵

的逆矩阵。当样本分布独立时，**S** 为单位矩阵，此时马氏距离等同于欧式距离。当样本分布独立时，**S** 为单位矩阵，此时马氏距离等同于欧式距离。

在使用 DBSCAN 聚类算法时，最主要调的参数是 eps 和 min_samples，这两个值的组合对最终的聚类效果有很大的影响。

下面给出 DBSCAN 聚类算法的代码：

```
import numpy as np
import matplotlib.pyplot as plt
from sklearn import datasets
from sklearn.cluster import DBSCAN
X1, y1=datasets.make_circles(n_samples=2000, factor=.6,noise=.05,random_state=0)
X2, y2 = datasets.make_blobs(n_samples=2000, n_features=2, centers=[[1.1,1.1]], cluster_
std=[[.1]], random_state=0)
X = np.concatenate((X1, X2))
y_pred = DBSCAN(eps = 0.1, min_samples = 10).fit_predict(X)
# 将类别划分为 0，1，2 三类的数据点分别绘制
plt.scatter(X[y_pred == 0, 0], X[y_pred == 0, 1], marker="*")
plt.scatter(X[y_pred == 1, 0], X[y_pred == 1, 1], marker="^")
plt.scatter(X[y_pred == 2, 0], X[y_pred == 2, 1], marker="o")
plt.axis('equal')
plt.show()
```

上述程序的运行结果如图 15-6 所示。

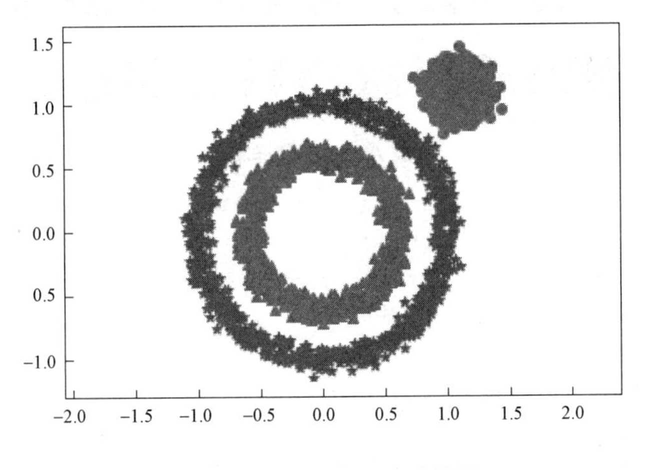

图 15-6　DBSCAN 聚类效果

对比图 15-1 和图 15-6，可以看出，对于存在非凸形状的簇，采用基于密度的 DBSCAN 算法更好。

附录 A　相关数据集介绍

在 sklearn 机器学习包中，集成了各种各样的数据集，方便使用者练习机器学习算法。下面分别介绍本书中使用的几种数据集。

1. 手写字符识别数据集（适用于分类问题）

手写字符识别数据集 mnist 是一个练习分类模型的数据集。该数据集来自美国国家标准与技术研究所（National Institute of Standards and Technology，NIST）。由来自 250 个不同人手写的数字构成，其中 50%是高中学生，50%来自人口普查局（the Census Bureau）的工作人员。sklearn 自带的 mnist 数据集包含 1 797 张样本图像，每张图像的尺寸为 8 像素×8 像素，将每张二维图像扁平化成一维数组后作为该图像的特征向量，因此特征向量为 64 维。类别标签分别为 0，1，…，9，共 10 个类别。部分样本如图 A-1 所示。

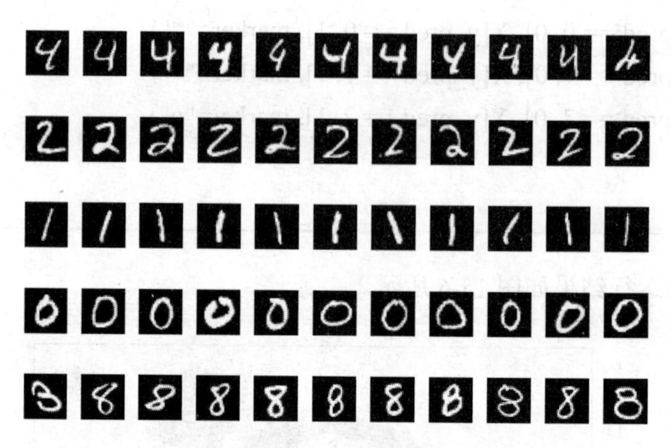

图 A-1　部分样本

数据集读取方法：

```
from sklearn.datasets import load_digits
samples=load_digits()
x=samples.data      # 特征
y=samples.target    # 类别标签
```

2. 鸢尾花数据集（适用于分类问题）

鸢尾花卉（iris）数据集，它是用于练习分类模型的数据集。鸢尾花有 3 个亚属，分别是山鸢尾（iris-setosa）、变色鸢尾（iris-versicolor）和维吉尼亚鸢尾（iris-virginica）。

该数据集包含 150 个样本，每个样本用 4 个特征表示，包含花萼长度、花萼宽度、花瓣长度、花瓣宽度，均为实数类型。类别标签为 0、1、2，代表 3 个鸢尾花类别。该数据集的读取方法为：

```
from sklearn.datasets import load_iris
samples=load_iris()
x=samples.data   # 特征
y=samples.target   # 类别标签
```

3. 波士顿房价数据集（Boston house price dataset）（适用于回归问题）

波士顿房价数据集是一个用于练习回归模型的数据集。共有 506 个房屋样本，输入数据 X 用 13 个特征去描述，包括城镇人均犯罪率、住宅用地所占比例、城镇中非商业用地所占比例、CHAS 查尔斯河虚拟变量（用于回归分析）、环保指标、每栋住宅的房间数、1940 年以前建成的自住单位的比例、距离 5 个波士顿就业中心的加权距离、距离高速公路的便利指数、每一万美元的不动产税率、城镇中教师与学生的比例、城镇中黑人的比例、地区有多少百分比的房东属于低收入阶层。输出数据 Y 为自助房屋房价的中位数。该数据的读取方法为：

```
from sklearn.datasets import load_boston
samples=load_boston()
x=samples.data
y=samples.target
```

4. 威斯康星州乳腺癌数据集（适用于分类问题）

这个数据集包含了威斯康星州记录的 569 个病人的乳腺癌数据，特征 X 共包含 30 个生理指标，类别用 1 表示恶性，类别 0 表示良性。该数据的使用方法为：

```
from sklearn.datasets import load_breast_cancer
samples=load_breast_cancer()
x=samples.data
y=samples.target
```

除此之外，sklearn 自带的数据还有红酒数据（适用于分类）、糖尿病数据（适用于回归），分别用 sklearn.datasets.load_wine 和 sklearn.datasets.load_diabetes 导入，用法类似于前面几种数据集，此处不再赘述。

参 考 文 献

［1］周志华．机器学习．北京：清华大学出版社，2016.
［2］李航．统计学习方法．2 版．北京：清华大学出版社，2019.
［3］杰龙．机器学习实战：基于 Scikit-Learn、Keras 和 TensorFlow．宋能辉，李娴，译．北京：机械工业出版社，2020.
［4］蒋盛益，李霞，郑琪．数据挖掘原理与实践．北京：电子工业出版社，2013.